よくわかる

気象・天気図の読み方・楽しみ方

木村龍治監修

成美堂出版

よくわかる
気象・天気図の読み方・楽しみ方

目次

西高東低　冬型の気圧配置となった日本列島（➡P.12）

「うろこ雲」は上層雲に分類される巻積雲（雲の種類➡P.24）

サクラ　南から北へ、列島に春の訪れを告げる（サクラ前線➡P.42）

アジサイとカタツムリ　長大な前線と雲が生き物に恵みの雨を与える（梅雨前線➡P.70）

入道雲（積乱雲） 太平洋高気圧におおわれた、蒸し暑い「日本の夏」（盛夏→P.90）

秋の章 129

ナベヅル 自然や気象を利用して長い旅をする、渡り鳥が秋を告げる（渡り鳥→P.152）

冬の章 161

霧氷（モンスター） 冷たく湿った風雪がつくり出す冬の芸術品（霧氷→P.184）

世界の章 197

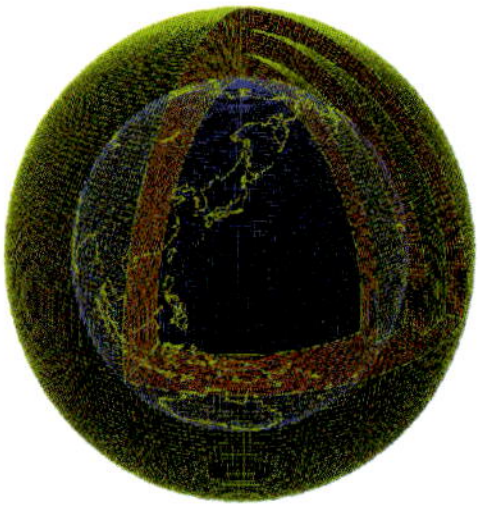

天気予報のために地球表面が約820万もの格子に分けられ予測計算される（➡P.234）

四万十川の川渡し　川を渡る春風をいっぱいに受けて泳ぐ鯉のぼりの群れ（➡P.64）

本書の使いかた

本書では日本を彩るさまざまな気象現象について、天気図の見かたや基礎知識について、季節を追いながらわかりやすく解説している。さらに二十四節気や歳時記、日本各地で起こる気象現象の見どころ、文学のなかに描かれた気象など、お天気や気象に対する理解と楽しみかたを、バラエティに富んだ構成で紹介した。

●タイトル

天気予報でもよく耳にする、気象や季節をあらわした言葉をキーワードとして取り上げた。

●解説文

各気象現象の概要やポイントをわかりやすく解説。

●インデックス

季節やコーナーごとに色分けし、ページ内で取り上げたキーワードを表示。

春一番　春の章

春《はる》一《いち》番《ばん》

その年初めて吹く春を告げる風
しかし、ときに災害をも招く強風

「春は名のみの風の寒さや」と歌われるように、立春《りっしゅん》の頃の日本列島はまだ厳しい寒気《かんき》におおわれている。この立春（2/4頃）から春分《しゅんぶん》（3/21頃）までの間に吹く、その年初めての、強く暖かい南風が「春一番」である。

春一番というと、俳句の季語としても知られ、うららかな春のおとずれを告げるやさしい風のようなイメージがある。しかしその実態はときに恐ろしい災害をも招く、強烈な暴風なのである。

福岡	
1990年	2/10
1995年	3/16
2000年	—
2004年	2/14

大阪	
1990年	2/11
1995年	3/16
2000年	—
2004年	2/14

名古屋	
1990年	2/11
1995年	3/16
2000年	—
2004年	2/22

東京	
1990年	2/11
1995年	3/17
2000年	—
2004年	2/14

※「春一番」が宣言された日。期間が限定されており、発生しない年もある。（気象庁調べ）

日本海低気圧に吹き込む南よりの風が強まり、この日、関東地方と近畿地方で「春一番」を記録。東北・北陸地方は、北西風の吹き出しで日本海側に雲が発生している。

30

●「春一番」とは

「春一番」という言葉の由来は、もともと日本海西部の漁師たちに伝わる言葉で、春の初めに吹く強い突風が海難事故をまねき、多くの漁師の命を奪う風として、「春一《はるいち》」あるいは「春一番」などとよばれて恐れられたといわれている。

気象庁の定義による春一番は、立春から春分まで（2/4頃～3/21頃）と期間が限定されており、風向きは東南東から西南西、風の強さも8m/s（毎秒8m）以上で、気温が上昇する現象と決められている。

この日の天気の特徴

■3月14日に、関東地方と近畿地方で「春一番」が宣言されたときのもの。
■中国東南部で発生した低気圧が東進、進む速度が遅かったため高知県、大分県などで日雨量100mmを超える、まとまった雨を降らせながら、日本海で発達した。

衛星画像（P.30）の天気図

関東地方、近畿地方で「春一番」が宣言された。30ページの衛星画像と同日の天気図。

●季節が変わるさきがけの風

春は日本付近の風の向きが、北よりから南よりに交代する季節だ。冬の間強い勢力をもっていた、寒冷なシベリア気団（高気圧）（➡P.18）が徐々に勢力を弱め、日本付近では、気圧の谷が通過することが多くなる。

気圧の谷では、低気圧が発生しやすく、とくに日本海上で成長する低気圧を「日本海低気圧」という。日本海低気圧に向かって南風が吹き込むため、春一番をはじめとする強風が全国的に強くなるのである。東京では1年のうちでもっとも風が強い季節だ。

●寒暖がくり返す季節

春一番を境に暖かい南風が吹くようになり、いっきに春めいてくるわけではない。

暖かい南風を呼び込んだ日本海低気圧は発達しながら北東へ進むため、次の日には再び西高東低の冬型の気圧配置となり、寒さがぶりかえす「寒《かん》の戻り」となることも多い。

まだまだ気温も風向きもたいへん変わりやすい季節といえよう。

●「春一番」の風向きと風速

春一番が宣言された日の関東地方。矢印の向きは風向き、長さは風の強さを表す。赤い矢印は、風速8m/s以上の南よりの風。

31

●気象衛星画像

天気図に表現しきれない気象現象である雲の状態を示している。必要に応じて高気圧や低気圧、前線、等圧線、上空の寒気などを図示し、各ページで取り上げた気象現象の特徴について解説を加えた。また、その日の各地の天気の状態や特徴を具体例として示しているものもある。

●この日の天気の特徴

各ページの気象現象があらわれた日として取り上げた、気象衛星画像と天気図の特徴を解説。

●天気図

高気圧や低気圧、前線や等圧線などが記され、気圧配置がよくわかる。また各ページで取り上げた気象現象のポイントとなる記号には色をつけて示し、特徴をわかりやすく解説している。

●写真・図解

気象や天気に関する理解や楽しみを深めるために、美しい写真や図解による解説を数多く設けた。各気象現象にまつわるコラムや補足的な解説を設けたページもある。

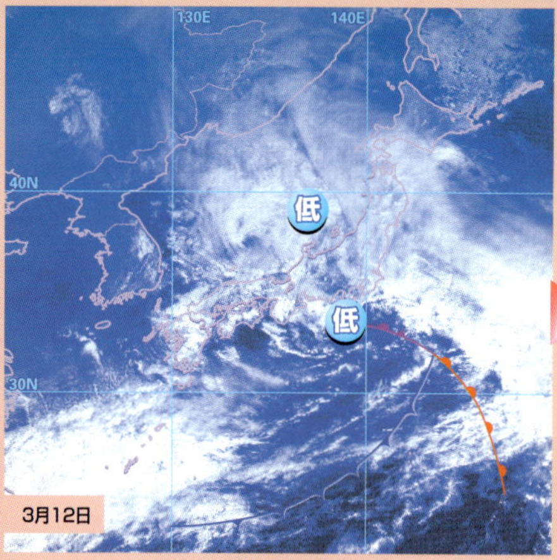

2つの低気圧の影響で四国や近畿で強い雨。全国的にも雨や曇りのところが多い。

低気圧は北日本に進み、雨や雪。東北南部から南西諸島にかけては晴れや曇り。この後、日本海に低気圧が発生。

春の白馬三山とタンポポ

春

日本の四季と天気

移動性高気圧と低気圧が次々に日本を通過し、寒暖をくり返しながらしだいに暖かくなってゆく。前線をはさむ寒気《かんき》と暖気《だんき》の気温差が激しく、ときに春の嵐が吹き荒れる。

春の日本列島
Jeff Schmaltz, MODIS Rapid Response Team, NASA/GSFC　2003年5月1日　写真番号25391

春一番が吹いた日の衛星画像

3月14日

春《はる》一《いち》番《ばん》

春の章 ➡P.30

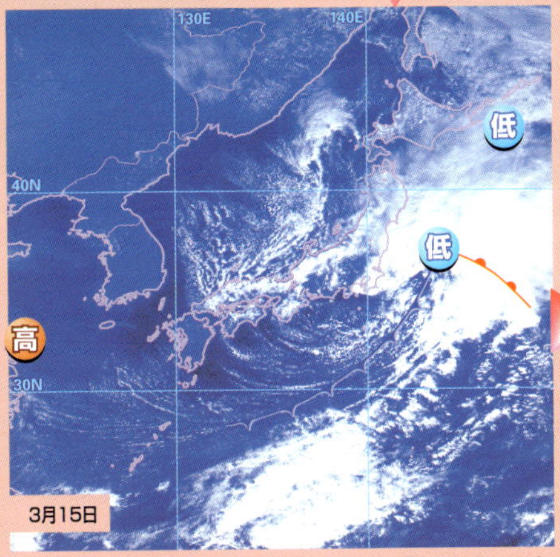

太平洋側で低気圧が発達。前日の「春一番」とはうってかわって、全国的に北よりの強風が吹き荒れる。

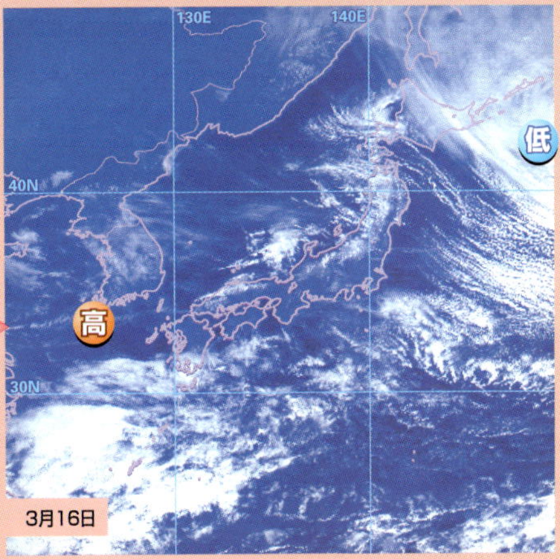

北日本では等圧線が混んで強風。ふたたび冬型の気圧配置に。東・西日本は移動性高気圧におおわれて穏やかな天気となる。

台風が相次いで九州に接近、その後熱帯低気圧に変わる。本州は高気圧におおわれ晴天。北陸や東北南部は前線の影響で雲が多くなった。

近畿以西は太平洋高気圧におおわれ厳しい暑さとなる。東海上の前線の延長上にあたる関東は雲が多め。

日本の四季と天気

夏

梅雨《つゆ》が明けると日本列島は、太平洋高気圧におおわれ、蒸し暑い日が続く。強い日射で熱せられた空気は上昇気流を生じ、積《せき》乱雲《らんうん》が夕立や雷をもたらす。

夏の尾瀬ヶ原

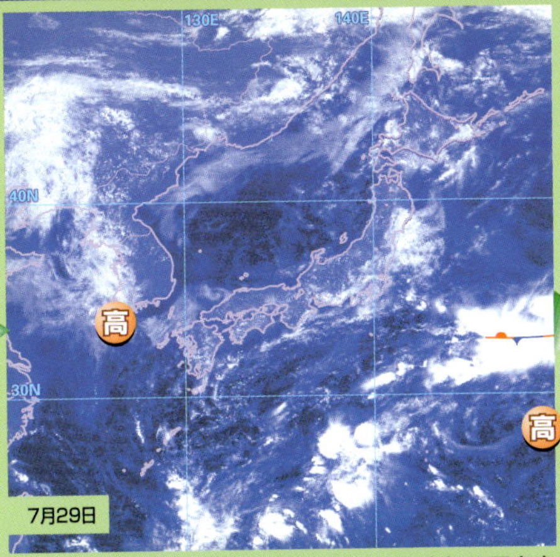

ゆるやかに太平洋高気圧におおわれたが、大気は不安定で曇りがち。しかし北海道以外はのきなみ真夏日。

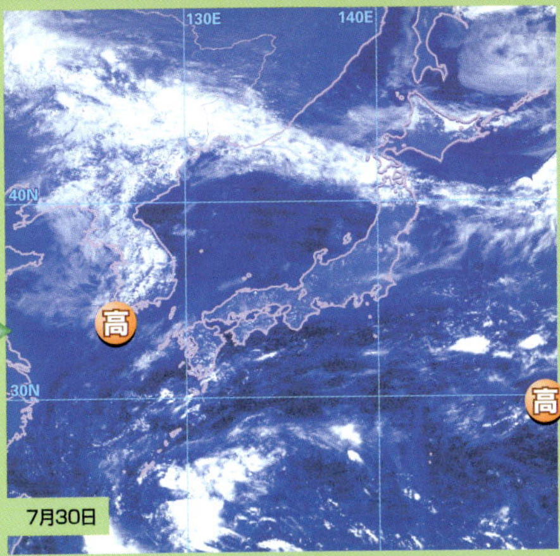

引き続き高気圧におおわれ全国的に気温は高め。西日本では湿った空気と日射の影響で午後から雷雲が発生。

盛《せい》夏《か》

夏の章➡P.90

盛夏（鯨の尾型）の衛星画像
7月31日

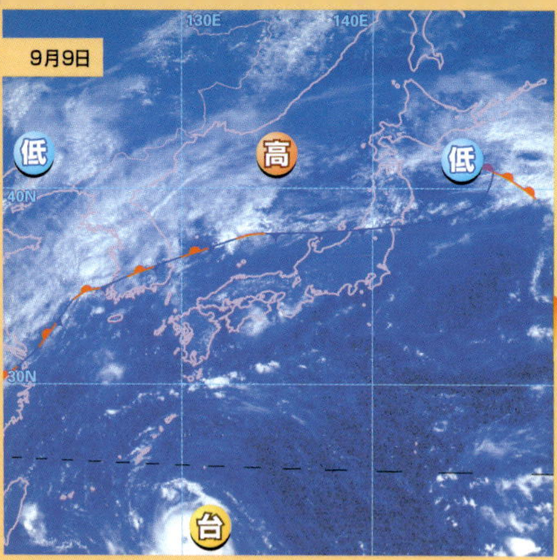

低気圧と前線の影響で北日本は曇りや雨。東・西日本の太平洋側は太平洋高気圧におおわれ晴れ。

台風14号が猛烈に発達しながら宮古島に接近。東・西日本の一部では南から暖湿な空気が入り激しい雨。関東は晴れて気温上昇。

日本の四季と天気

秋

秋《あき》雨《さめ》前《ぜん》線《せん》が秋の長雨をもたらし、台風が猛威をふるうのもこの季節。台風の後にはさわやかな秋晴れの日も続くが、しだいに気温も下がり、夜も長くなってゆく。

秋の収穫を終えた田

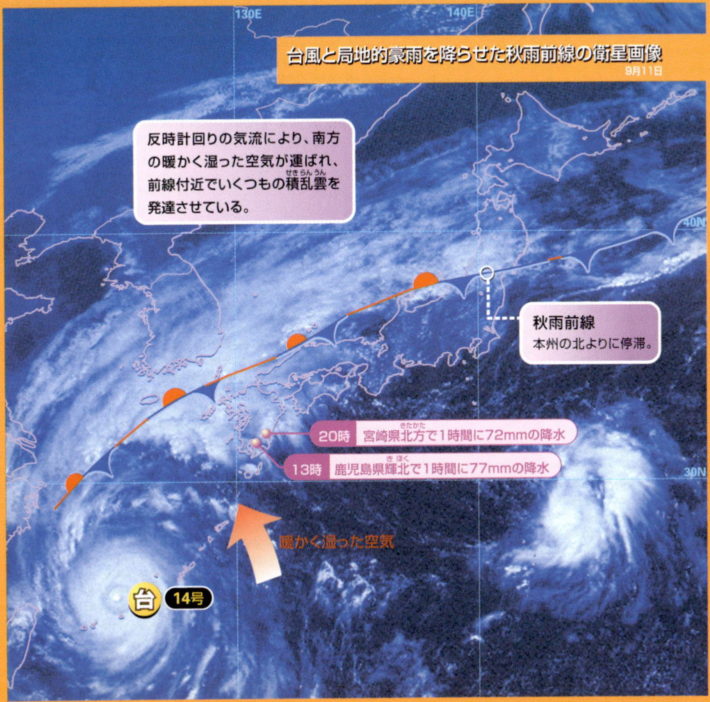

集中豪雨《しゅうちゅうごうう》③

秋の章➡P.134

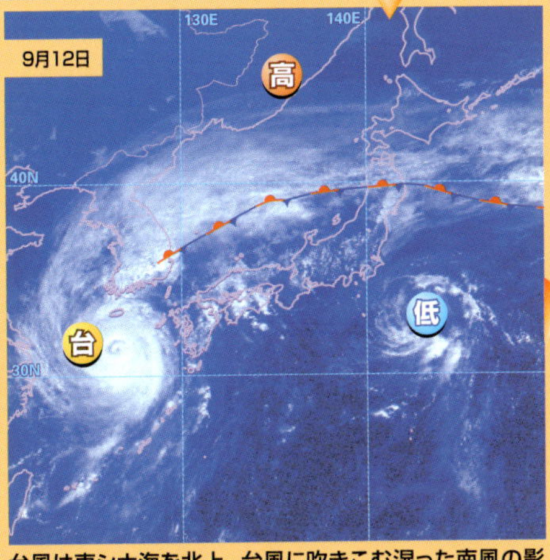

台風は東シナ海を北上。台風に吹きこむ湿った南風の影響で、西日本の各地で大雨。

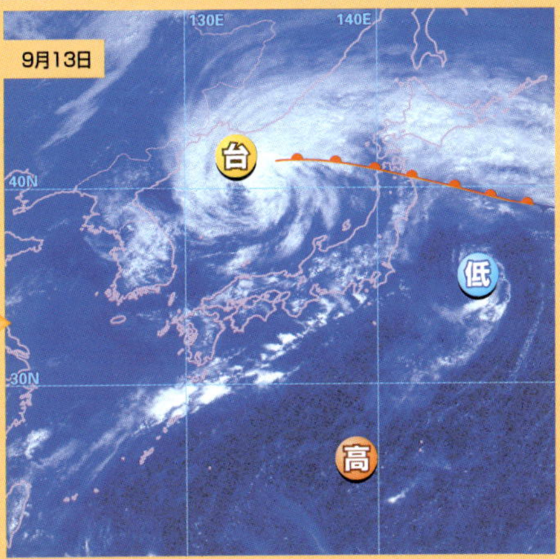

台風14号は日本海を北東へ。北陸から北海道は雨。台風に吹きこむ南風により各地で気温上昇。

宇宙から見たハリケーンの渦
Image courtesy of Mike Trenchard, Earth Sciences and Image Analysis Laboratory, NASA Johnson Space Center.　2003年9月13日　写真番号:ISS007-E-14750

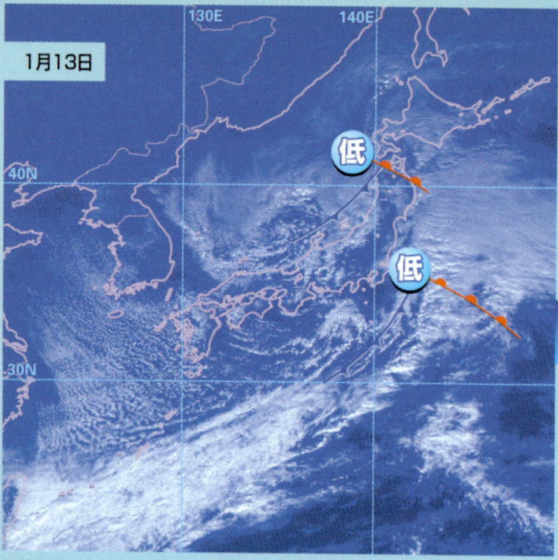

低気圧が三陸沖で急発達し、北日本や日本海側は大荒れに。黄海や東シナ海にはびっしりと筋状の雲が広がり、西日本から風雪が強まってくる。

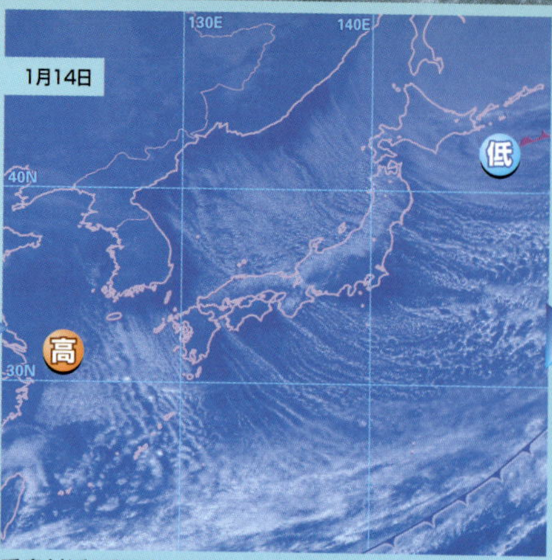

千島付近で猛烈に発達した低気圧の影響で、北日本は大荒れ。暴風雪、大雪が続く。日本列島をこえた季節風が太平洋上にも筋状の雲をえがく。

日本の四季と天気

冬

シベリアで発達した冷たい高気圧から寒気《かんき》が吹き出し、日本は西高東低《せいこうとうてい》の冬型の気圧配置となる。日本海側には雪が降り、太平洋側には乾燥した冷たい風が吹く。

雪化粧をした福岡県英彦山の木々

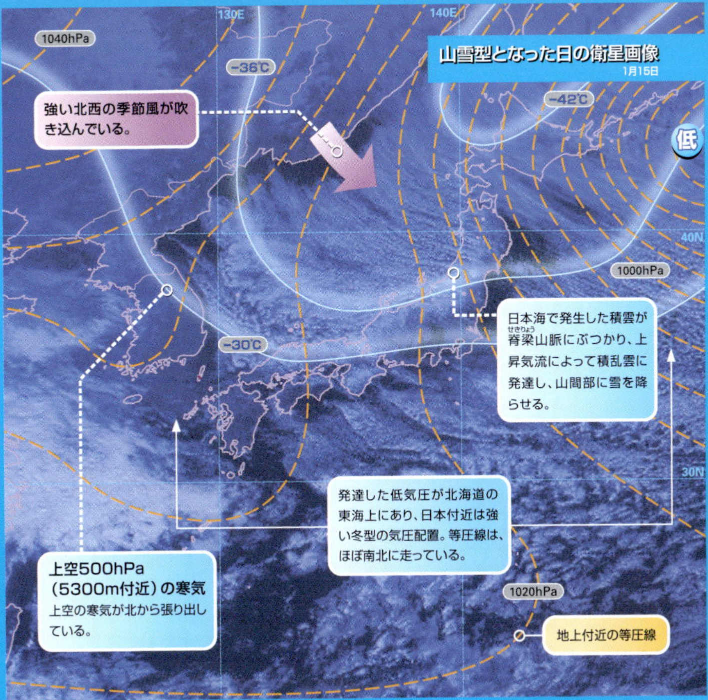
山雪型となった日の衛星画像
1月15日
130E
140E
40N
30N
1040hPa
1000hPa
1020hPa
−36℃
−42℃
−30℃
低
強い北西の季節風が吹き込んでいる。
日本海で発生した積雲が脊梁《せきりょう》山脈にぶつかり、上昇気流によって積乱雲に発達し、山間部に雪を降らせる。
発達した低気圧が北海道の東海上にあり、日本付近は強い冬型の気圧配置。等圧線は、ほぼ南北に走っている。
上空500hPa（5300m付近）の寒気
上空の寒気が北から張り出している。
地上付近の等圧線

山《やま》雪《ゆき》型《がた》

冬の章➡P.174

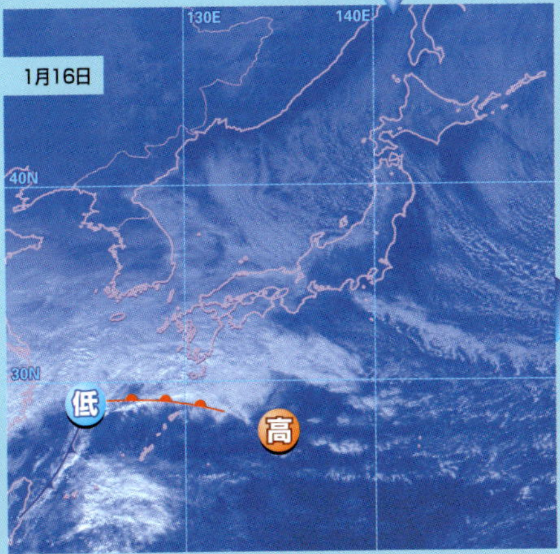
1月16日
130E
140E
40N
30N
低
高

北日本の大荒れの天気は峠を越す。西日本や南西諸島は低気圧や前線の影響で曇りや雨。東日本の太平洋側は晴れる。

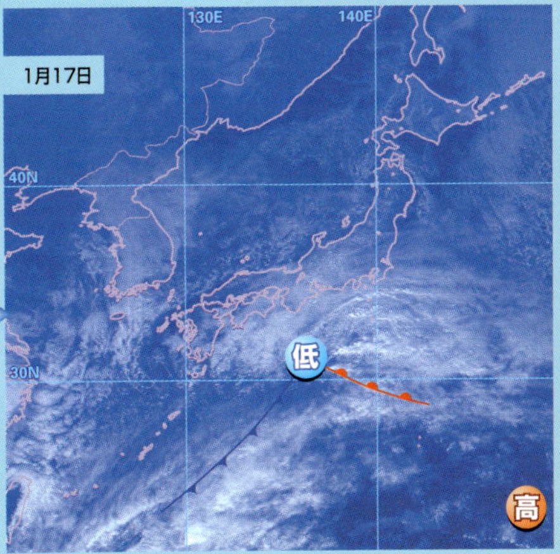
1月17日
130E
140E
40N
30N
低
高

低気圧が本州南岸を東進し、東・西日本の太平洋側に雪や雨をもたらす。北日本はおおむね晴れ。

雲図鑑

富士山《ふじさん》と雲《くも》

まるで押し寄せる白波のように富士山の南から西側を埋めつくした層積雲《そうせきうん》(➡P.154)。

手前にブーメランのようなV字形をした雲が見えるが、これは「つるし雲《ぐも》」とよばれ、低気圧や気圧の谷による上空の強風で発生する。そのため、この雲があらわれると悪天になると言われている。実際に西から低気圧が近づいており、このあと天気はくずれていった。

空に浮かぶ雲は、その形や変化から、これから天気がどのように変わってゆくかの重要な指標となる。その全体を上空から観測したのが気象衛星による雲画像である。気象衛星画像と天気図が何をあらわしているかを知ることで、日々見上げる空や、感じる季節変化が、より楽しいものになるだろう。

Image courtesy of Earth Sciences and Image Analysis Laboratory,
NASA Johnson Space Center.
2003年1月26日　写真番号STS107-E-5690

気象の章

日本の気象現象を左右する4つの気団（➡P.18）

10種雲形（➡P.24）

天《てん》気《き》図《ず》の見《み》かた

まずは天気図が何をあらわしているかの基礎を知ろう

新聞やテレビで毎日のように目にする「天気図」。ここには各地で観測された気象データが、さまざまな記号や曲線を使ってあらわされている。この「天気図」の見かたを知ることで、大気や気象の状態がわかり、天気予報を見るのが楽しくなってくる。

地上天気図

一般に「天気図」というと、地上の気象状態を示す「地上天気図」をさすが、上層の大気や気象状態をあらわす「高層天気図」もある（➡P.23）。

等圧線

気圧の同じ場所を線で結んだもの。気圧はhPa（ヘクトパスカル）であらわし、4hPaごとに線が引かれている。気圧配置をあらわす重要な線。

高気圧

周辺に比べて気圧の高くなっているところを示す。中心には「高」または「H」と書かれ、気圧が数字であらわされている。

低気圧

周辺に比べて気圧が低いところを示す。中心に「低」または「L」と書かれ、気圧が数字であらわされている。

気圧

空気の重さが圧力になったもの。空気を気圧の高いところから低いところに向かって動かす力を気《き》圧《あつ》傾《けい》度《ど》力《りょく》という。気圧の差が大きいほど風は強く吹く。実際は「コリオリの力（➡P.19）」が働くため、風は等圧線に対しななめに動く。

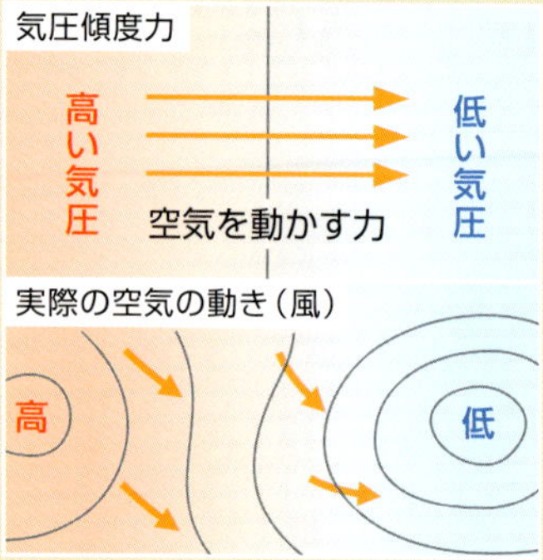

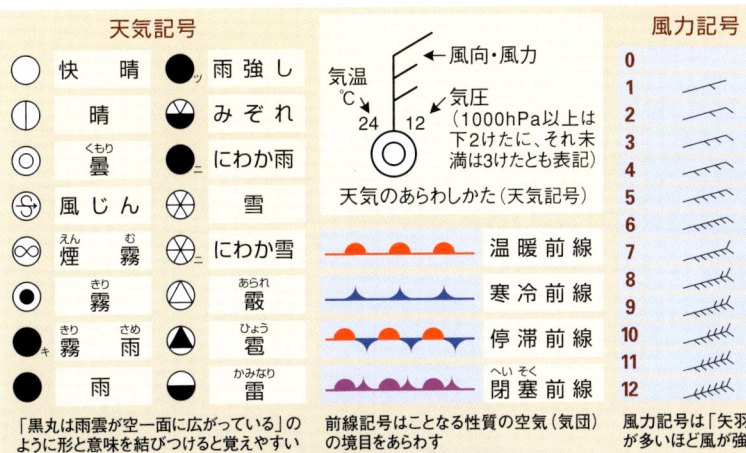

天気記号

快晴	雨強し
晴	みぞれ
曇《くもり》	にわか雨
風じん	雪
煙《えん》霧《む》	にわか雪
霧《きり》	霰《あられ》
霧《きり》雨《さめ》	雹《ひょう》
雨	雷《かみなり》

「黒丸は雨雲が空一面に広がっている」のように形と意味を結びつけると覚えやすい

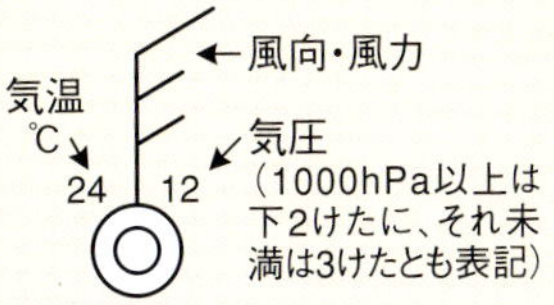

天気のあらわしかた（天気記号）

前線記号はことなる性質の空気（気団）の境目をあらわす

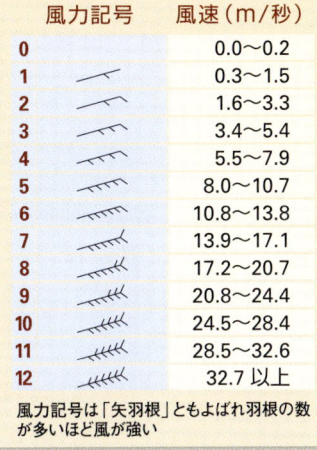

風力記号	風速（m/秒）
0	0.0〜0.2
1	0.3〜1.5
2	1.6〜3.3
3	3.4〜5.4
4	5.5〜7.9
5	8.0〜10.7
6	10.8〜13.8
7	13.9〜17.1
8	17.2〜20.7
9	20.8〜24.4
10	24.5〜28.4
11	28.5〜32.6
12	32.7 以上

風力記号は「矢羽根」ともよばれ羽根の数が多いほど風が強い

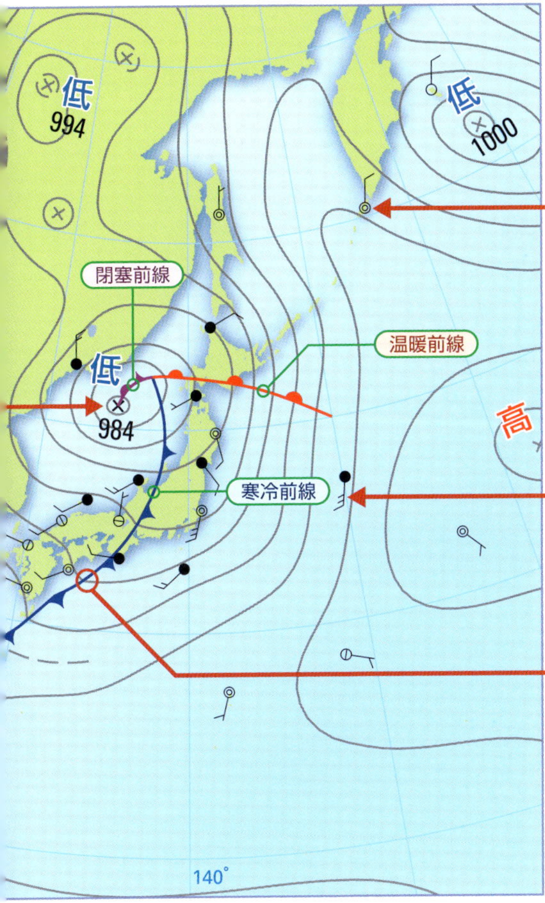

天気記号

観測地の天気をあらわす。世界共通の国際式記号と、それを簡単にした日本式記号があり、一般には日本式記号が使われている。より詳しい天気図には、右に気圧が、左に気温が数字で示されている。

風向と風速

天気記号の外側についている「矢羽根」とよばれる記号は、風の方向と風速を示している。風向は16方位で、風速は風力であらわす。

前線

寒気と暖気の境界を示す線で、前線を境に天気や気温などが変わる。暖気が寒気域に入り込む温暖前線。寒気が暖気にもぐり込む寒冷前線。温暖前線に寒冷前線が追いついてしまった閉塞前線などがある。

高《こう》気《き》圧《あつ》と低《てい》気《き》圧《あつ》

天気を変えるしくみの基本。高気圧と低気圧、気団《きだん》と前線《ぜんせん》

日本付近の大気の状態は、周辺の大陸上や海洋上で発達するいくつかの気団が左右している。気団はそれぞれ特徴的な性質をもち、暖かく湿潤な気団、冷たく乾燥した気団などがある。性質のことなる気団と気団との境目では、前線帯ができ、低気圧が発生するなど天気変化が激しいところとなる。

●気団と高気圧

1000km以上の広い範囲にわたって、気温や湿度がほぼ一様になっている空気の塊《かたまり》を気団という。広大な大陸や海洋の上で発達し、冬は寒帯、夏は熱帯の気団が勢力を強める。

日本に影響をおよぼす気団は、上図のように大きく分けて4つの気団がある。これらの気団が季節によって勢力を強めたり弱めたりして、日本周辺をおおい、気象現象を左右している。

●前線と低気圧

気温や湿度など、異なった性質をもつ気団の境界には前線帯《ぜんせんたい》ができる。その前線面が地表と交わったものが前線である。前線付近では気温・湿度・風などが急に変わり、前線の通過にともなって天気も変化する。

また、暖気と寒気の混じり合いによって厚い雲をつくったり、渦巻構造をもつ低気圧ができたりする。この低気圧を温帯低気圧（➡P.20）という。

●高気圧のモデル（北半球）

中心付近に下降気流があり、地上付近では空気（風）が中心から外に向かって、時計回りに吹き出している。

●低気圧のモデル（北半球）

地上付近では空気（風）が反時計回りに中心に向かって吹き込み、上昇気流をつくり、上空では外側に吹き出している。上昇気流にともなって雲が発生する。

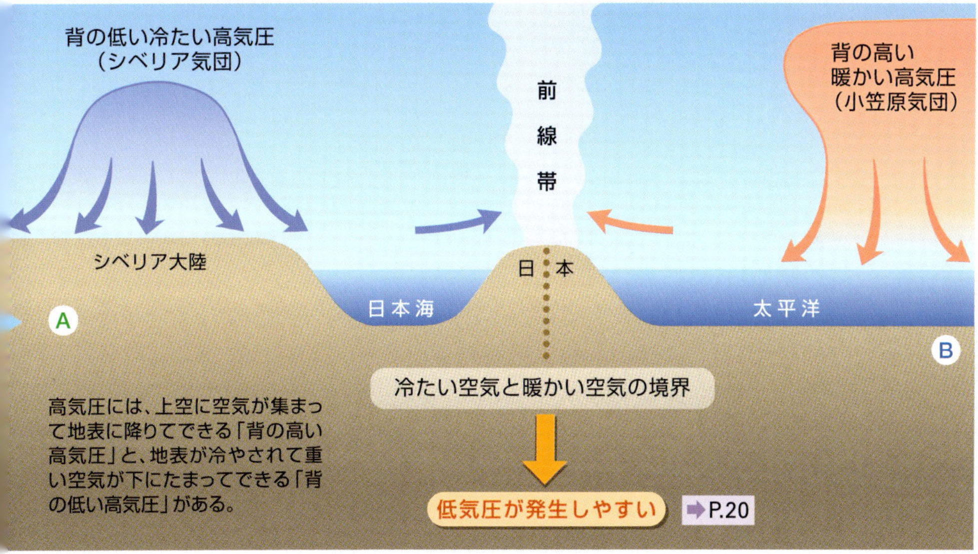

➡P.20

高気圧には、上空に空気が集まって地表に降りてできる「背の高い高気圧」と、地表が冷やされて重い空気が下にたまってできる「背の低い高気圧」がある。

●渦の成因――回転するものの上で生じる「コリオリの力《ちから》」

① 回転する円盤の中心aから、bへボールをける。このとき摩擦は考えない。

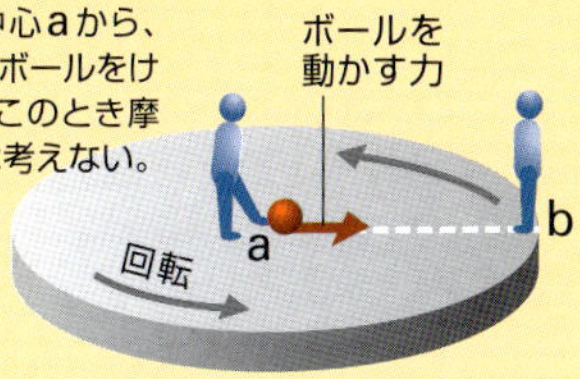

② ボールはまっすぐに進むが、aの人物からみるとボールが右へそれたようにみえる。ボールの運動があたかも右向きの力を加えられたかにみえ、この見かけ上の力を「コリオリの力」という。

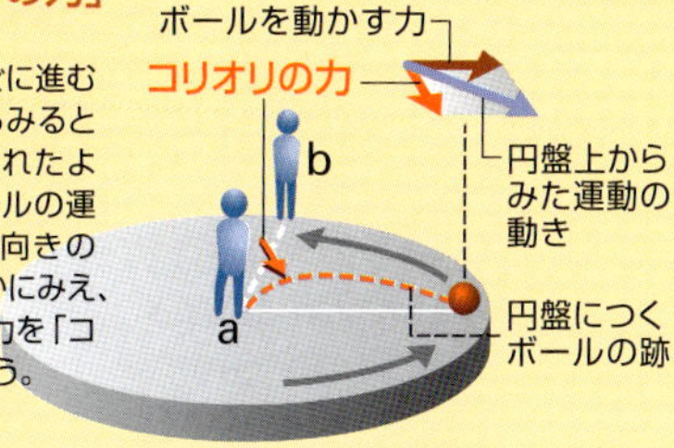

「コリオリの力」（転向力《てんこうりょく》ともいう）とは、回転をしているものの上で生じる見かけ上の力。地球も自転をしているので、大きなスケールの運動ではっきりと生じてくる。北半球では進行方向を右へ、南半球では左にそらすようはたらく。

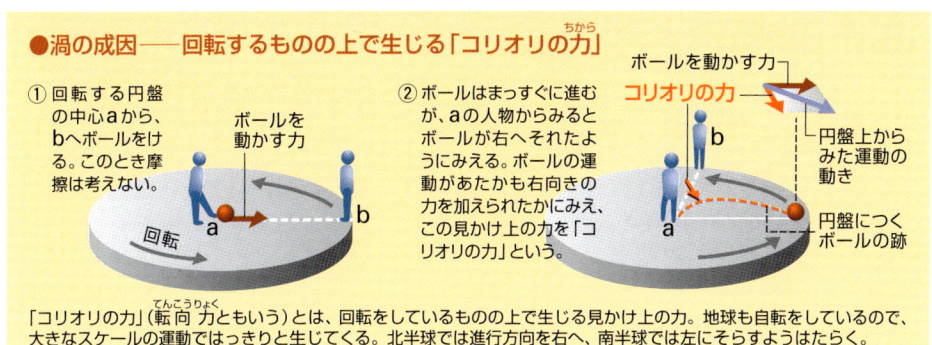

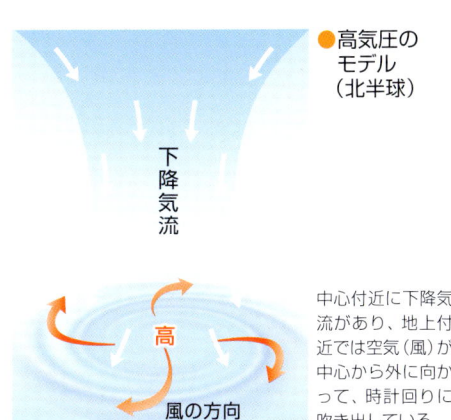

●温帯低気圧の一生

気団の境界などで、停滞前線《ていたいぜんせん》ができる。ゆらぎや上昇気流など、あるきっかけによって低圧部ができると、前線面のバランスが崩れ、2図のように低気圧が発生する。

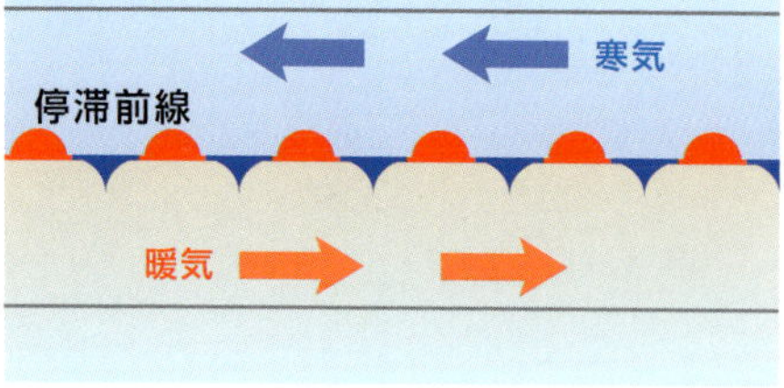

低気圧は渦巻をつくるように成長する。暖気と寒気は温暖前線、寒冷前線をつくる。温暖前線と寒冷前線にはさまれた部分は暖域《だんいき》とよばれ、比較的天気がよい。

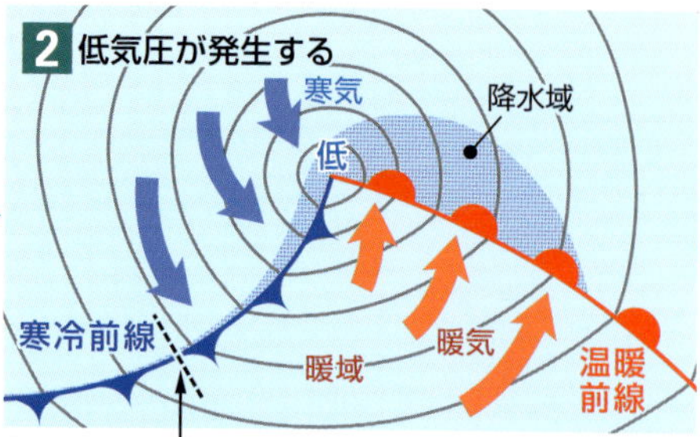

●温帯低気圧《おんたいていきあつ》

低気圧には、中・高緯度の温帯や寒帯で発生する温帯低気圧と、低緯度の海洋上で発生する熱帯低気圧があり、単に「低気圧」という場合は、日本では温帯低気圧のことをさす。

温帯低気圧は上空の偏西風《へんせいふう》に流されて、西から東へ移動しながら日本を通過する。移動の速さは1日に約1000km。南からの暖気と、北からの寒気が前線で接して渦巻きをつくるように発達するため、低気圧の前面には温暖前線を、後面には寒冷前線をともなっていることが多い。

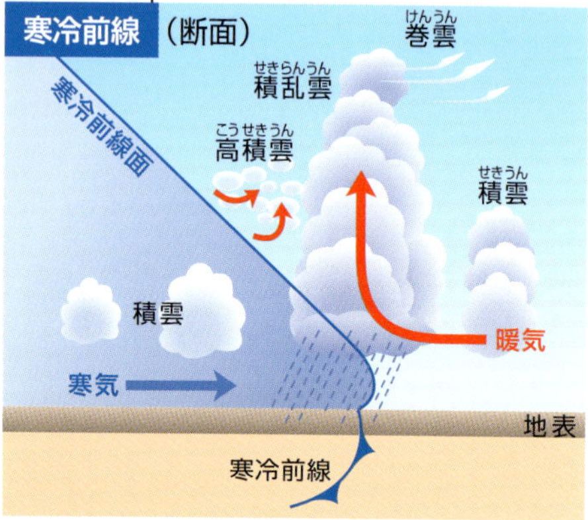

●寒冷前線　寒気が暖気の下にもぐりこみ、押し上げられた暖気の上昇気流で積乱雲《せきらんうん》が発生。短時間に強い雨が降る。通過後に気温が急降下し、突風や雷雨をともなうこともある。

●低気圧の種類と形

温帯低気圧と熱帯低気圧の違いは発生場所だけではない。発生・発達するためのエネルギー源が大きくことなる。温帯低気圧は暖かい空気が上昇する、もしくは冷たい空気がもぐり込もうとする力(空気の温度差)がもととなっている。一方、熱帯低気圧は、水蒸気が水滴となるときに発生する凝結熱を発達のエネルギー源としている。

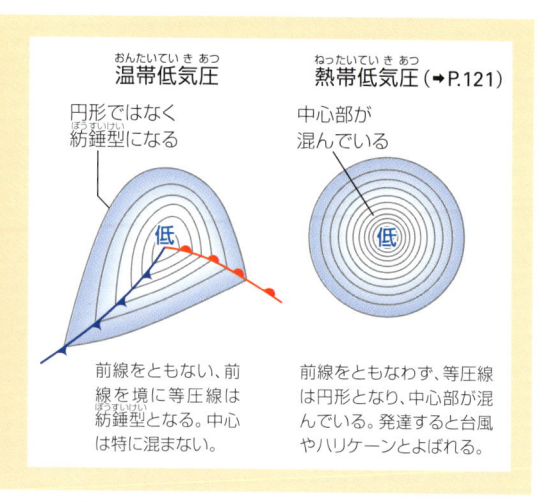

温帯低気圧《おんたいていきあつ》　　熱帯低気圧《ねったいていきあつ》(➡P.121)

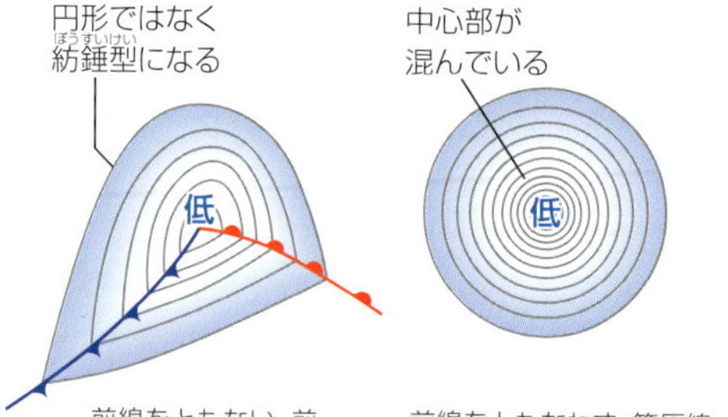

前線をともない、前線を境に等圧線は紡錘型《ぼうすいけい》となる。中心は特に混まない。

前線をともなわず、等圧線は円形となり、中心部が混んでいる。発達すると台風やハリケーンとよばれる。

暖気は上昇、寒気はもぐり込みながら渦巻を強化し、中心付近の気圧は下がって低気圧が発達する。前線付近では雨雲が発達し風雨が強まる。

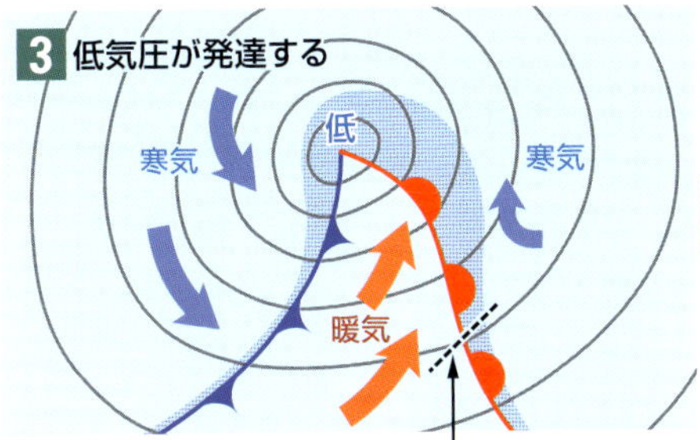

寒冷前線は温暖前線より移動が速いため、寒冷前線が温暖前線に追いつき閉塞《へいそく》前線ができる。すると地上では寒気だけにおおわれ、やがて低気圧は衰弱し消滅する。

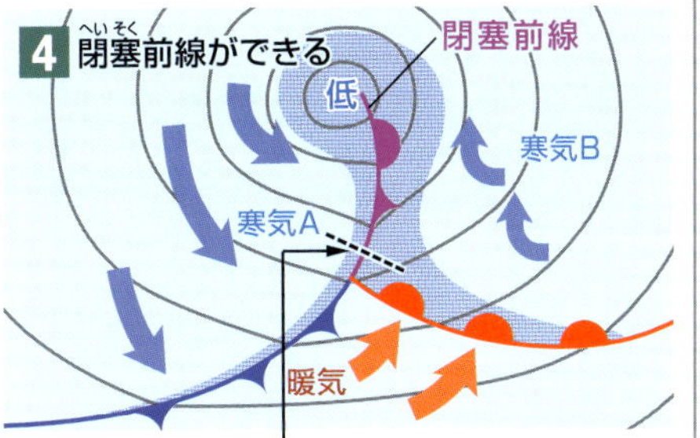

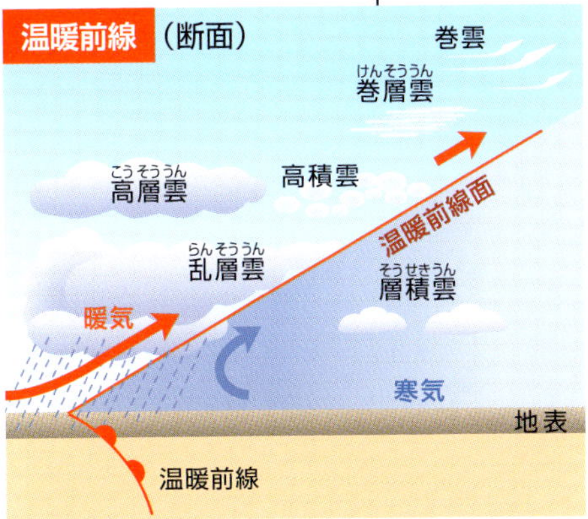

●温暖前線　暖気が寒気にのり上げるように上昇する。前線が通過する1000km以上も前から巻雲《けんうん》があらわれ、前線が近づくにつれ低く厚い雲となる。通過後には気温が上がる。

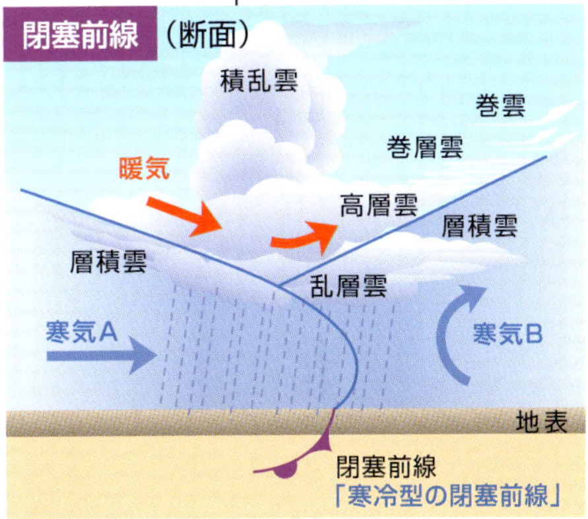

●閉塞《へいそく》前線　低気圧が発達し、寒冷前線が温暖前線に追いついてできる。追いついた寒気が、先行する寒気より温度が低い場合を「寒冷型の閉塞前線」、逆に先行する寒気のほうが冷たい場合は「温暖型の閉塞前線」とよぶ。

●気圧配置

高気圧と低気圧、気圧の分布を示す等圧線などの位置関係を気圧配置という。

高圧部のなかで、山の尾根のように等圧線が張り出した部分を「気圧《きあつ》の尾根《おね》」という。また東西に帯状に広がった高圧部の高気圧を「帯状《おびじょう》高気圧」という。一方、高圧部と高圧部にはさまれ、南北に細長くのびた低圧部は「気圧《きあつ》の谷《たに》」という。

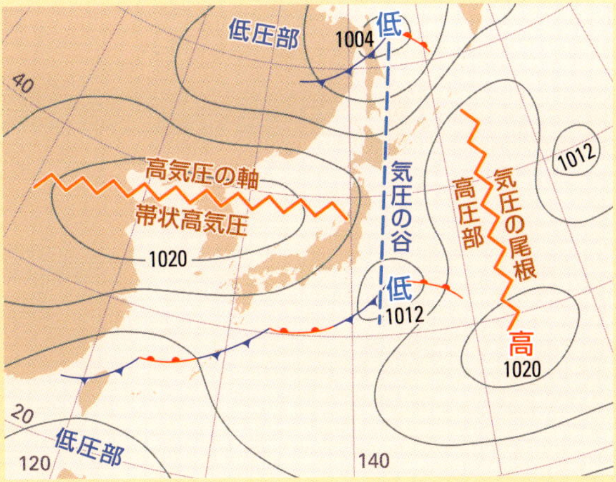

気《き》象《しょう》衛《えい》星《せい》画《が》像《ぞう》と高《こう》層《そう》天《てん》気《き》図《ず》

宇宙から雲のようすをとらえ、高層の観測データを示す

天気の変化をもたらす雲の発達や分布を知ることのできる「気象衛星画像」、高度の高いところの気温や気圧、風などの気象観測データを示す「高層天気図」。気象現象を立体的にとらえ、時間変化を予測することによって、現代の天気予報は成り立っている。

●気象衛星画像はおもに3種類

雲の動きなどを宇宙からとらえて、気象の状態を知る大きな手がかりとなる気象衛星画像には、3種類ある。

テレビや新聞でもっとも見慣れているのが「赤外《せきがい》画像」。地表付近から出ている赤外線を観測。夜もうつり、温度の低い上空にある雲ほど白くうつる。本書でおもに取り上げているのが「可視《かし》画像」。雲の厚みや形がわかりやすく、厚い雲や雲粒《くもつぶ》が多く集まっているところほど白くうつる。ただし夜には観測できない。「水蒸気《すいじょうき》画像」は、大気中の水蒸気量を画像化し、多いところほど白くうつっている。

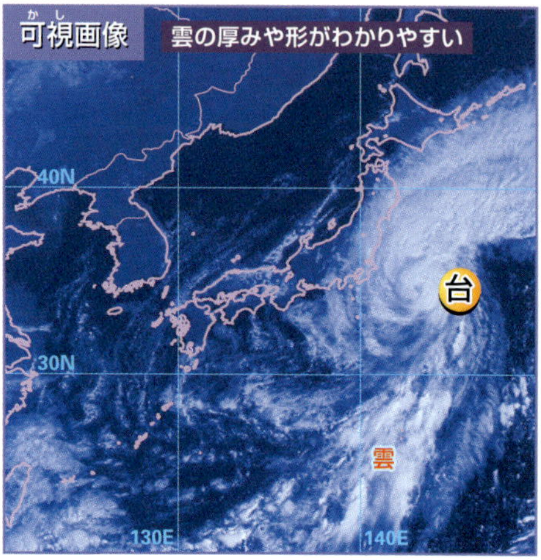

高層天気図（500hPa、上空約5400m付近）

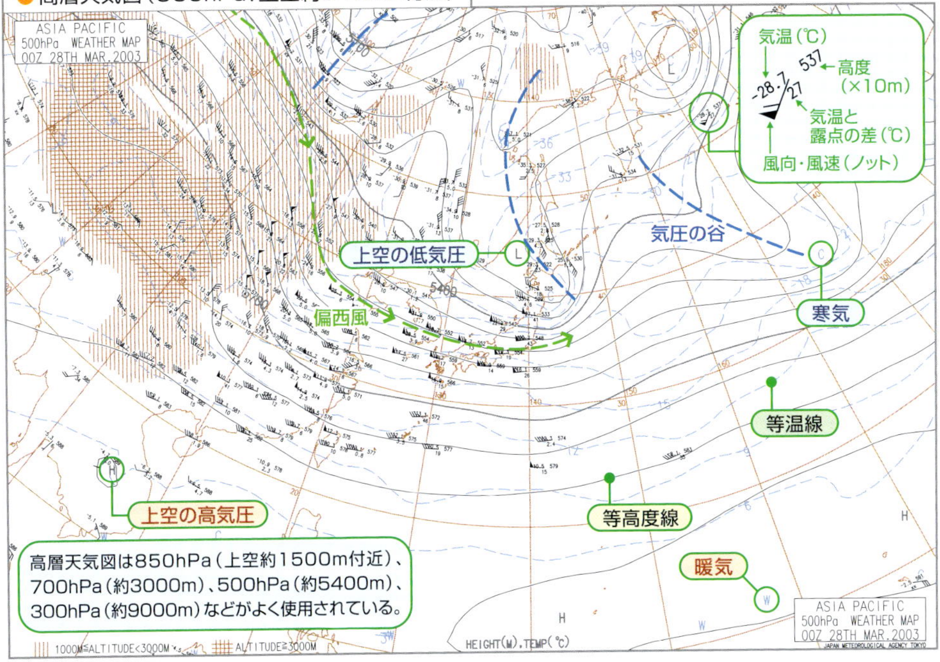

●高層《こうそう》天気図

上空の大気の状態をあらわした天気図を「高層天気図」という。

高度が高くなるにつれ、気圧は小さくなっていく。例えば1500m付近では平均すると850hPa、3000m付近は700hPaなど。つまり、この高さ付近には850hPaの気圧となる面があることになる。高層天気図では、この面が高度何mにあるかを示し、気圧配置をあらわしている。

このほかに、その高度の気温と風向風速などを示し、いくつかの高層天気図や地上天気図を組み合わせてみると、大気の立体的な構造をとらえることができる。偏西風《へんせいふう》や気圧の谷の動きをとらえ、高気圧や低気圧の移動や発達、衰弱などを予想する。

●国際式天気記号

日本式天気記号（➡P.17）のほかに、世界共通で、詳細な「国際式天気記号」もある。

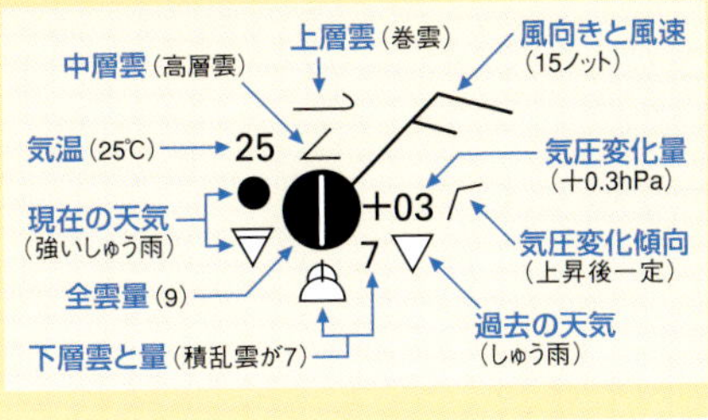

●実況天気図と予想天気図

地上天気図でも高層天気図でも、現在の気象状態を記した実況天気図と、観測データをもとにして数値予報（➡P.234）で計算された予想値や等圧線、等高度線、等温線などを記入した予想天気図がある。

予想天気図には12時間先、24時間先、36時間先、48時間先、72時間先のものがあり、これから変化する大気の状態や天気を予測している。

雲《くも》の種《しゅ》類《るい》

天気や気象状態を知り、予測の手がかりとなる雲の種類

空に雲がどのくらいあるかは、天気を決定している一番の要素だ。雲を観察することは量だけでなく、発生している場所や種類によっても、そこで起こっているさまざまな気象状態、今後の天気変化などを知ることができる。

雲の種類を、発生する高度と形によって10種の基本形に分類したものが「10種雲形《しゅうんけい》」である。

●10種雲形

さまざまな雲を発生高度と形によって分類したのが「10種雲形（雲級《うんきゅう》ともいう）」である。これは国際的に決められたもので、同じ種類の雲でも発生高度は緯度によって異なる。本書で取り上げた高度は、日本のある温帯での高さを記した。

発生する高度では上層雲《じょうそううん》、中層雲《ちゅうそううん》、下層《かそう》雲《うん》に分けられ、形では大きく層雲型《そううんがた》と積雲型《せきうんがた》に分けられる。

層雲型は水平方向に広がっている雲で、面状に気流や気温が変化している場合に生じる。温暖前線などで前線面に沿って空気がゆっくりと上昇しているところでは高層雲や乱層雲が発生する。その先駆けとして高層に巻雲や巻層雲が発生するため、太陽に暈《かさ》がかかって見えるときなどは、これからゆっくりと天気が悪くなる前兆とされる。

また積雲型は綿の塊のように見える雲で、この雲の中では上昇気流が生じている。成長した積乱雲では強い雨や雷雨をもたらすことがある。

●10種雲形　出現する高さははっきりと区切れず、区分を越えて広がるものもある。

発生する高さによる区分（温帯）		名称	別名	学名	記号
上層雲《じょうそううん》	5000m以上	巻雲《けんうん》	すじ雲	Cirrus	Ci
		巻積雲《けんせきうん》	うろこ雲、いわし雲、さば雲	Cirrocumulus	Cc
		巻層雲《けんそううん》	うす雲	Cirrostratus	Cs
中層雲《ちゅうそううん》	2000〜7000m	高積雲《こうせきうん》	ひつじ雲、むら雲、まだら雲	Altocumulus	Ac
		高層雲《こうそううん》	おぼろ雲	Altostratus	As
		乱層雲《らんそううん》*	雨雲	Nimbostratus	Ns
下層雲《かそううん》	地表付近〜2000m	層雲《そううん》	霧雲	Stratus	St
		層積雲《そうせきうん》	くもり雲、うね雲	Stratocumulus	Sc
		積雲《せきうん》**	わた雲	Cumulus	Cu
		積乱雲《せきらんうん》**	入道雲、雷雲	Cumulonimbus	Cb

*乱層雲は上層及び下層にまで広がっていることがある。
**積雲、積乱雲は中層および上層にまで広がっていることがある。

●「雲図鑑」として紹介しているページ

上層雲

巻雲 ➡P.60　巻積雲 ➡P.61　巻層雲 ➡P.61

中層雲

高積雲 ➡P.122　高層雲 ➡P.123　乱層雲 ➡P.123

下層雲

層雲 ➡P.155　層積雲 ➡P.154　積雲 ➡P.188　積乱雲 ➡P.189

●雲のできかた

空気塊中の水蒸気が冷やされて水滴となり、それが集まったものが雲である。この雲を発生させるのは、多くの場合が「上昇気流」によるものだ。

上昇気流によって空気塊が持ち上げられると、上空に行くほど気圧が低いため、空気塊は膨張して、100mに約1℃の割合で温度が下がる。すると空気塊に含まれた水蒸気は水滴として凝結するため、雲ができるのである。(➡P.75)

地表面近くの空気を上昇させる上昇気流は、おもに下の図に示したような場合、あるいはその組み合わせで生じる。

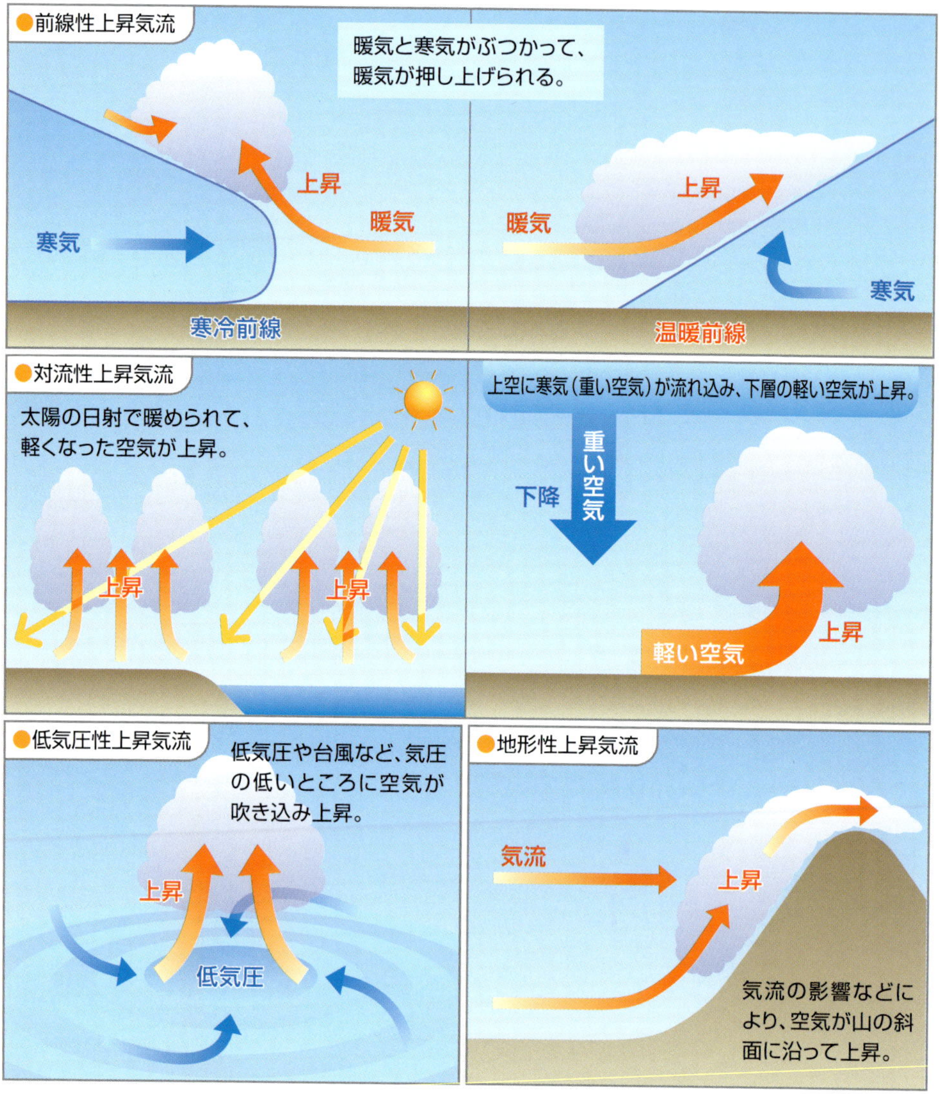

●前線性上昇気流
暖気と寒気がぶつかって、
暖気が押し上げられる。
上昇
暖気
寒気
寒冷前線
上昇
暖気
寒気
温暖前線
●対流性上昇気流
太陽の日射で暖められて、
軽くなった空気が上昇。
上昇
上昇
上空に寒気(重い空気)が流れ込み、下層の軽い空気が上昇。
重い空気
下降
軽い空気
上昇
●低気圧性上昇気流
低気圧や台風など、気圧の低いところに空気が吹き込み上昇。
上昇
低気圧
●地形性上昇気流
気流
上昇
気流の影響などにより、空気が山の斜面に沿って上昇。

春の章

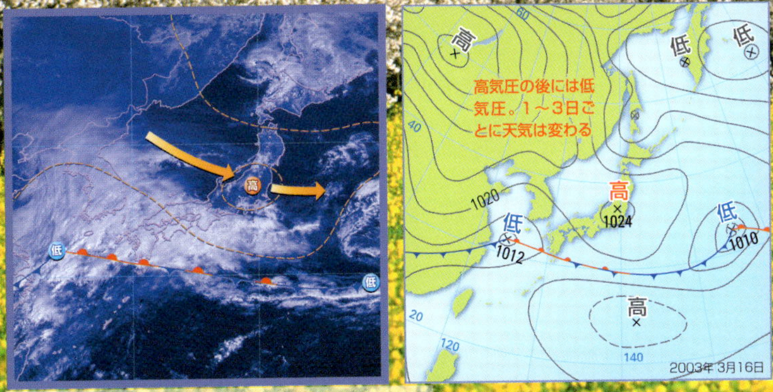

春の移動性高気圧の衛星画像（➡P.34）と天気図（➡P.35）

二《に》十《じゅう》四《し》節《せっ》気《き》と春《はる》の気象《きしょう》

二十四節気 ／ **雑節**

(暦《こよみ》のうえで1年を24分し季節を示した言葉) (二十四節気以外で季節の変化のめやすとする日)

3月

5日頃 啓蟄《けいちつ》

冬眠をしていた虫が外に出てくる時期。「余寒《よかん》いまだつきず」といった頃で、年によっては南国でも雪になったりする。しかし日が急に長くなり、すでに「光《ひかり》の春《はる》」は始まっている。

18日頃 春彼岸《はるひがん》

春分の日とその前後3日の7日間をさし、春分の日が彼岸の中日となる。「暑さ寒さも彼岸まで」というように、この日を境に寒さもやわらぐ。

21日頃 春分《しゅんぶん》

この日、太陽は真東から昇って真西に入り、昼夜の長さがほぼ等しくなる。この日を境に北半球では夜より昼が長くなる。サクラの開花期直前だが、低気圧の通過などで天気は変わりやすい。

4月

5日頃 清明《せいめい》

春分の後15日目。天地がすがすがしく明るい空気に満ちるという。

20日頃 穀雨《こくう》

清明の後15日目。穀物の芽を出させる雨を意味する。この頃、とくに雨が多いわけではないが、降れば「菜種梅雨《なたねづゆ》」ともいう。北国ではストーブをしまい、東日本では冬服を脱ぎ、西日本ではフジの花が咲き始める季節。

5月

2日頃 八十八夜《はちじゅうはちや》

立春の後88日目。「八十八夜の別《わか》れ霜《じも》」という言葉があるように、この日を過ぎると霜の害も減って陽気もよくなり、種まき・農事のめやすとなる日。茶摘《つ》みも始まり、新茶が出まわる頃。

6日頃 立夏《りっか》

暦《こよみ》の上では夏の始まる日。しかし日本では盛夏期前に「梅雨」があるため、この頃の天気はそのまま盛夏期の晴天にはつながらない。北海道方面ではサクラが満開の季節。

21日頃 小満《しょうまん》

立夏の後15日目。草木が茂って天地に満ち始めるという意味。

春はしだいに寒さがゆるみ、陽光と恵みの雨を得て虫や草木が天地に満ちてくる季節である。「二十四節気《にじゅうしせっき》」は中国で生まれた季節のめやすで、1年を24分し、季節にふさわしい名がつけられた。各季節の気象を正確にとらえており、自然や気象に密着した暦として農作業などのめやすとなり重用された。

天気のめやす

4日 ◉福岡ウグイス初鳴《しょめい》
5日 ◉東京ウグイス初鳴
12日 ◉沖縄ツバメ初見《しょけん》
14日 ◉仙台ウグイス初鳴
東北以南で南高北低型となり暖かくなる
18日 ◉新潟ウメ開花
21日 関東以西で寒の戻りが起こりやすい
22日 ◉福岡ツバメ初見
26日 ◉福岡サクラ開花
28日 ◉東京サクラ開花／新潟ウグイス初鳴
30日 関東以西で菜種梅雨となりやすい
30日 ◉大阪サクラ開花
31日 東北以南で南高北低型となり暖かくなる

3日 ◉東京ツバメ初見
4日 ◉大阪ツバメ初見
5日 移動性高気圧が通りやすく、晴れやすい
8日 関東以西で花冷えとなりやすい
8日 ◉仙台ツバメ初見
11日 ◉新潟サクラ開花／ツバメ初見
12日 ◉仙台サクラ開花
28日 ◉札幌ウグイス初鳴

5日 ◉札幌ウメ／サクラ開花
8日 ◉沖縄梅雨入り
12日 ◉沖縄クロイワボタル初見
13日 移動性高気圧が通りやすく、ときにバカ陽気
27日 ◉福岡ホタル初見
29日 ◉九州南部梅雨入り

気象・天気図の特徴

春は強風の季節（3～5月）

春は冬の北風と夏の南風が入れかわる時期。立春後最初の強風が「春一番《はるいちばん》」である。

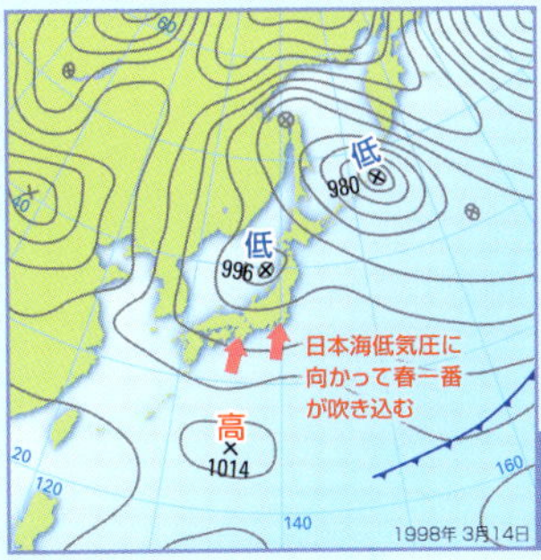

P.30

変わりやすい天気

移動性高気圧と低気圧が、3～4日周期で交互に日本を通過する。

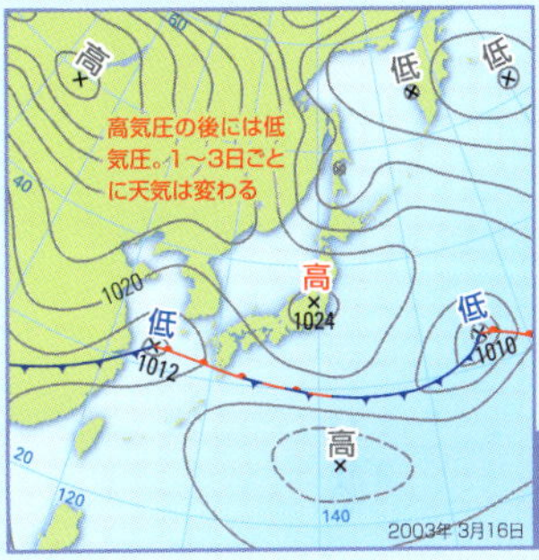

P.34

■**二十四節気・雑節について**　「二十四節気」とともに「雑節」も色を変えて示した。雑節は、より細かな季節の変化をつかむために日本でつくられた。

■**天気のめやすについて**　季節ごとの特異日《とくいび》（統計的に、ある気象状態が前後の日に比べてとくに多くあらわれやすい日）を示した。また◉で示したものは、季節変化のめやすとなる事象を毎年の平均日で示している。気象庁資料、気象年鑑より。

春《はる》一《いち》番《ばん》

**その年初めて吹く春を告げる風
しかし、ときに災害をも招く強風**

「春は名のみの風の寒さや」と歌われるように、立春《りっしゅん》の頃の日本列島はまだ厳しい寒気《かんき》におおわれている。この立春（2/4頃）から春分《しゅんぶん》（3/21頃）までの間に吹く、その年初めての、強く暖かい南風が「春一番」である。

春一番というと、俳句の季語としても知られ、うららかな春のおとずれを告げるやさしい風のようなイメージがある。しかしその実態はときに恐ろしい災害をも招く、強烈な暴風なのである。

130E
140E
40N
30N
日本海低気圧
日本周辺に張り出していた、大陸の高気圧が弱まると、日本海上を低気圧が通過するようになり、北東方向に進みながら発達する。この低気圧に吹き込む南よりの風が「春一番」となる。
春一番が吹いた日の衛星画像
1998年 3月14日
低
高
大阪
1990年 2/11
1995年 3/16
2000年 —
2004年 2/14
名古屋
1990年 2/11
1995年 3/16
2000年 —
2004年 2/22
福岡
1990年 2/10
1995年 3/16
2000年 —
2004年 2/14
東京
1990年 2/11
1995年 3/17
2000年 —
2004年 2/14
※「春一番」が宣言された日。期間が限定されており、発生しない年もある。（気象庁調べ）
日本海低気圧に吹き込む南よりの風が強まり、この日、関東地方と近畿地方で「春一番」を記録。東北・北陸地方は、北西風の吹き出しで日本海側に雲が発生している。

●「春一番」とは

「春一番」という言葉の由来は、もともと日本海西部の漁師たちに伝わる言葉で、春の初めに吹く強い突風が海難事故をまねき、多くの漁師の命を奪う風として、「春一《はるいち》」あるいは「春一番」などとよばれて恐れられたといわれている。

気象庁の定義による春一番は、立春から春分まで（2/4頃～3/21頃）と期間が限定されており、風向きは東南東から西南西、風の強さも8m/s（毎秒8m）以上で、気温が上昇する現象と決められている。

●季節が変わるさきがけの風

春は日本付近の風の向きが、北よりから南よりに交代する季節だ。冬の間強い勢力をもっていた、寒冷なシベリア気団（高気圧）（➡P.18）が徐々に勢力を弱め、日本付近では、気圧の谷が通過することが多くなる。

気圧の谷では、低気圧が発生しやすく、とくに日本海上で成長する低気圧を「日本海低気圧」という。日本海低気圧に向かって南風が吹き込むため、春一番をはじめとする強風が全国的に強くなるのである。東京では1年のうちでもっとも風が強い季節だ。

●寒暖がくり返す季節

春一番を境に暖かい南風が吹くようになり、いっきに春めいてくるわけではない。

暖かい南風を呼び込んだ日本海低気圧は発達しながら北東へ進むため、次の日には再び西高東低の冬型の気圧配置となり、寒さがぶりかえす「寒《かん》の戻り」となることも多い。

まだまだ気温も風向きもたいへん変わりやすい季節といえよう。

この日の天気の特徴

■3月14日に、関東地方と近畿地方で「春一番」が宣言されたときのもの。
■中国東南部で発生した低気圧が東進、進む速度が遅かったため高知県、大分県などで日雨量100mmを超える、まとまった雨を降らせながら、日本海で発達した。

衛星画像（P.30）の天気図

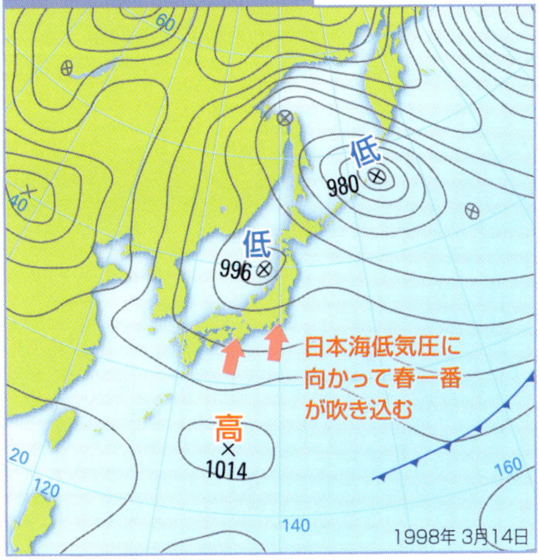

関東地方、近畿地方で「春一番」が宣言された。30ページの衛星画像と同日の天気図。

●「春一番」の風向きと風速

春一番が宣言された日の関東地方。矢印の向きは風向き、長さは風の強さを表す。赤い矢印は、風速8m/s以上の南よりの風。

●春の嵐をもたらすこともある

春一番をもたらすような日本海低気圧は、2月から3月にかけてたびたび発達しながら日本付近を通過する。

急激に発達した低気圧は、はっきりした寒冷前線(➡P.20)をともなっていることが多い。この寒冷前線はその直上に積乱雲を発達させやすく、春雷《しゅんらい》や竜巻が発生したり、ときには雹《ひょう》を降らせることもある。長大にのびた寒冷前線が、全国的に大荒れの天気をもたらすことが多い。

こうした災害のほかにも、海上はしけ、場所によっては強風とともに短時間に降る強い雨によって家屋《かおく》が損壊《そんかい》したり、土砂災害が発生することもある。

さらに、太平洋側から日本海側に向けて、風が吹きこむ際のフェーン現象によって、雪崩《なだれ》や山火事が発生することもある。

衛星画像(下図)の天気図

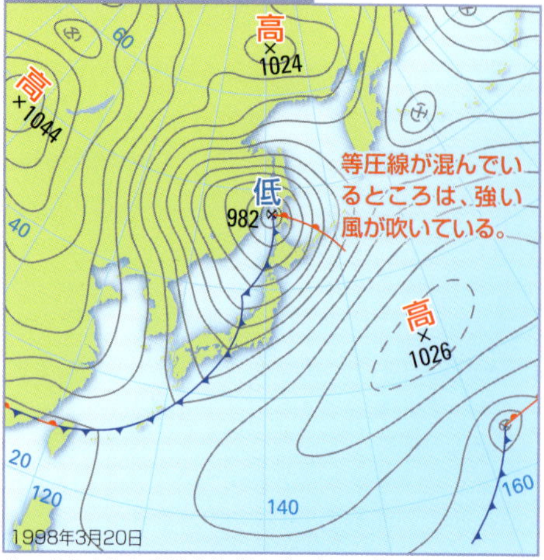
高
1024
高
1044
低
982
高
1026
60
40
20
120
140
160
等圧線が混んでいるところは、強い風が吹いている。
1998年3月20日

はっきりとした寒冷前線がのびており、等圧線も混んでいる。全国的に強風が吹き荒れ、春の嵐となった。

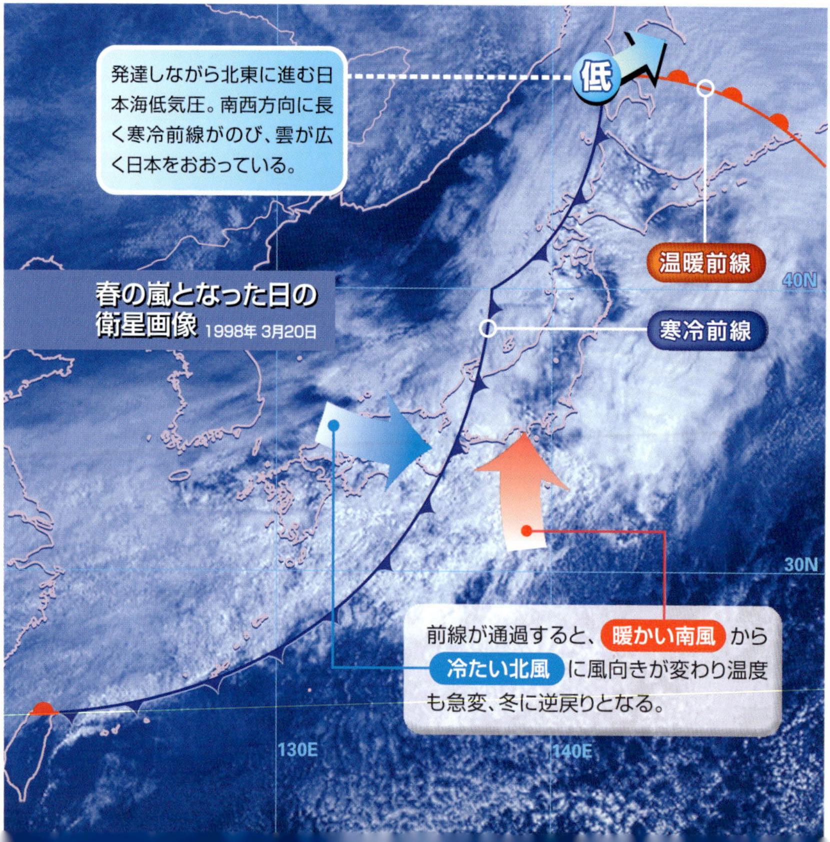
発達しながら北東に進む日本海低気圧。南西方向に長く寒冷前線がのび、雲が広く日本をおおっている。
低
温暖前線
40N
寒冷前線
30N
130E
140E
前線が通過すると、暖かい南風から冷たい北風に風向きが変わり温度も急変、冬に逆戻りとなる。

春の嵐となった日の衛星画像 1998年 3月20日

この日の天気の特徴

■日本海に入った低気圧が急速に発達しながら、北東に進んでいったときのもの。

■低気圧から活発化した寒冷前線がのび、低気圧への吹き込みと寒冷前線にともなう強風で、全国的に15m/s前後の風が吹き荒れた。

■この日、北海道の広尾では、最大瞬間風速35.9m/sを記録している。

●フェーン現象～山地を越える風

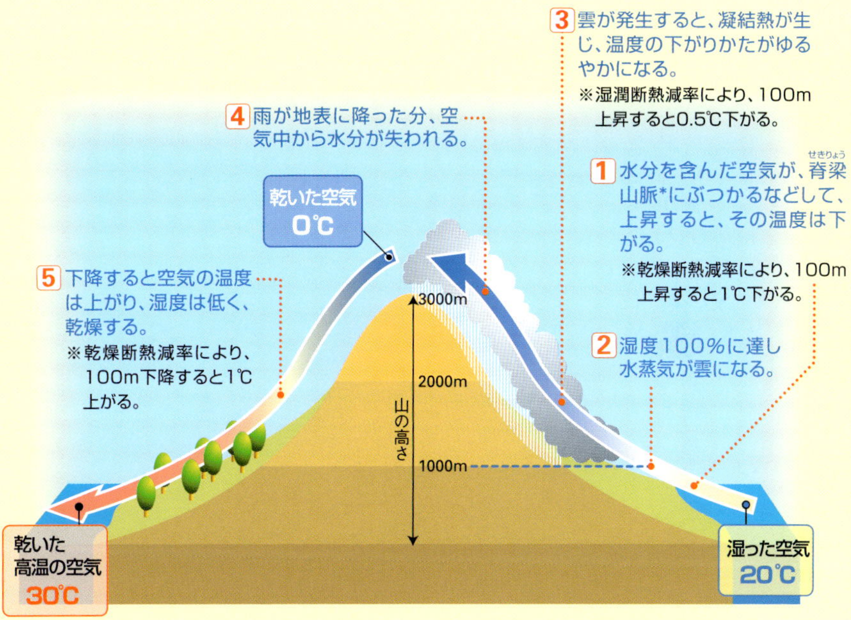

3 雲が発生すると、凝結熱が生じ、温度の下がりかたがゆるやかになる。
※湿潤断熱減率により、100m上昇すると0.5℃下がる。
4 雨が地表に降った分、空気中から水分が失われる。
1 水分を含んだ空気が、脊梁《せきりょう》山脈*にぶつかるなどして、上昇すると、その温度は下がる。
※乾燥断熱減率により、100m上昇すると1℃下がる。
乾いた空気 0℃
5 下降すると空気の温度は上がり、湿度は低く、乾燥する。
※乾燥断熱減率により、100m下降すると1℃上がる。
3000m
2000m
1000m
山の高さ
2 湿度100%に達し水蒸気が雲になる。
乾いた高温の空気 30℃
湿った空気 20℃

春先、日本海で発達した低気圧に強い南風が吹き込むとき、風の害だけでなく「フェーン現象」による災害も起こる。

太平洋側からの風が日本海側に向けて、奥羽《おうう》山脈や越後《えちご》山脈などの脊梁《せきりょう》山脈*を越えると、乾燥した熱風となって日本海側に吹き下ろす。この現象を「フェーン現象」といい、この風を「フェーン」という。

「フェーン」とはもともとはドイツ語で、「ヨーロッパ・アルプスから吹き下ろす温暖で乾燥した風」を意味していた。かつてはこの風に「風炎《ふうえん》」という字をあてたそうだ。

フェーン現象による高温乾燥した風は、ときに雪崩や融雪洪水《ゆうせつこうずい》を引きおこしたり、山火事の被害を広げたりすることもある。

＊脊梁山脈…本州を縦走する、背骨のような大山脈で、分水嶺《ぶんすいれい》となっている。奥羽、越後、飛騨《ひだ》、木曽《きそ》、赤石《あかし》山脈など。

春《はる》の移《い》動《どう》性《せい》高《こう》気《き》圧《あつ》

変わりやすい春の天気は、移動性高気圧がもたらす

うららかに晴れた春の日のイメージは、移動性高気圧がもたらすものだ。冬の「シベリア高気圧」が弱まると、暖かく乾燥した「揚《よう》子《す》江《こう》高気圧」が優勢になる。しかし移動性高気圧の背後には低気圧がひかえていて、晴天は1～2日しか続かないことが多い。

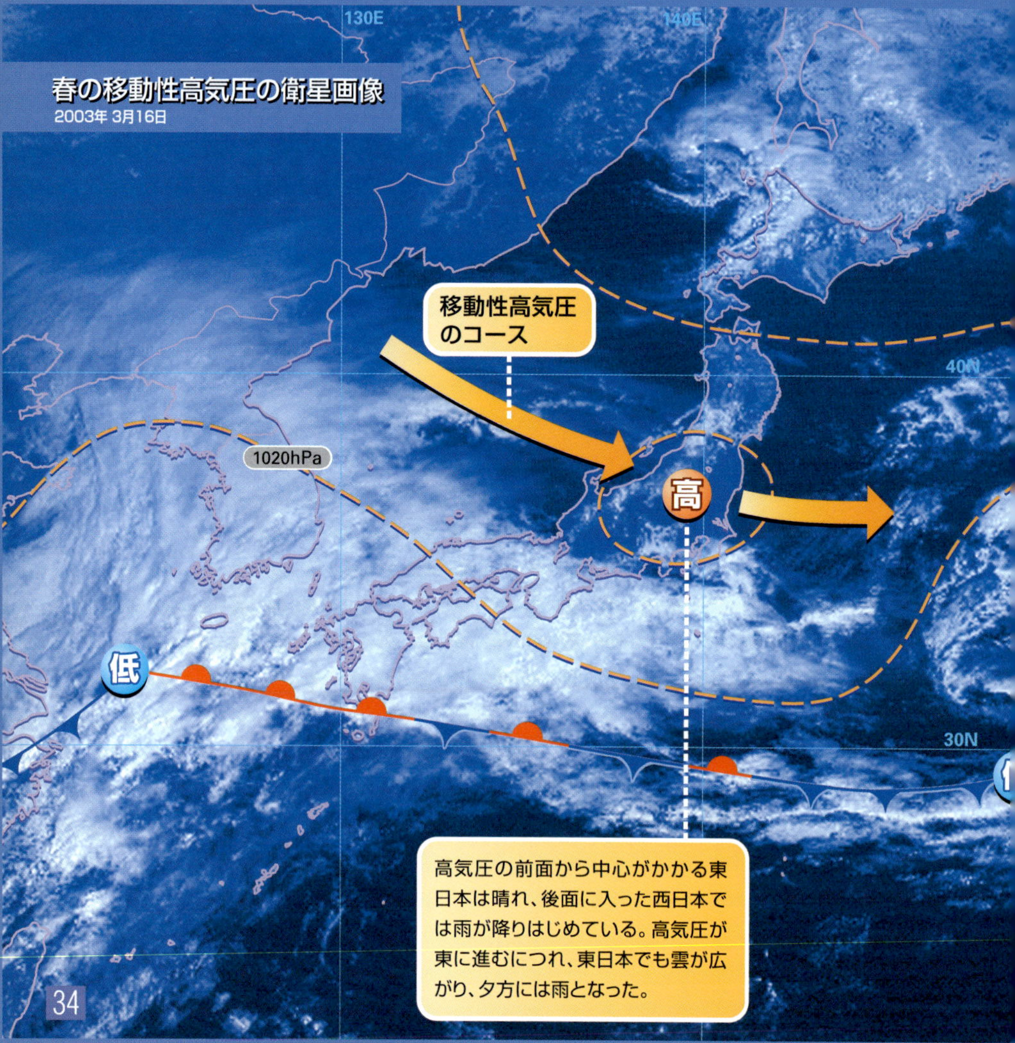

春の移動性高気圧の衛星画像
2003年 3月16日

高気圧の前面から中心がかかる東日本は晴れ、後面に入った西日本では雨が降りはじめている。高気圧が東に進むにつれ、東日本でも雲が広がり、夕方には雨となった。

● 移動性高気圧と天気

日本上空を、高気圧と低気圧が交互に通過。天気は「晴天→曇り→雨天→晴天」のように周期的にくり返す。

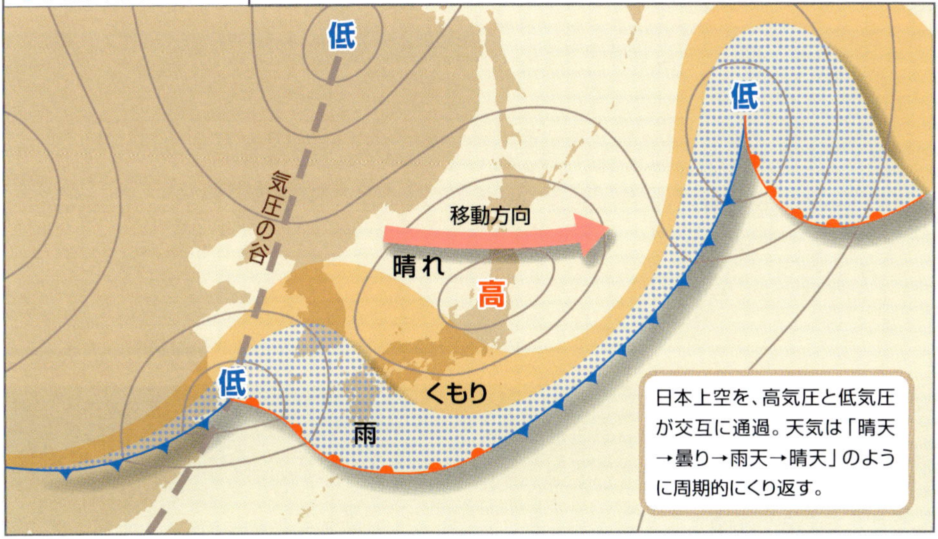

●移動性高気圧がくると晴れ？

春には、移動性高気圧と低気圧が交互にやってきて、日本に周期的な天気の変化をもたらすことが多い。

では移動性高気圧がくれば必ず晴れるのだろうか？　実は、高気圧の圏内すべてが晴れているのではない。高気圧の中心より西側や南側は雲が多く、天気は悪いのである。つまり、高気圧がどのようなコースをとるかによって、天気の変化はことなるのだ。

衛星画像(P.34)の天気図

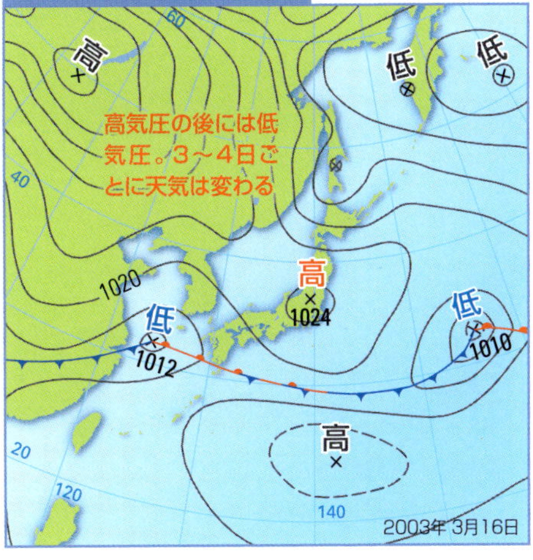

●移動性高気圧のコースと天気変化のモデル

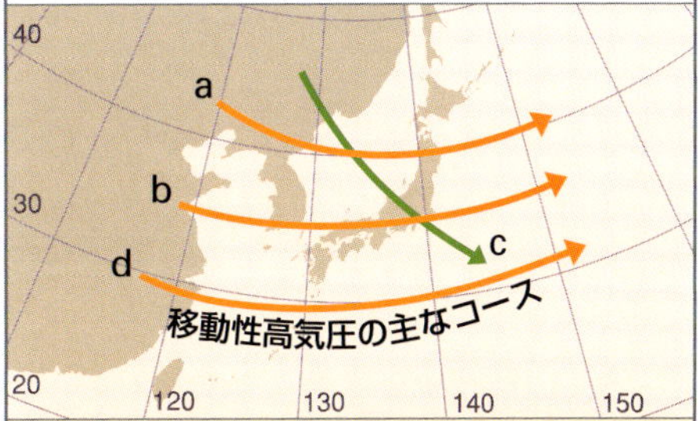

a	北日本は晴天、関東から西の太平洋側は曇りや雨
b	全国的に晴天
c	全国的に晴天だが、気温は上がらない
d	関東から西では晴天
高気圧の後には低気圧。3〜4日ごとに天気は変わる
2003年3月16日

この日の天気の特徴

■13日に冬型の気圧配置がゆるむと、翌14日には移動性高気圧におおわれて全国的に晴天となった。その後、15日には低気圧が東進し曇りから雨に。16日には再び高気圧が日本を通過し、北日本では晴天となった。

光《ひかり》の春《はる》

季節の変化とともに春は光にあふれ やがて気温が上昇してゆく

節分《せつぶん》・立春《りっしゅん》を過ぎる頃、日ごとに昼間の時間が長くなり、太陽の光が強さを増してくる。あきらかに冬至《とうじ》の頃とはちがって日差しが明るい。しかし、それに比べて気温はまだ上がらないことから、「光の春」とよばれる。春は光から先にやってくるのだ。

地球の北半球が太陽の光をたくさん受けるようになると、次に少し遅れて暖まり始め、日本の春はようやく本番に向かっていくのである。

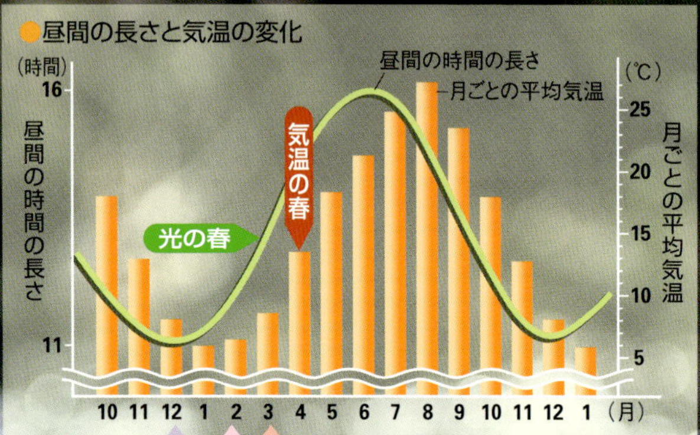

立春の頃は昼間の時間は目立って長くなり始めるが、気温はまだ低い。

キラキラと春の光を反射する川辺に、顔を出したフキノトウ。

●光の春から気温の春へ

1日のうちでもっとも暖かくなる時刻は、太陽がもっとも高くなった時刻より2時間ほど遅れる。

季節の変化も同じように、太陽の光が多くなり始める立春の頃よりも、気温が上がり始める時期が2か月ほど遅れるのだ。気温はまだ冬でも、昼間の時間が長くなり太陽が高くまで上ることで1日が明るくなり、春の予感を感じ始める。それが「光《ひかり》の春《はる》」だ。

2月末から3月初めになると、気温の上昇が感じられるようになり、この頃を「気温《きおん》の春《はる》」とよぶ。春一番が吹くのもこの頃である。

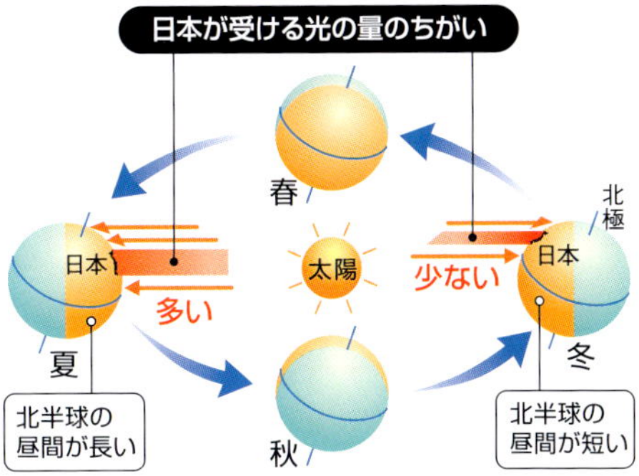

地球の公転のため、太陽の光の当たり方は1年のうちで変化する。北半球が太陽の光をたくさん受け取り始めることで、日本の季節は春や夏に向かっていく。

●大気《たいき》の垂直構造《すいちょくこうぞう》

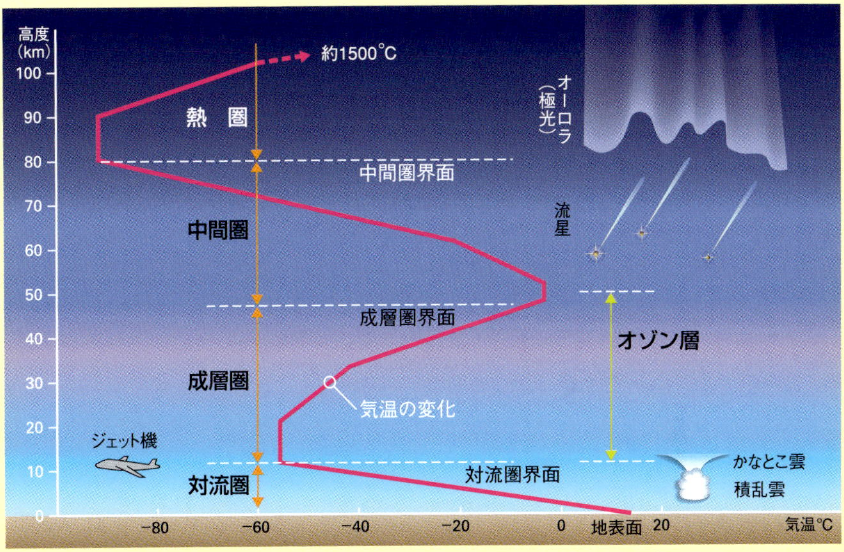

地上10kmくらいまでの大気の層を「対流圏《たいりゅうけん》」という。対流圏では、太陽の光で温められた地表の熱が空気の対流によって運ばれ、雲・雨・風などの気象現象が起こる。しかし、対流圏の上限「圏《けん》界面《かいめん》」より上ではそれらの現象は起こらない。例えば、発達した積乱雲の頂上が圏界面にまで達すると、頂上が水平方向に平らに広がってしまう(このような雲を「かなとこ雲」という)。

春《はる》の雪《ゆき》

春先の南岸低気圧は、太平洋側に思わぬ大雪を降らす

太平洋側で大雪が降りやすいのは、暖かくなり始めた春先。東京や大阪で最も雪の多い月は2月である。「二・二六事件」が起こった東京（1936年2月26日）も当時大雪であったことはよく知られている。

冬の季節風は、太平洋側に天気の崩れをなかなか許さない。しかし、これが弱まれば雪とめぐりあうチャンスがやってくる。この雪は、子どもたちを喜ばせる一方、都市機能を麻痺《まひ》させて新聞を賑《にぎ》わすのが常だ。

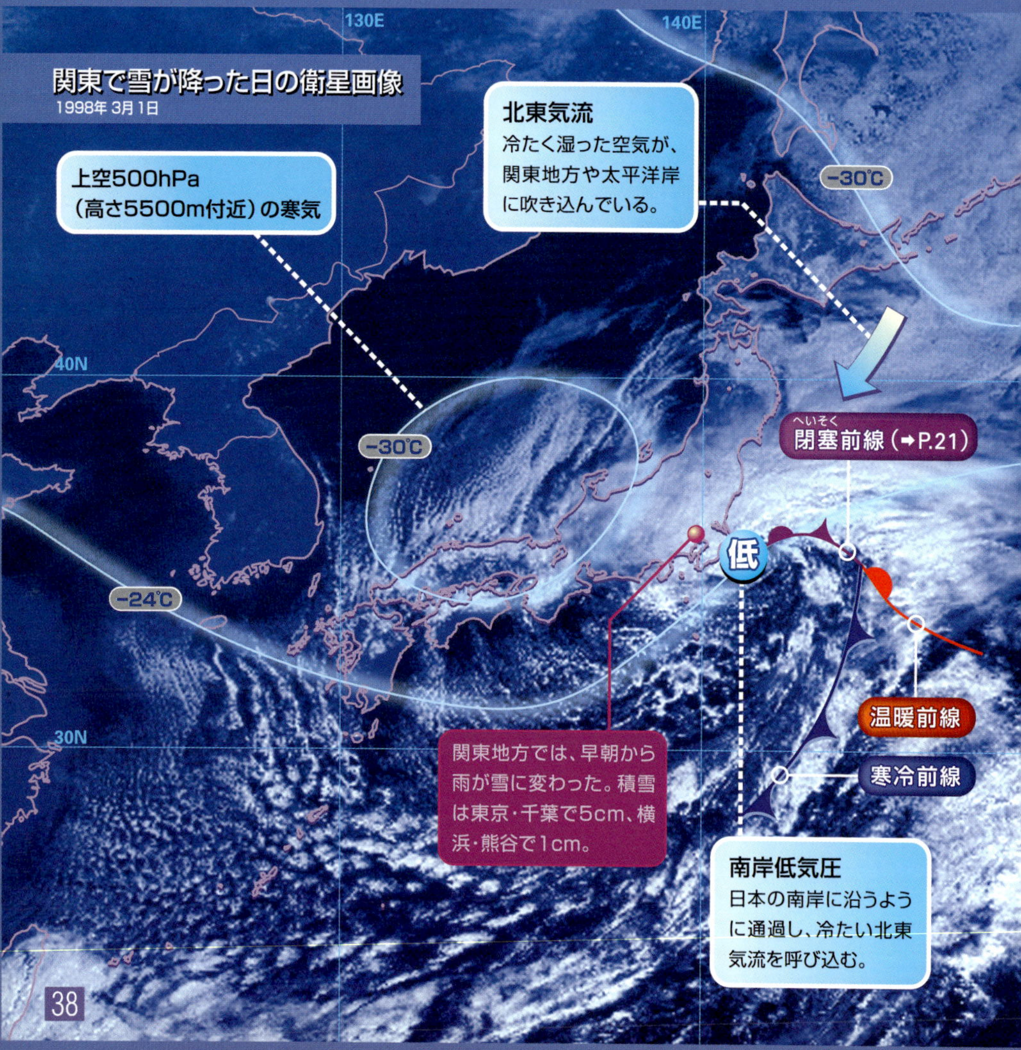

130E
140E
40N
30N
上空500hPa
（高さ5500m付近）の寒気
北東気流
冷たく湿った空気が、関東地方や太平洋岸に吹き込んでいる。
−30℃
−30℃
−24℃
閉塞《へいそく》前線（➡P.21）
低
温暖前線
寒冷前線
関東地方では、早朝から雨が雪に変わった。積雪は東京・千葉で5cm、横浜・熊谷で1cm。
南岸低気圧
日本の南岸に沿うように通過し、冷たい北東気流を呼び込む。

関東で雪が降った日の衛星画像
1998年 3月1日

1998年1月15日、東京に大雪が降り交通も大混乱となった。関東はその年の1月8日、12日に次ぐ3度目の大雪となり、最深積雪は東京で16cm、前橋では33cm。

●太平洋側の大雪～南岸《なんがん》低気圧

冬の終わり頃から春先にかけて、東シナ海で発生した低気圧が日本の南岸に沿うように通過して、太平洋側の天気を崩すことがある。これを「南岸低気圧」という。

南岸低気圧の前面（東側）では、冷たい北東の風が吹く。この風が寒気《かんき》を呼び込んだり、気温が低かったりする場合には、関東から西の太平洋側で大雪となる。

衛星画像(P.38)の天気図

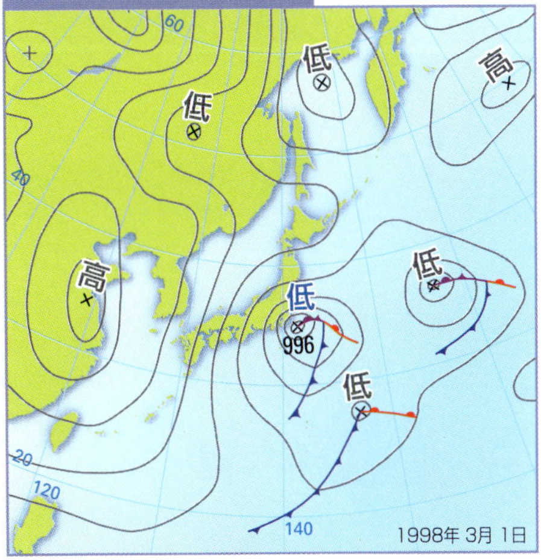

南岸低気圧が東海沖を東進し、八丈島付近を通過。関東に雪をもたらしたが、翌日には一変して青空が広がった。

天気の回復は早く、南岸低気圧の中心が通過するとすぐに晴れ間が広がることが多い。そして春がまた一歩近づくのである。

雨ではなく雪になるためには、上空の気温が低いことに加えて、地上の気温も低い（3℃以下程度）ことが必要だといわれる。それ以上では降ってくる途中で融《と》けてしまうのである。

●このコースなら大雪に注意

関東で大雪になるときの南岸低気圧のコースは、八丈島《はちじょうじま》の南を通るものが多いとされている。それより北のコースでは、南から暖かい空気が入ってきて、雪ではなく雨になることがある。また低気圧のコースが南に離れすぎれば、降雪域からはずれてしまう。

まさに絶妙の加減で雪になるので、予報が難しく、雨となるか雪となるか判然としない天気予報になりやすい。

この日の天気の特徴

■日本の南岸に沿って東進してきた低気圧の影響で、関東地方は雪となった。

■積雪は東京・千葉で5cm、横浜・熊谷で1cm。羽田空港の発着便を中心に約270便が欠航した。

菜《な》種《たね》梅雨《づゆ》

菜の花の咲く頃まるで梅雨時のように雨が続くことがある

菜の花の咲く頃、太平洋側を中心に連日どんよりと曇ったり雨が続いたりすることがある。これを菜種梅雨または春《はる》の長雨《ながあめ》という。

梅雨は春から夏への変わり目にあらわれるが、菜種梅雨は、冬から春への変わり目に現れる。農耕が始まった畑の農作物にとっては恵みの雨である。しかし、春めいた日が増えてきた頃、本格的な暖かい春を待ちわびる人にとっては、期待を裏切るうらめしい空もようだ。

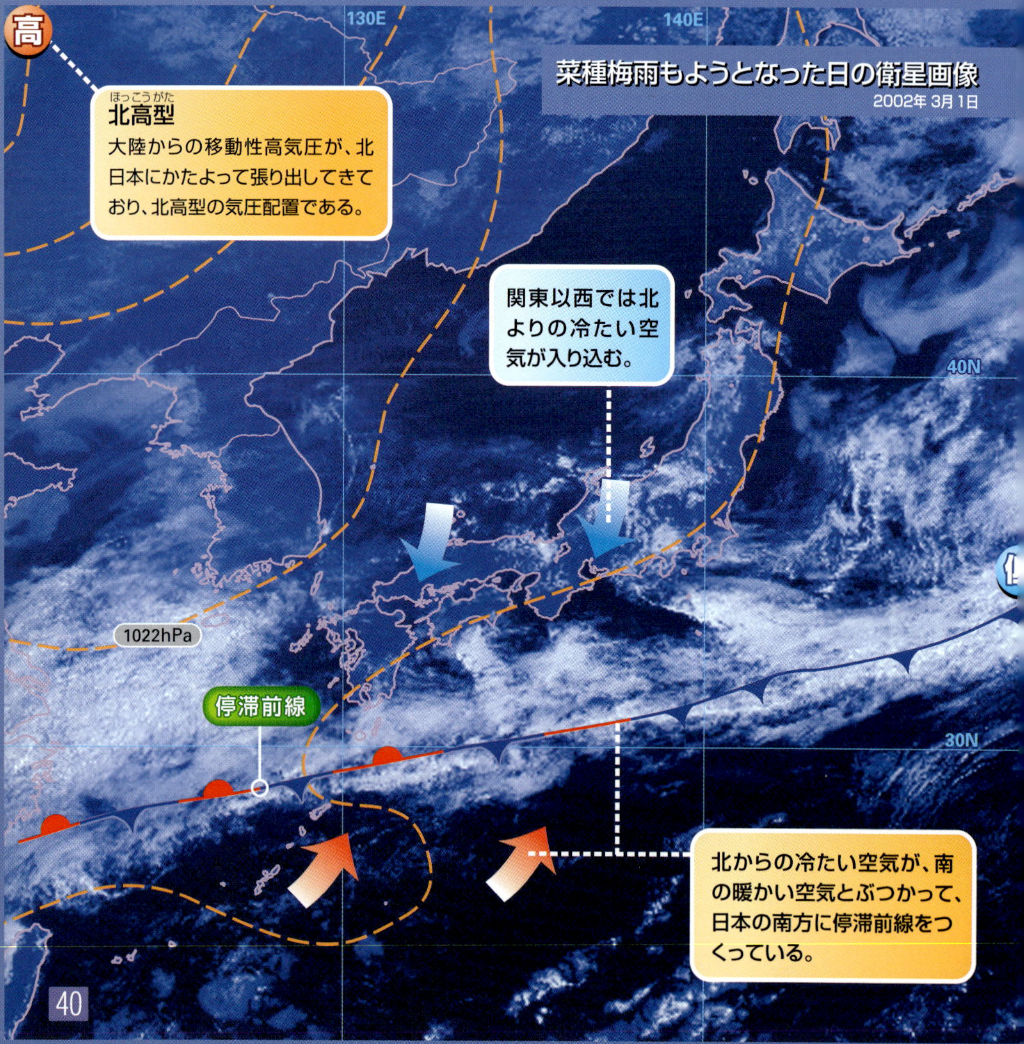

菜種梅雨もようとなった日の衛星画像
2002年 3月1日
高
130E
140E
40N
30N
北高型《ほっこうがた》
大陸からの移動性高気圧が、北日本にかたよって張り出してきており、北高型の気圧配置である。
関東以西では北よりの冷たい空気が入り込む。
1022hPa
停滞前線
北からの冷たい空気が、南の暖かい空気とぶつかって、日本の南方に停滞前線をつくっている。

春の雨に濡れた花と何かの種子をつけた綿毛。

この日の天気の特徴

■日本の南海上に前線が横たわり、九州、四国の一部に雨を降らせた。ちょうどニュースなどで菜の花の便りが届けられた頃だった。

■この前後、数日に渡って前線は停滞しており、菜種梅雨もようとなっている。

衛星画像(P.40)の天気図

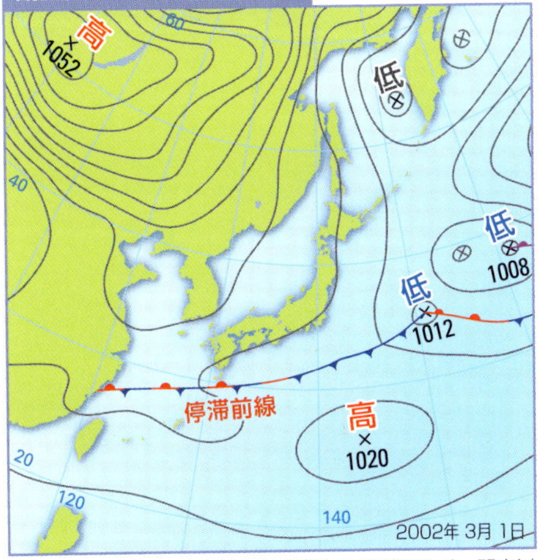

菜種梅雨もようで、本州南岸に停滞した前線のため、関東以西で雨となった。

●北高型《ほっこうがた》の気圧配置と停滞前線《ていたいぜんせん》

大陸の冷たい高気圧が北日本にかたよって張り出す北高型になると、高気圧から吹き出す北よりの風と、南の暖かな空気との間に停滞前線が生じやすい。菜種梅雨をもたらす一つの原因である。

冬の間は大陸北部の冷たい高気圧の勢力が強いので、南の暖かな空気との間にできる前線は、日本のはるか南の海上にあって、日本の本州などに雨を降らすことはない。北の高気圧が弱まったために、前線が本州にかかるようになったと考えることもできる。

●菜種梅雨は毎年あるか？

北高型は菜種梅雨の一つの原因ではあるが、梅雨前線のように定まったものではない。

気象庁の気象記録を繰ってみると、「菜種梅雨もようである」と天気解説があったあと、たいして悪天は続かずに、菜種梅雨は結局あったのか、なかったのか判然としない年も多く、毎年必ずあるものではないようだ。

サクラ前線《ぜんせん》

南から北へ、列島に春を告げるサクラの開花

　同時期にサクラが開花する地域を地図上で結んだものを、サクラの開花前線と呼ぶ。前線は列島を桜色に染めながら徐々に北上していく。最も早くサクラが開花するのは沖縄の名護市で1月初め。北海道に達するのは5月の連休あたりである。

　近年は温暖化の影響で、サクラの開花日が以前より早まっている。

錦帯橋《きんたいきょう》（山口県岩国市）
日本三大奇矯のひとつ。国の名勝に指定される橋の周囲を、ソメイヨシノを中心に約3000本の桜が咲き開く。

兼六園《けんろくえん》
（石川県金沢市）
日本三名園のひとつで、国の特別名勝に指定されている。広大な廻遊式《かいゆうしき》庭園を、「兼六園菊桜《けんろくえんきくざくら》」などの銘木が多彩に彩る。

牧野《まきの》公園（高知県佐川町）
植物学者、牧野富太郎《まきのとみたろう》の名を冠した公園。春にはソメイヨシノを中心に約2000本のサクラの花が公園を埋めつくす。

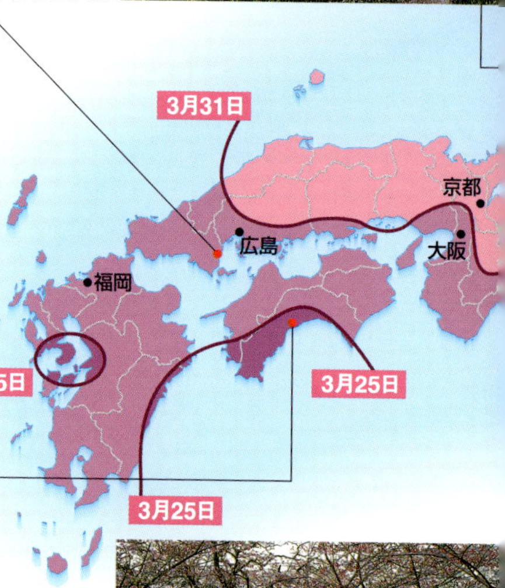

名護《なご》中央公園（沖縄県名護市）
日本一早咲きのサクラの名所。花の色が濃く、赤色に近いカンヒザクラ約2万3000本が早春の公園に咲きそろう。

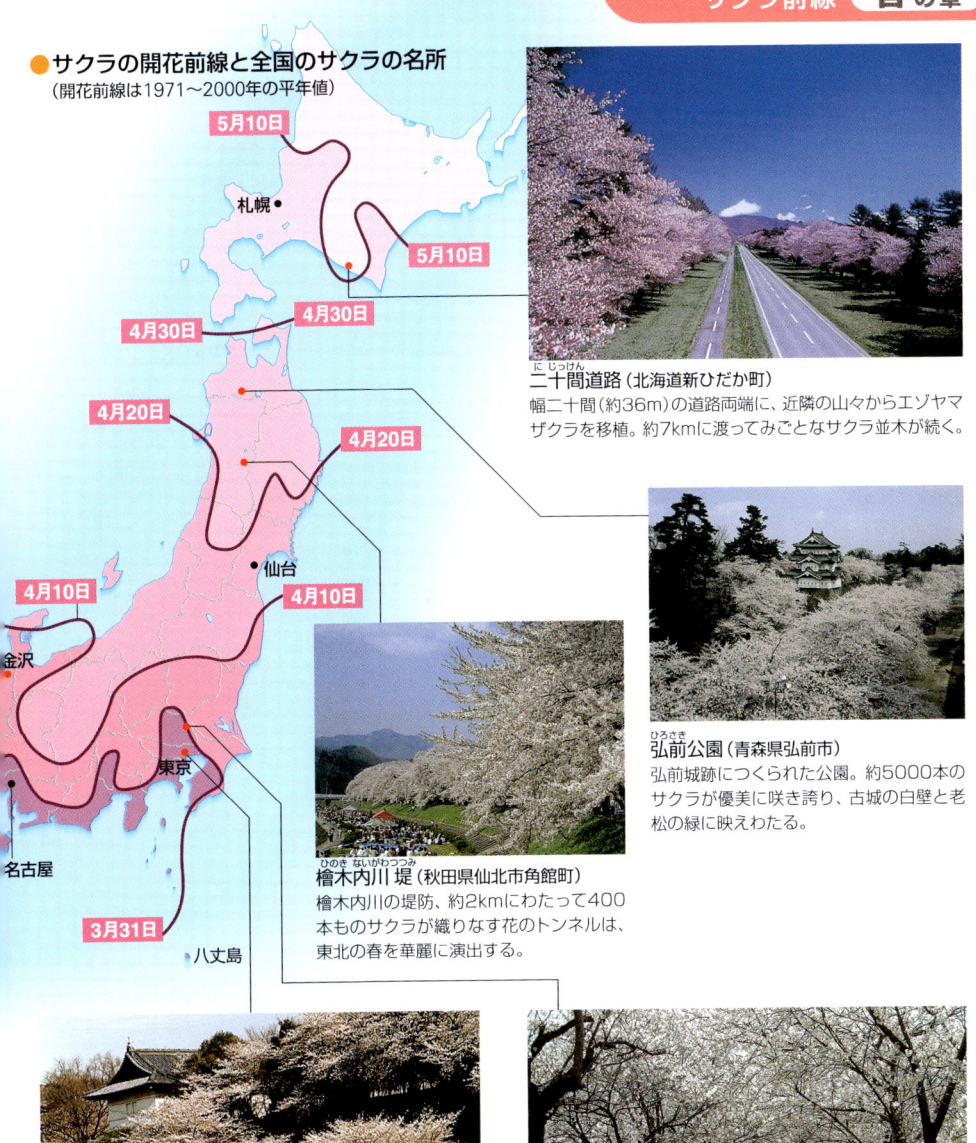

サクラの開花前線と全国のサクラの名所

（開花前線は1971～2000年の平年値）

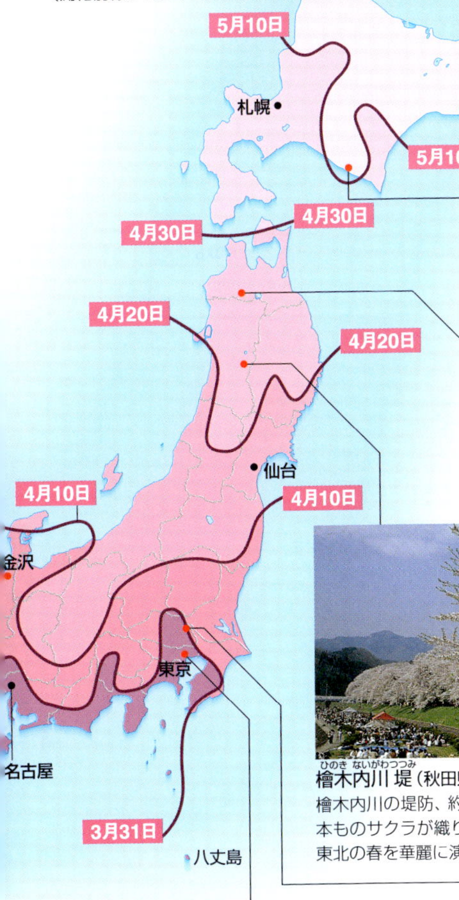

二十間《にじっけん》道路（北海道新ひだか町）

幅二十間（約36m）の道路両端に、近隣の山々からエゾヤマザクラを移植。約7kmに渡ってみごとなサクラ並木が続く。

弘前《ひろさき》公園（青森県弘前市）

弘前城跡につくられた公園。約5000本のサクラが優美に咲き誇り、古城の白壁と老松の緑に映えわたる。

檜木《ひのき》内川《ないがわ》 堤《つつみ》（秋田県仙北市角館町）

檜木内川の堤防、約2kmにわたって400本ものサクラが織りなす花のトンネルは、東北の春を華麗に演出する。

千鳥《ちどり》ヶ《が》淵《ふち》（東京都千代田区）

旧江戸城内堀のひとつ。堀沿いの沿道にみごとな枝ぶりのサクラが咲き誇り、堀一面に華麗な花びらが舞い降りる。

権現堂《ごんげんどう》 堤《づつみ》（埼玉県幸手市）

もとは利根川《とねがわ》の支流、権現川《ごんげんがわ》の堤防。1kmにわたって約1000本のソメイヨシノが、豪奢《ごうしゃ》な花のトンネルをつくる。

●サクラの開花発表とサクラ前線

サクラの花の寿命は短く、咲き始めてからおよそ10日ほどで散ってしまう。この短い期間を逃さず満開の花を楽しむために、多くの人は気象庁の開花発表を参考にするだろう。

開花発表は毎年3〜4月に各気象台で標準木として指定された木を観測して行われる。東京では、千代田《ちよだ》区の靖国《やすくに》神社境内にある数本のサクラを標準木としている。観測の対象とするサクラはおもにソメイヨシノだが、ソメイヨシノの少ない沖縄ではヒカンザクラ、北海道の一部ではエゾヤマザクラなどを観測している。

「開花日」とは標準木で5〜6輪以上の花が開いた状態となった最初の日を指す。各地の開花日を同じ日付で地図上につないだものが43ページの開花前線である。

このように、花の開花など季節ごとに見られる植物の変化を観測することを植物季節観測といい、サクラのほかにも、ウメやツバキの開花、イチョウやカエデの紅葉など、いくつかの観測が行われている(➡P.47)。

●サクラの開花のメカニズム

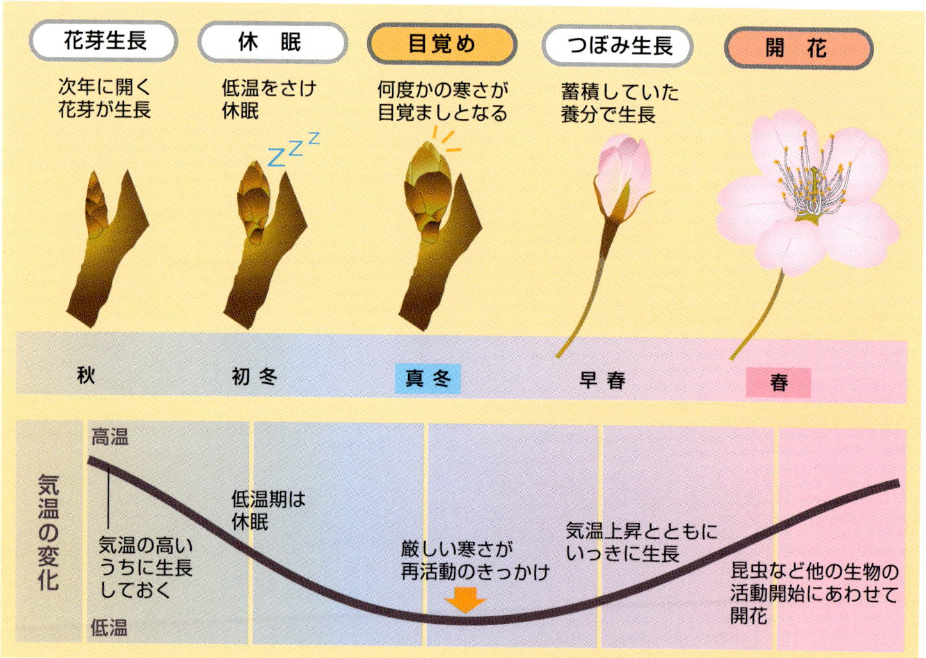

サクラの開花時期は、暖かい日が続く長さなど、さまざまな気象条件に影響を受けるが、意外にも「冬の寒さ」も開花にいたる重要な条件のひとつとなっている。

サクラは春に花が散った後、夏から秋にかけて花芽《かが》(生長すると花となる芽)を作る。花芽は冬の始まりとともに成長を止め休眠に入るが、冬の低温に一定期間さらされることで目覚めの条件が整い、春の暖かさの訪れとともにいっきにつぼみが膨《ふく》らんで花が咲く。

厳しい寒さを経験してこそ開花の準備が整うのである。

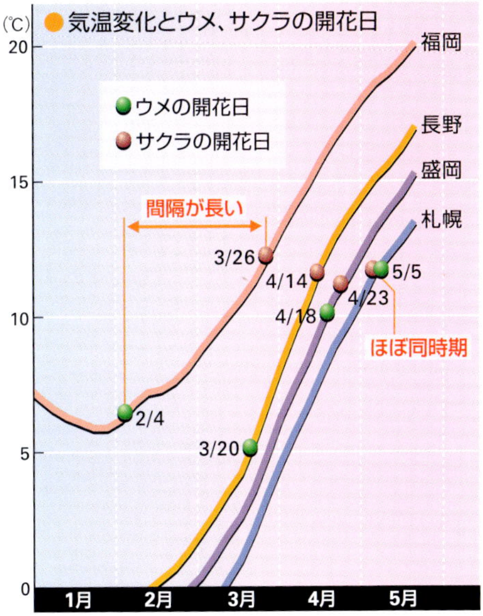

●春を告げる花の開花

春の花の開花観測は、サクラのほかにもウメやモモなどについて行われている。

一般的にウメはサクラより早く開花し、九州や四国などではウメの開花から1か月半ほど遅れてサクラの開花が始まる。それが北国になると、開花日の間隔が短くなり、北海道の札幌などではウメとサクラがほぼ同時期に開花をむかえる。ウメとサクラの開花前線を比べてみると、ウメ前線の北上ペースはサクラにくらべゆったりとしており、東北地方を過ぎたあたりからサクラ前線に追いつかれているのがよくわかる。

北国では冬の寒さのピークが過ぎた3月末頃からいっきに気温が上昇し始めるため、春の花がほぼ同時期に開花を始めるのである。

●ウメの開花前線（1970～2000年の平均値）

ウメの開花日は標準木で数輪の花が咲いた最初の日を指す。観測対象は白色のウメ。
開花日は1月上旬に沖縄で始まり、その後、開花前線はゆったりと日本列島を北上。北海道に達するのは、ほぼ4か月後の4月下旬である。

生《せい》物《ぶつ》の暦《こよみ》

植物や動物に見られる変化で季節の訪れを知る

　サクラやウメの開花のほかにも、ウグイスの鳴き声やホタルの出現など、季節の移ろいを感じさせてくれる動植物の変化はたくさんある。

　そのような季節ごとの動植物の変化を観測することを生物季節観測という。その観測結果からは、季節の進みや遅れ、地域的な気候の違いなど、総合的な気象状況の推移を知ることができる。

●ウグイスの初鳴《しょめい》日（1971～2000年の平年値）

ウグイスが春に鳴く声を初めて聞いた日をいう。初鳴日は東京の八丈島が最も早く、1月末にはウグイスが鳴き始める。

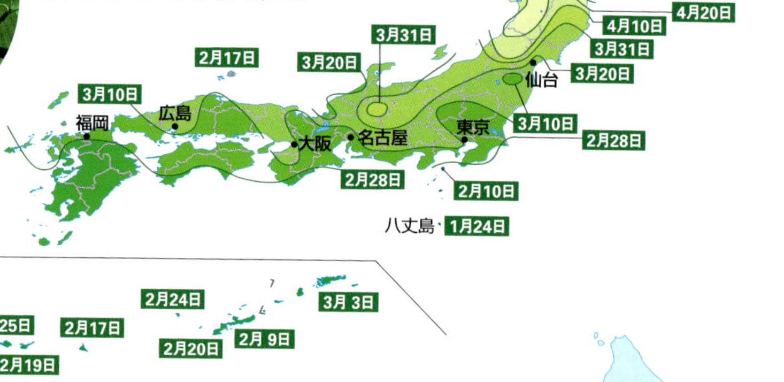

●モンシロチョウの初見《しょけん》日（1971～2000年の平年値）

春にモンシロチョウの姿を初めて見た日をいう。2月下旬に九州の一部で始まり、4月下旬に北海道に達する。

●生物季節観測の対象種目

種目 ＼ 観測現象	植物季節観測 発芽日	開花日	満開日	紅葉日	落葉日	種目 ＼ 観測現象	動物季節観測 初鳴日	初見日
ウメ（春）		●				ヒバリ（春）	●	
ツバキ（春）		●				ウグイス（春）	●	
タンポポ（春）		●				ツバメ（春）		●
サクラ（春）		●	●			モンシロチョウ（春）		●
ツツジ（春）		●				キアゲハ（春）		●
フジ（春）		●				トノサマガエル（夏）		●
アジサイ（梅雨）		●				シオカラトンボ（夏）		●
サルスベリ（夏）		●				ホタル（夏）		●
ハギ（秋）		●				アブラゼミ（夏）	●	
ススキ（秋）		●				ヒグラシ（夏）	●	
イチョウ（春、秋）	●			●	●	モズ（秋）	●	
カエデ（秋）				●	●			

●ホタルの初見日《しょけん》（1971～2000年の平年値）

ゲンジボタルかヘイケボタルのいずれかの成虫が発光しながら飛んでいるのを初めて見た日。北海道はホタルの生息が少ないため、観測がおこなわれていない。

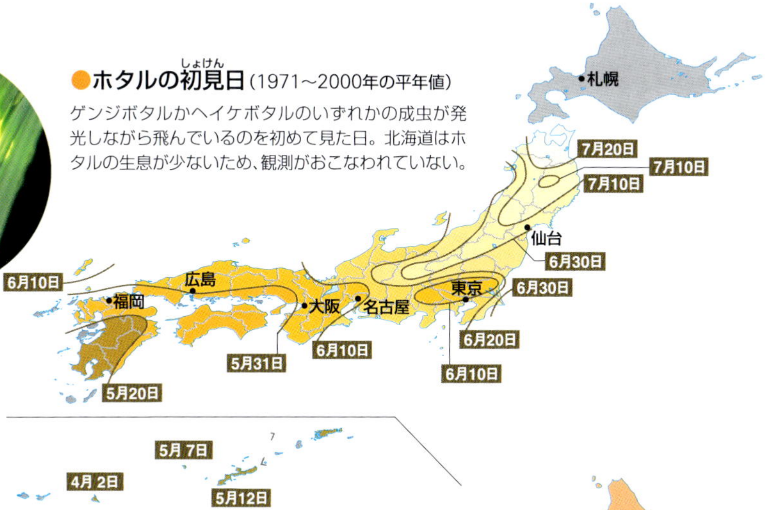

●アブラゼミの初鳴日《しょめい》（1971～2000年の平年値）

最も早い沖縄では、6月中旬に初鳴が始まる。7月末には全国的に短期間で聞かれるようになる。

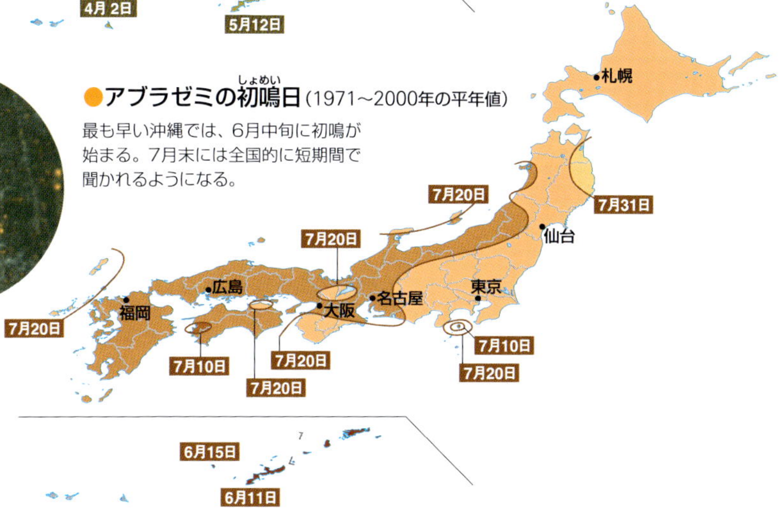

花曇《はなぐも》り・花冷《はなび》え

どんよりした曇り空や急に冷え込む原因は冷たい高気圧

サクラの見頃だというのに、うす曇りのはっきりしない天気になることがあり、「花曇り」とよばれる。また、「花冷え」という言葉もある。こちらは、サクラの見頃に寒気《かんき》が入ってきたり、曇りや雨で気温が上がらない様子をさす。「三日見ぬ間の桜」というが、春の天気はとにかく変わりやすいのである。

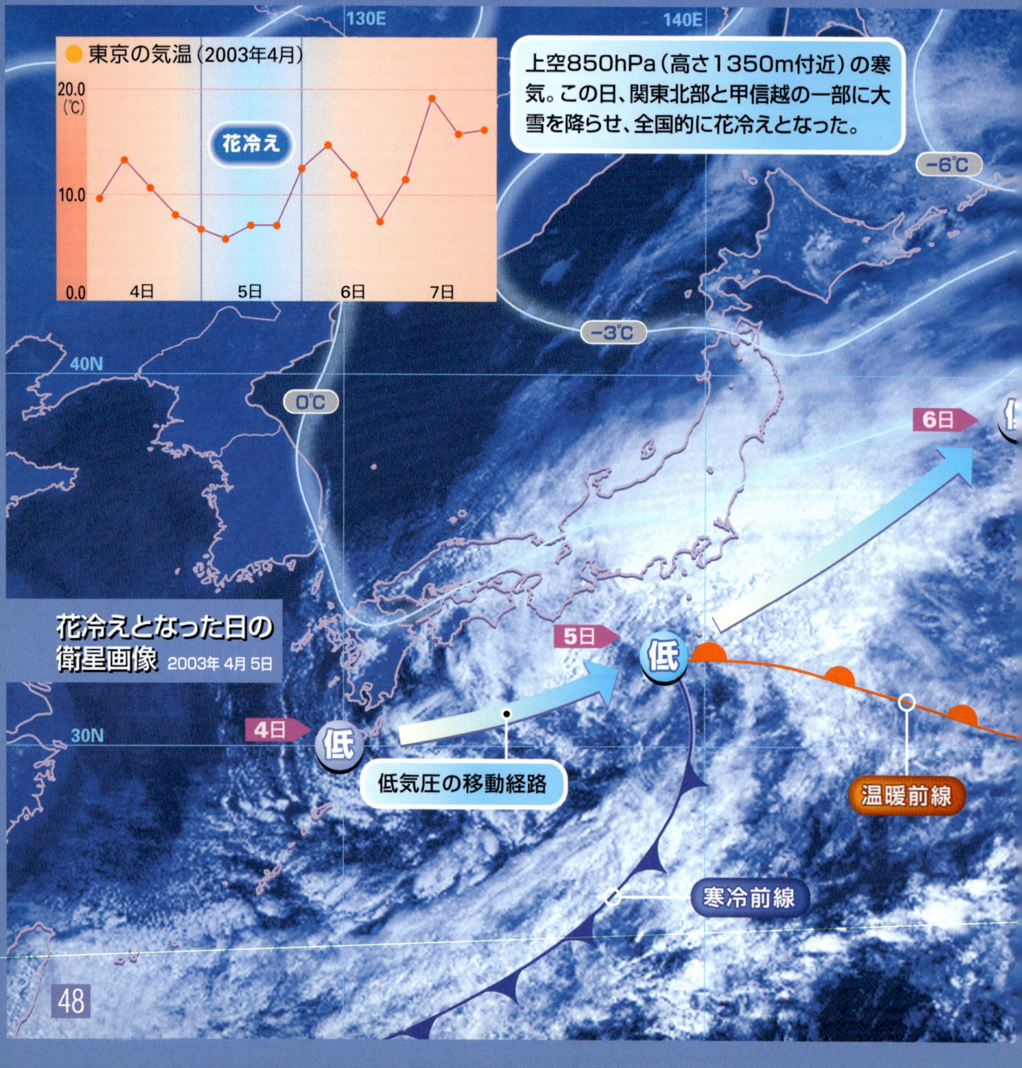

花冷えとなった日の衛星画像 2003年 4月 5日

●花曇りをもたらす周期的変化

サクラの花見の頃、暖かな陽気から一転して花曇り・花冷えをもたらすのは、春の周期的な天気の変化だ。

移動性高気圧（➡P.35）におおわれたり、南風が吹いたりする春らしい日のあとには、低気圧や前線の接近があり、必ず天気が崩れていくことになる。春には、低気圧と高気圧が周期的に日本にやってくるからだ。

花曇りをもたらすうすい高層雲《こうそううん》（➡P.123）は、低気圧からのびる温暖前線（➡P.21）が近づいている印であることが多い。夜であれば、月がこのうすい高層雲を通して見え「おぼろ月」になることもあり、春らしい情緒のある夜を演出することになる。

●花冷えをもたらす冷たい高気圧

花冷えをもたらす原因の一つは、寒気をともなった高気圧の張り出しだ。移動性高気圧が大陸南部から空気を運んでくるときは、気温が上がり春の陽気となるが、この時期はシベリア高気圧（➡P.18）の影響を受けて気温が低下することもあるのだ。

シベリア高気圧が再び張り出してきて冬型になったり、シベリア高気圧の一部が移動性になって日本をおおうと、寒気をともなっているので、好天でも気温が上がらなかったりすることがある。

また、高気圧が北日本を中心におおうと、関東や本州太平洋岸に冷たい北東気流が入り込んで曇りや雨となり、底冷えのする寒さとなる。

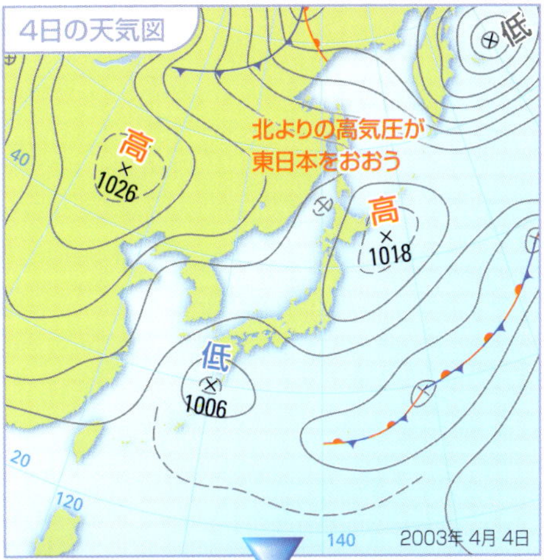

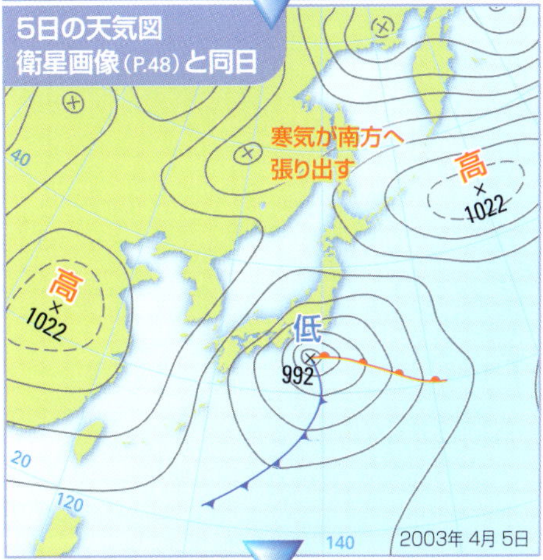

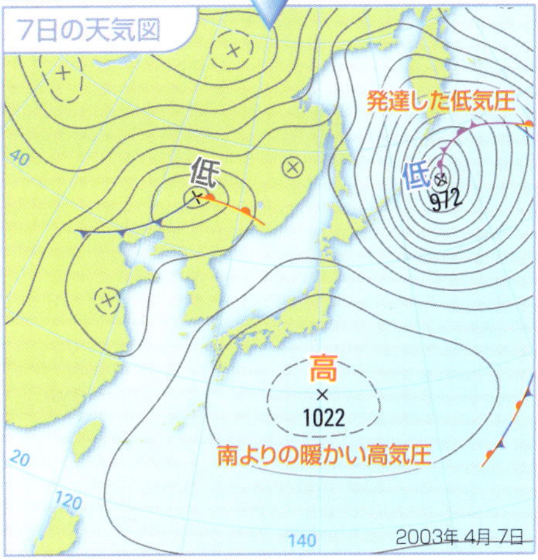

この日の天気の特徴

■低気圧が発達しながら、ゆっくり日本の南海上を東進。動きが遅かったため東日本の太平洋側を中心にまとまった雨を降らせた。

■発達した低気圧が北からの冷気を引き込んだため、関東甲信越の一部では大雪となった。河口湖で23cmの積雪は、4月の記録第3位。

五月《さつき》晴《ば》れ

過ごしやすい快適な天候をもたらす、春の帯状高気圧

五月晴れの季節は、1年でもっとも過ごしやすく感じる人が多いだろう。風はゆるやかで、新緑がもえ、気温は過ごしやすく日中でも22℃くらいである。この快適な天候をもたらすのは、帯状《おびじょう》に連なった移動性高《いどうせいこう》気圧《きあつ》だ。

旧暦では5月は梅雨なので、「五月晴れ」とは、もともと梅雨の晴れ間をさす言葉だったが、新暦になって意味が転じた。

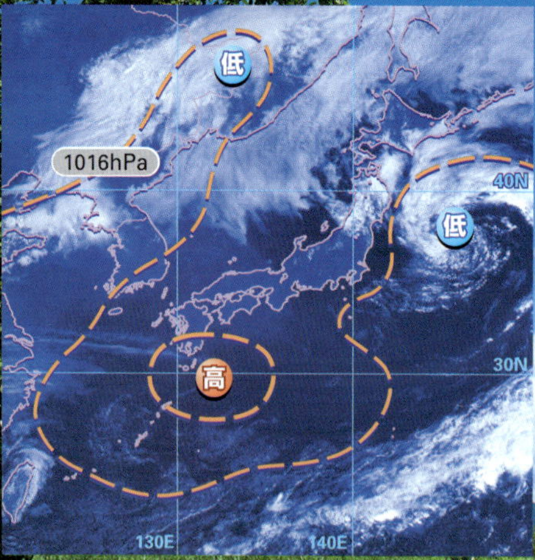

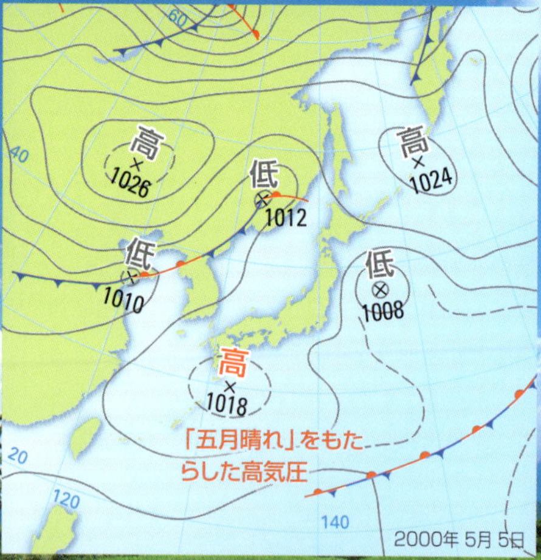

五月晴れの日の衛星画像（左）と天気図（右）　■移動性高気圧におおわれ、東北南部から沖縄にかけて五月晴れ。■日中は気温も上昇し絶好の行楽日和となったが、朝晩は冷え込んだ。

●春の帯状高気圧《おびじょうこうきあつ》

5月頃の移動性高気圧は、東西に長いのが特徴だ。また、移動性高気圧が通過したあとに低気圧があらわれずに、次の移動性高気圧が連なってくることが多く、帯状高気圧とよばれる。

たとえ大陸に低気圧があらわれても、帯状高気圧の北側を東進するだけで南下できないため、天気が崩れにくい。

帯状高気圧におおわれると、晴天が数日間にわたって続くことになる。

●遅霜《おそじも》と霜害《そうがい》

雲一つない晴天となった日は、夜間、急激に気温が下がって、特に明け方が冷え込むことが多い。ときには、霜が降りることがあり、晩春から初夏にかけて降りる霜を「遅霜」という。夜間の「放射冷却《ほうしゃれいきゃく》」によって地表面の熱が急激に失われるのが原因だ。

遅霜は、育ち始めた農作物に深刻な被害を与える。特に風がないときに地表面付近の気温が下がって霜が発生するので、茶畑では霜害を防ぐため扇風機を設置することが多い。

●放射冷却《ほうしゃれいきゃく》

ほとんどの物体は、赤外線を放射しているのをご存じだろうか。それによって物体のもっている熱が失われ、温度が下がる。

地表面が熱を赤外線として放射して、冷えていくことを「放射冷却」という。

初めに、夜間、上空に雲がある場合について考えてみよう。地表面が放射した赤外線(熱)を雲が吸収して、再び赤外線として放射する。雲から放射された赤外線の一部は、再び地表面を暖めるので、地表面の温度は急激には下がらないのである。

一方、上空に雲がない場合は、地表面から放射された赤外線は、一気に宇宙へと逃げてしまう。このようなしくみによって、雲がない夜間には、地表面は放射冷却によって特に冷えるのだ。

冷え込んだ地表面は、接している空気を冷やしていく。風があると上空の空気と混ぜ合わせられるので気温は下がりにくいが、風がないと、地表面近くの空気だけがどんどん冷やされていくため、ときには気温が0℃まで下がって霜が発生することになる。

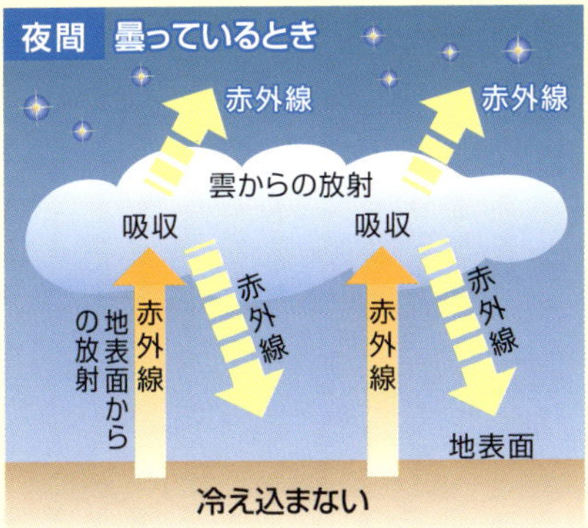

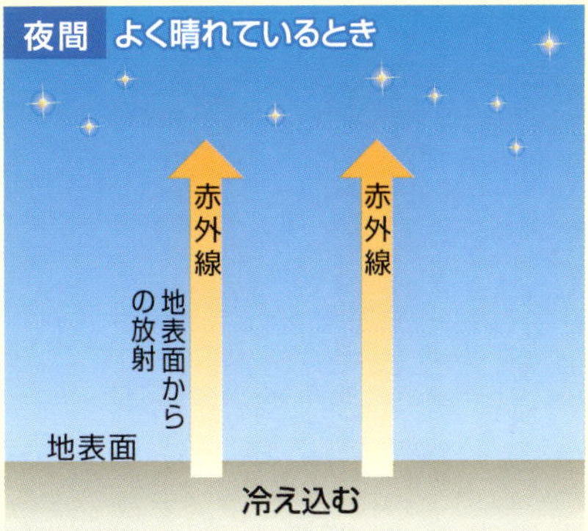

春《はる》がすみ

春の空は、ぼんやりかすみがかって見えることが多い

冬にはきれいに見えていた遠くの山々の景色が、春には見えなくなってしまう。「春がすみ」がかかっているためだ。大気中に水分が増えて、微細な水滴が空中に漂うことが一つの原因だが、ほかにも砂ぼこりや黄《こう》砂《さ》、たなびく煙などいろいろなことが原因になっている。「かすみ」と似た言葉に「もや」があるが、こちらは純粋に微細な水滴が漂っているものをいい、霧に比べて見通しがよいものをさす。

4月 春、4月の空。水蒸気量が多く、大気中の塵《ちり》やほこりも多いため、遠くはかすんでぼんやり見える。

10月 秋、上の写真と同じ場所での10月の空。春より水蒸気量が少なく乾燥した空は、すんで遠くまでクッキリ見える。

草についた水滴。植物は葉や幹で呼吸をし、根から吸い込んだ水を絶えず水蒸気の形で放出している。

●春の大気

春になり気温が上がると、地表面からの水の蒸発が盛んになり、大気中に水蒸気が増えていく。また、大気中にはほこりや花粉など、水滴の凝結核（➡P.55）になる微粒子が多く、このような状態では、かすみが発生しやすい。また、水蒸気は地表付近で暖められた空気とともに上昇するので、積雲《せきうん》（➡P.154）をたくさん空に浮かばせることとなる。

●蒸散《じょうさん》と春の雲

春に大気中の水蒸気量が増える重要な要因はもう一つある。植物の活動が活発になり葉をつけ始めるため、葉の気孔《きこう》から水が蒸発していく「蒸散」の量が多くなることだ。森林の上空では蒸散による大気への水蒸気の供給が盛んなため、雲ができやすい状態になっている。このようにして森林の上空にできる雲は「蒸散雲《じょうさんうん》」とよばれることがある。

●春の大気

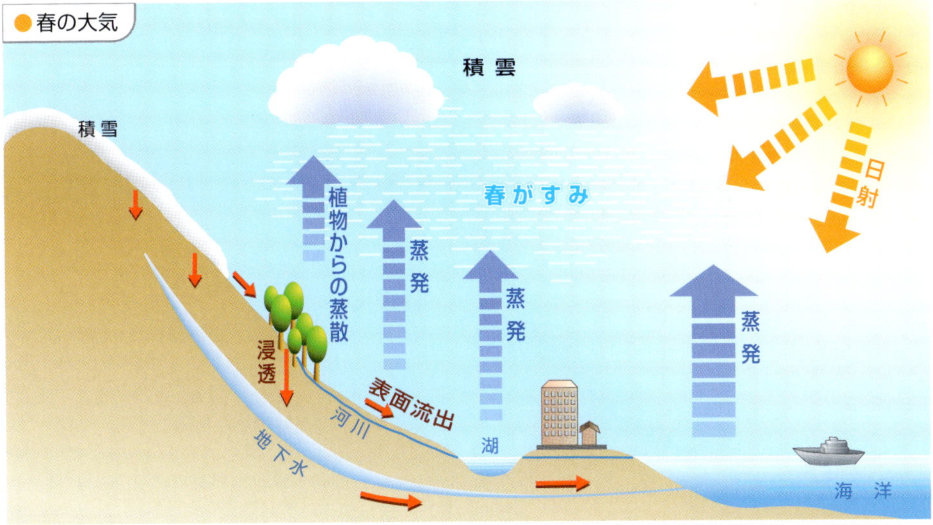

地表面からの蒸発と植物からの蒸散により、大気中の水蒸気量が増加し、晴天時に春がすみや積雲が生じやすい状態になる。

●黄砂《こうさ》

景色が黄色くぼんやりとして見えることがある。毎年3～5月に観測される黄砂である。

黄砂は、中国北西部の黄土《こうど》地帯の細かな砂じんが冬の間に乾燥し、春の低気圧による強風と上昇気流で上空5000～1万mもの高さにまで舞い上がったものだ。黄砂は偏西風《へんせいふう》にのって東へ、2～3日で数千kmも運ばれ、朝鮮半島や日本など広い範囲に降下する。

黄砂は景色をぼんやりとさせるだけでなく、ときには自動車のボンネットにうっすらと積もったり、外に干した洗濯物を汚したりすることもある。毎年日本に運ばれてくる黄砂の量は、なんと100万トン以上で、降下量は1km²あたり数トンにもなると推定されているのだ。

●日本に黄砂が飛んでくるしくみ

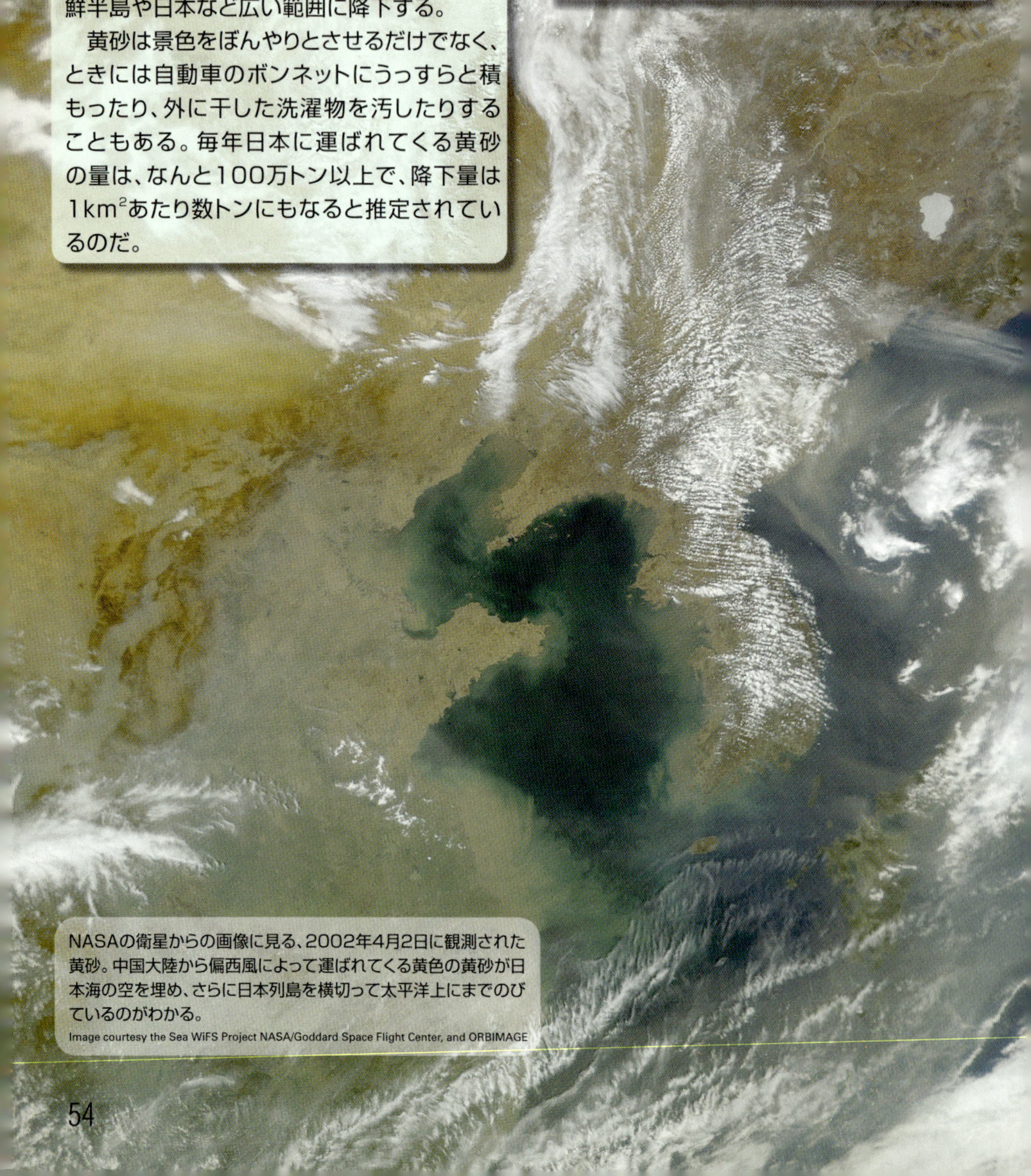

NASAの衛星からの画像に見る、2002年4月2日に観測された黄砂。中国大陸から偏西風によって運ばれてくる黄色の黄砂が日本海の空を埋め、さらに日本列島を横切って太平洋上にまでのびているのがわかる。
Image courtesy the Sea WiFS Project NASA/Goddard Space Flight Center, and ORBIMAGE

●凝結《ぎょうけつ》核《かく》とエーロゾル

空気中の水蒸気は、気温が下がると微小な水滴となって現れ、雲や霧をつくる。これを「凝《ぎょう》結《けつ》」という。凝結が起こるためには、気温が下がるだけではなく、「凝結核」とよばれる微小な固体粒子が必要とされる。空気中の水蒸気は、この凝結核に付着し、水滴をつくりはじめるのだ。

大気中には、土ぼこり、ばい煙などの微粒子（エーロゾル）が浮遊しているが、これらが凝結核となって、雲や霧が発生する手助けをする。

黄砂もまた季節変化するエーロゾルの一種である。また、火山活動によって突発的にエーロゾルが増加することもある。

エーロゾルは太陽光をさえぎるため、地球温暖化（➡P.218）とは逆の寒冷化をもたらすともいわれ、これを「日《ひ》傘《がさ》効《こう》果《か》」とよぶ。科学者のカール・セーガンは、核戦争時には核爆発で巻き上げられた粉塵《ふんじん》が地球全体をおおい、人類が生存できない「核《かく》の冬《ふゆ》」がくると警告して、世論に大きな影響を与えた。

メイストーム

恐ろしい春の嵐をもたらす、猛烈な低気圧

5月の天候は必ずしも穏やかではない。日本海や北日本に進んだ低気圧が急激に発達して、台風なみの暴風をともなう大荒れの天候をもたらすことがある。晩春から初夏にかけてのこのような嵐を「メイストーム」とよぶ。

5月の連休には、登山や海岸の釣りなどに出かけることが多いが、遭難事故も珍しくないので、天候の変化には十分な注意が必要だ。

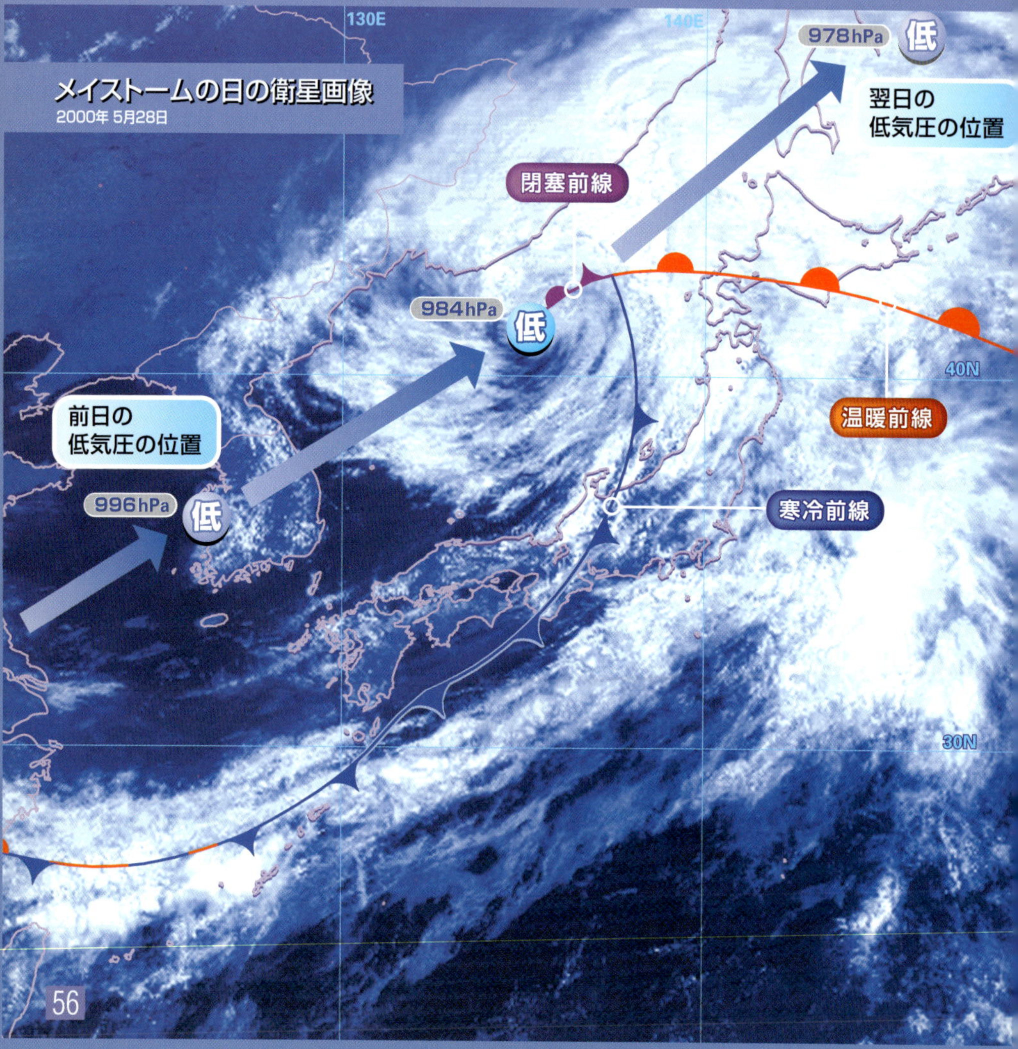

●猛烈に発達する低気圧

1954年5月10日の低気圧は、24時間で40hPaも中心気圧が下がり、952hPa という台風並みの気圧の低さになって北海道を通過した。このような急激に発達する低気圧は、特に「爆《ばく》弾《だん》低《てい》気《き》圧《あつ》」とよばれる。全国的に荒れもようの天気になり、降水量が多くなることが特徴だ。爆弾低気圧や次に述べる「二《ふた》つ玉《だま》低《てい》気《き》圧《あつ》」は、冬から春にかけての季節に多く、メイストームを引き起こして山や海での遭難の原因になる。

二つ玉低気圧とは、二つの低気圧が、日本列島を南北にはさむようにしながら東進するパターンのこと。通過後に日本の北東海上で一つにまとまりながらさらに発達することが多い。

低気圧の後面（西側）では、冬型の気圧配置となって北西の強風とともに寒気が入り、日本海側や山岳で暴風雪などの荒れもようとなる。たとえ等圧線の間隔がゆるんで平地で強風がおさまっても、高い山では強風がおさまらないことも多く、油断はならない。

前日の天気図

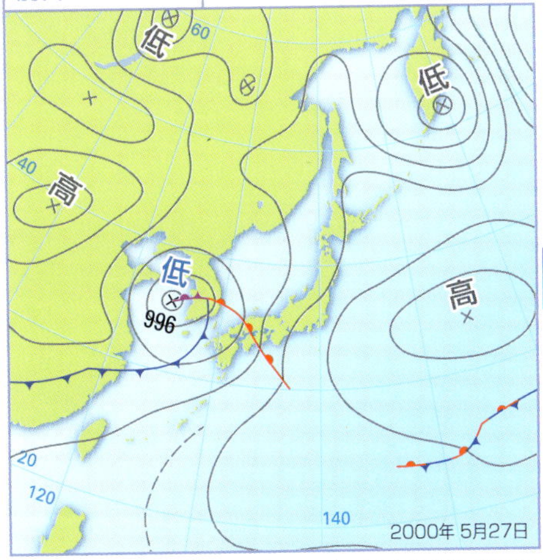

衛星画像（P.56）の天気図

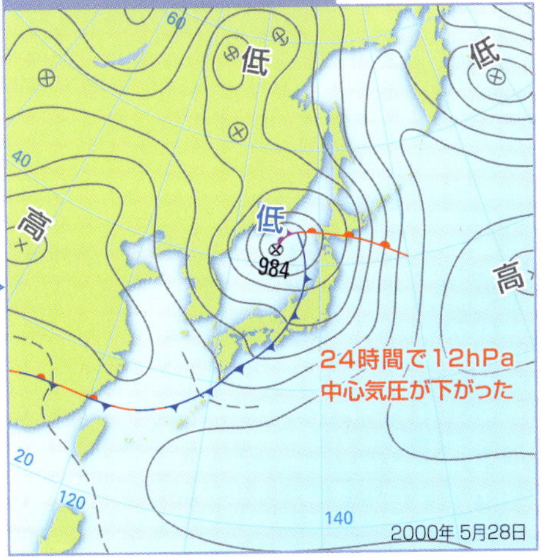

緯度35度付近（東京と同緯度）ならば、中心気圧が24時間に16hPa以上下がった低気圧が爆弾低気圧とよばれる。

●春の海山の遭難

二つ玉低気圧による遭難事故の例。

・1954年5月9日の二つ玉低気圧は、1日で急に発達し、時速70～80kmという通常の2倍の速さで日本海を通過。漁船は避難の時間がなく、348隻が沈没・流出するなどの惨事となった。

・1979年4月30日の二つ玉低気圧は、中部山岳地帯を直撃した。20～25m/sの強風、−7℃前後の気温となり、翌日にかけて登山者に19件もの遭難事故が発生した。

●二つ玉低気圧の模式図

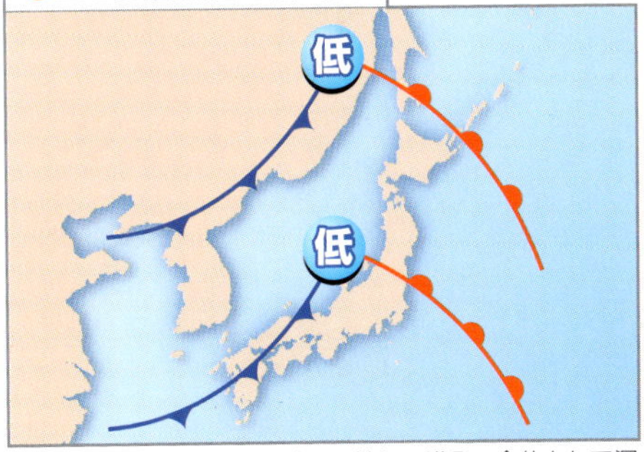

前線をともなった低気圧が二つ並んで進み、全体として深い気圧の谷となっているため天気の崩れも大きい。

花《か》粉《ふん》症《しょう》の季《き》節《せつ》

毎年、同じ時期に症状が発生する代表的な季節病

春に飛散するスギの花粉が原因となって、くしゃみ、鼻水、目のかゆみなどを引き起こすスギ花粉症。春の訪れを前にすると、その対策に余念のない人は多く、現在では総人口のおよそ2割弱が花粉症の患者だと推定されている。

●夏が暑いと春の花粉量が増える

春に飛散するスギやヒノキの花粉量は、前年の夏の気象に大きく影響を受けるといわれている。下図は毎年のスギ・ヒノキの花粉数と、前年夏の日射量の関係を示したもの。これを見ると、前年夏の日射量が多い年ほど花粉数が多くなっていることがわかる。

スギの花粉を飛ばす雄花は7月から8月にかけて生長するが、この時期の気象状況で、日射量が多く、気温が高い年ほど雄花はたくさんできる。雄花がたくさんできた年の翌春は、その分だけ飛散する花粉量が増えるのである。

スギの花粉を飛ばす雄花は夏に生長する。

●花粉数と日射量のグラフ

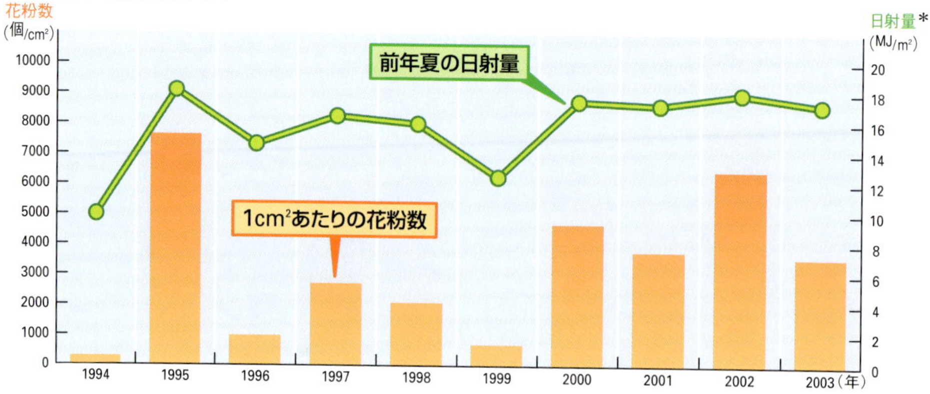

＊日射量は、地面付近の水平な平面に入射する太陽エネルギーの量。
単位はMJ／㎡（メガジュール毎平方m）。Jは熱量。

（環境省「花粉症保険指導マニュアル」）

●スギ花粉前線
（1991～2000年の平均値）

スギ花粉前線とはスギ花粉の飛散開始日を前線の形でまとめたもの。飛散開始日が最も早い九州などでは、2月上旬に花粉の飛散が開始される。前線は、その後、早いペースで北上していき、3月末には青森、秋田の日本海側に到達する。北海道、沖縄ではスギ林が少なく、花粉の飛散も少ないので、花粉前線は描かれない。

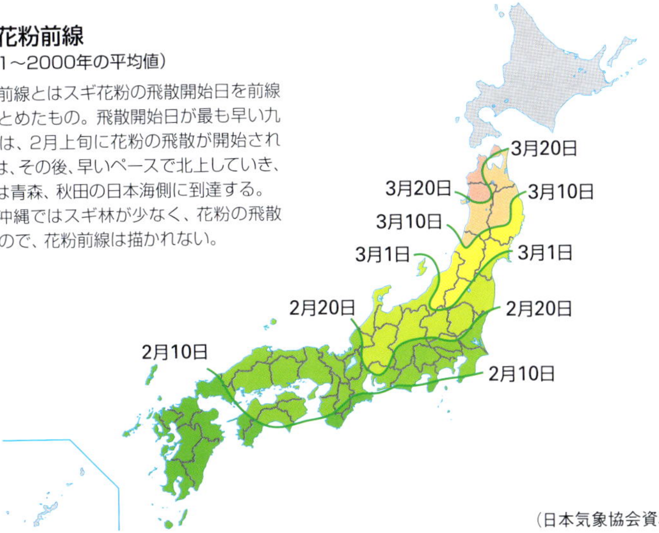
3月20日
3月20日
3月10日
3月10日
3月1日
3月1日
2月20日
2月20日
2月10日
2月10日

（日本気象協会資料）

●花粉症の原因植物

スギ以外にも花粉症の原因となる植物はたくさん存在し、人によって反応する植物は異なる。下図は、おもな花粉症の原因植物の花粉飛散時期を示したもの。スギやヒノキは春が中心だが、イネ科は初夏から秋、ブタクサ科やヨモギ科は真夏から秋口になっている。

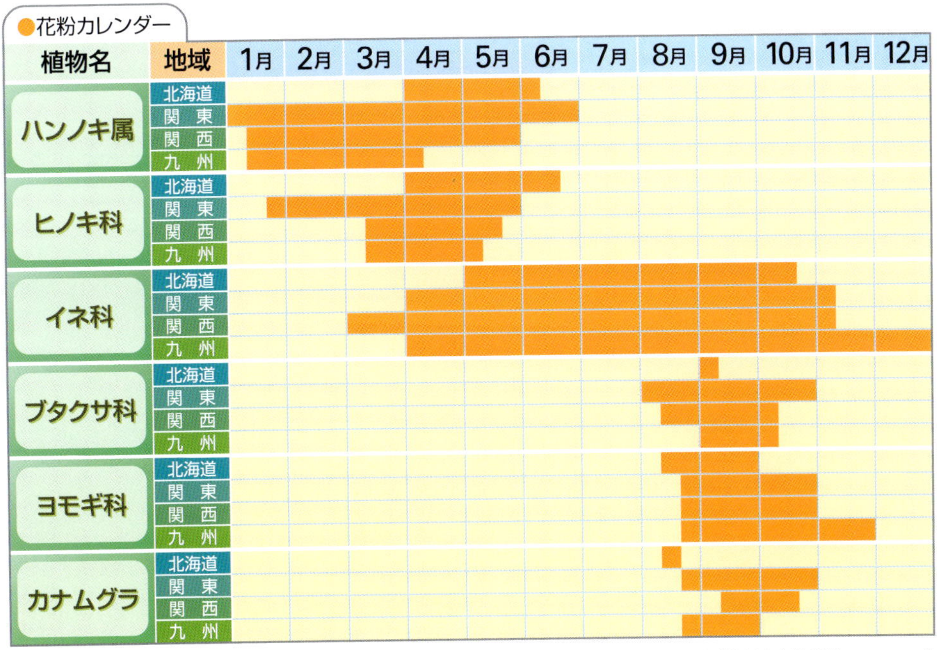
●花粉カレンダー
植物名
地域
1月
2月
3月
4月
5月
6月
7月
8月
9月
10月
11月
12月
ハンノキ属
ヒノキ科
イネ科
ブタクサ科
ヨモギ科
カナムグラ
北海道
関東
関西
九州

（環境省「花粉症保険指導マニュアル」）

雲《くも》図《ず》鑑《かん》①～上《じょう》層《そう》雲《うん》

　雲の基本形を、形と発生する高さによって10種に分類したのが「10種雲形《しゅうんけい》」である。これを基本として、さらに細分化した種類や、変形、補足的なタイプなどがある。高度5～13kmの高いところにあるのが上層雲で、温度が低いため雲粒《くもつぶ》は氷晶《ひょうしょう》の集まったものである。

巻《けん》雲《うん》 Cirrus

名称（英名）	巻雲（Cirrus）
記号	Ci
高さ	上層／5～13km
別名	すじ雲

刷毛《はけ》ではいたような白く細い繊維《せんい》状、または帯状の雲。羽毛のように見えることもある。氷晶が集まってできており、太陽や月に暈《かさ》がかかることもある。

※かつて「絹雲《けんうん》」と表記したこともあったが、現在では「巻雲」で統一されている。

巻積雲《けんせきうん》 Cirrocumulus

彩雲《さいうん》／太陽光の角度によっては虹色に光って見える。写真は巻雲。

名称（英名）	巻積雲（Cirrocumulus）
記号	Cc
高さ	上層／5～13km
別名	うろこ雲、いわし雲、さば雲

粒状、または細かいさざ波状で、薄く水平に広がる影のない雲。氷晶からできており、空気がゆっくり上昇するときに発生する。

巻層雲《けんそううん》 Cirrostratus

名称（英名）	巻層雲（Cirrostratus）
記号	Cs
高さ	上層／5～13km
別名	うす雲

白く透き通ったベールのような雲。氷晶が集まってできている。全天に広がることが多く、太陽や月に暈《かさ》がかかる。温暖前線面に沿って発生することが多く、「日《ひ》暈《がさ》、月暈《つきがさ》は雨の兆《きざ》し」と言われるように、この雲が出ると天気が崩れることが多い。

気象歳時記 春

季語を四季ごとに分類した歳時記では、春は、立春《りっしゅん》(2/4頃)から立夏《りっか》の前日(5/5頃)までをいう。おおむね陽暦の2・3・4月をさし、気象上の春(3・4・5月)より、ひと月ほど早い。

春(はる)の語源は、「発」または「張る」といわれ、万物発生の時を示している。

蛙《かわず》の目《め》借《かり》時《どき》

怠《なま》け教師《きょうし》　汽《き》車《しゃ》を目送《もくそう》　目《め》借《かり》時《どき》

中《なか》村《むら》草《くさ》田《た》男《お》

春の暖かさは眠気を誘うが、わけても田んぼに水の入る4月、5月頃、蛙《かえる》の声を聞いていると眠くなる。これは、蛙に目を借りられるためだということから、この時分を「蛙《かわず》の目《め》借《かり》時《どき》」といった。暖かさに、場所もわきまえずについ居眠りをしてしまうのを、蛙のせいにしたもので、俳諧味《はいかいみ》のある季語のひとつ。

蛙が鳴くのは雄が雌を呼ぶためで、「めかる」とは、妻《め》狩《か》る、つまり配偶者を求めるの意に引っかけた言葉ともいう。

春の季語

季節感や美意識など、日本人のこまやかな感情を、短い文言の中に凝縮したものが季語だ。俳句の世界では、季節感をやや先取りするくらいの感覚で詠《よ》むのがよいとされ、寒さのうちにも春の情趣をとらえる。

日《ひ》永《なが》

暦《こよみ》のうえで、最も日が長いのは夏至《げし》(6/22頃)だが、春分過ぎて次第に日が長くなると、冬の短日のあとだけに、いかにも日が長くなったと感じられる。

鶏《にわとり》の座敷を歩く日永かな　一茶

陽《かげ》炎《ろふ》　かぎろい

春の日差しに暖められて、地面付近の空気が立ち上るとき、それを通して見える向こうの物や風景がちらちらと炎が燃え上がるように揺れ動く現象をいう。また形は見えても捉えがたいものの喩《たと》えとされ、そのあるかなきかの気分が愛しまれる。

陽炎や名もしらぬ虫の白き飛ぶ　蕪村

朧《おぼろ》月《づき》　朧《おぼろ》月《づき》夜《よ》

春は大気中に水分が多いので、月がぼうっと霞《かす》んで見える。この霞んだ春の月を朧月という。古来、月は、薄絹でも垂れたような、霞んだ感じが好まれて、そのほのかな明るさを楽しむのが風流とされる。

大原や蝶《ちょう》の出《い》で舞ふ朧月　丈草

茶《ちゃ》摘《つ》み

茶の芽摘みは、産地によって異なるが、八十八《はちじゅうはち》夜《や》(5/2頃)前後の4月中旬から5月下旬が最も盛んである。その頃のものを一番茶と呼び、最上質とする。

茶摘女を三人入れし茶園かな　虚子

別《わか》れ霜《じも》

晩春に降りる霜。春の最後の霜。俗に「八十八夜の別れ霜」といわれ、八十八夜(5/2頃)を過ぎると、霜の害が少なくなるとされる。八十八夜は昔から農作業の大切な節目。

別れ霜庭はく男老いにけり　子規

山《やま》笑《わら》う

春になると山の木々が芽吹き、花も咲き始め、明るい日の光の下で、笑みを浮かべているように見える。その山のようすを擬人的にいったもの。

故郷《ふるさと》やどちらを見ても山笑ふ　子規

観天望気～天気のことわざ

「ツバメが高く飛ぶと晴れ、低く飛ぶと雨」

晴れて気温が上がると、小さな昆虫たちは上昇気流にのって、やや高い所に舞い上がる。その虫を食べるためにツバメは高い所を飛ぶ。一方、雨が近づき気温が下がると、地上付近の上昇気流もなくなるので、小さな昆虫は地面に近い所しか飛べなくなり、ツバメも低い所を飛ぶ。「虫類が低く集まるときは雨」も同じ。

「月や太陽が暈《かさ》をかぶると雨が降る」

月や太陽の周りに光の輪(光環《こうかん》)ができることがある。これを暈《かさ》という。雲を構成している微細な氷の粒に太陽や月の光が屈折、反射することで起きる現象だ。暈をつくる雲は「巻層雲《けんそううん》」という雲で上空5～13km付近にできる。この雲が現れると、半日後くらいに雨になることが多く、その確率は70%前後といわれる。

四万十川《しまんとがわ》の 川渡し

最後の清流、四万十川の春。日に染みる青葉と霞《かすみ》がかった空。春の風をいっぱいにはらんで泳ぐ色鮮やかな鯉《こい》のぼり。日本に生まれてよかったと思う瞬間である。

高知県高岡《たかおか》郡四万十町《しまんとちょう》
★鯉のぼりの川渡しの実施期間：
4月半ば〜5月半ば

高知県の西部を流れる四万十川は総延長約196km。四国一の長流だ。緑深い山並みを蛇行しつつ、中流域で西へ方向を転じる。その真ん中あたりに位置する十和村《とおわそん》では、春になると「こいのぼりの川渡し」が行われる。川の対岸へ向けて1300mのワイヤロープを張り、鯉のぼりを渡していく。全国から寄せられた鯉のぼりの数は約500匹。山間部特有の強い風を受けた鯉のぼりが、大空に翩《へん》翻《ぽん》と翻《ひるがえ》るさまは、壮観の一言につきる。

～春の見どころ

富山湾《とやまわん》の
蜃《しん》気《き》楼《ろう》

蜃気楼の見える町、富山湾魚津《うおづ》。「蜃」とは大《おお》蛤《はまぐり》のことで、古人は海中の大蛤が気を吐いて、空中に楼閣を現したものと考えたという。

春の風の穏やかな日、魚津では、遠方の風景が上にのびたり、反転した虚像があらわれたりする蜃気楼が見えることがある。富山湾の海面上に冷たい空気が層をつくり、その上の暖かい空気との間で急に空気の密度が変わるときに出現する現象だ。例年、4～5月に10～15回程度出現するという。

蜃気楼が出やすい条件は、4～5月の午前11時頃～午後4時頃。朝に冷え込み、日中に18℃以上になる、晴天で北北東の微風が吹くような日がいい。

富山県魚津《うおづ》市
★蜃気楼はいつ出るかわからない。気長に待つのがコツ。

文学のなかの気象①

気象の変化を楽しんだ、清少納言《せいしょうなごん》と紫式部《むらさきしきぶ》

日本人は古来、四季の移ろいを歌に詠《よ》み、気象の変化を様々なかたちで表現してきた。

その美意識に支えられて誕生した、もっとも繊細で独創的な成果が、平安時代中期の、随筆『枕草子《まくらのそうし》』と小説『源氏物語《げんじものがたり》』である。

『枕草子』の冒頭、有名な「春はあけぼの」。この一節も「紫《むらさき》だちたる雲」という、早朝の限定された雲への注目が前提となっている。しかも雲は、「細く」たなびいている。雪を降らせた冬の分厚い積乱雲《せきらんうん》ではなく、たなびく層《そう》雲《うん》こそ穏やかな春を愛《め》でるにふさわしい。

だが春は、実は風の強い季節であり、ときに雨をともなう。とくに東京など太平洋側では3月4月に、風速10m/s以上の日が多くなる。1000年前の京都でも、事情は似ていたようだ。

風は嵐。三月ばかりの夕暮れに、ゆるく吹きたる雨風《あまかぜ》

旧暦「三月」は、ほぼ現在の4月である。この時期、低気圧にともなう寒冷前線が通過、強い北西の季節風が吹くと、激しい嵐となる。春爛漫《はるらんまん》という気分を文字通り吹き飛ばすが、作者清少納言は、「ゆるく」吹いている限りは「嵐」や「雨風」も好きだと言っているわけで、そこに彼女独自の感受性がある。さらに、

八、九月ばかりに、雨まじりて吹きたる風、いとあはれなり

これはもう、「台風大好き宣言」であろう。続けて「雨のあし横ざまに」騒がしく吹いたりして、うっとうしかった夏服を重ねて着ているのも面白いと記している。気象の変化を楽しむ貴族女性の嗜好《しこう》が、鮮明に伝わる。

もう一人、紫式部も『源氏物語』のなかで、気象の変化を見事に描いている。

にはかに風吹き出《い》でて、空もかきくれぬ。

これは若き光源氏《ひかるげんじ》が、都での政争を避けて、瀬戸内海を望む須磨《すま》(現・神戸市)にわび住まいをしていた際の、春の一場面である。

旧暦三月、最初の「巳《み》の日」に禊《みそぎ》をする習慣が当時はあった。隠遁《いんとん》先であり、源氏は海岸を散策するつもりで禊に向かう。

そこで、神に語りかける歌を詠んだところ突如風が吹きはじめ、雨が降ってきたのである。この後、風雨は嵐となり、海は荒れ、雷鳴まで轟《とどろ》くようになる。人々は、

風などは、吹くも気色《けしき》づきてこそあれ

「こんな風は、なんか気配があってから吹くもんだ!」と叫び合う。穏やかな季節感、それが一転して荒れ狂う春の嵐(とその不安感)の特色を描いて、余すところがない。

源氏はこの荒天がきっかけで須磨を退去し、西の明石《あかし》(現・明石市)に移って、新たな美しい女性と出会うことになる。天変地異を描く古典は多いが、気象の変化と物語の転換をこれほど巧みに結びつけた作品は少ない。

清少納言も紫式部も、現在でいう気象知識は持ち合わせていなかった。だが、その的確な観察力は、科学に依存しがちな現代人に、今も新鮮な感動を与え続けてくれている。

梅雨の章

梅雨前線が停滞している衛星画像（➡P.72）と天気図（➡P.73）

梅雨《つゆ》のカレンダー

	5月	6月	7月
沖縄 （那覇）	梅雨入り 5/8頃～6/23頃 梅雨明け		
奄美 （名瀬）	梅雨入り 5/10頃～6/28頃 梅雨明け		
九州南部 （鹿児島）	梅雨入り 5/29～7/13 梅雨明け		
九州北部 （福岡）		梅雨入り 6/5頃～7/18頃 梅雨明け	
四国 （高松）		梅雨入り 6/4頃～7/17頃 梅雨明け	
中国 （広島）		梅雨入り 6/6頃～7/20頃 梅雨明け	
近畿 （大阪）		梅雨入り 6/6頃～7/19頃 梅雨明け	
東海 （名古屋）		梅雨入り 6/8頃～7/20頃 梅雨明け	
関東甲信 （東京）		梅雨入り 6/8頃～7/20頃 梅雨明け	
北陸 （新潟）		梅雨入り 6/10頃～7/22頃 梅雨明け	
東北南部 （仙台）		梅雨入り 6/10頃～7/23頃 梅雨明け	
東北北部 （青森）		梅雨入り 6/12頃～7/27頃 梅雨明け	

春から夏にかけてのおよそ1か月間、日本列島に横たわる雲の帯《おび》が長雨をもたらす。この時季を「梅雨《つゆ》」という。春と夏の間に毎年ある、5つめの季節だ。日本では南から順に梅雨入りしてゆくが、北海道には梅雨がない。

梅雨期の降水量

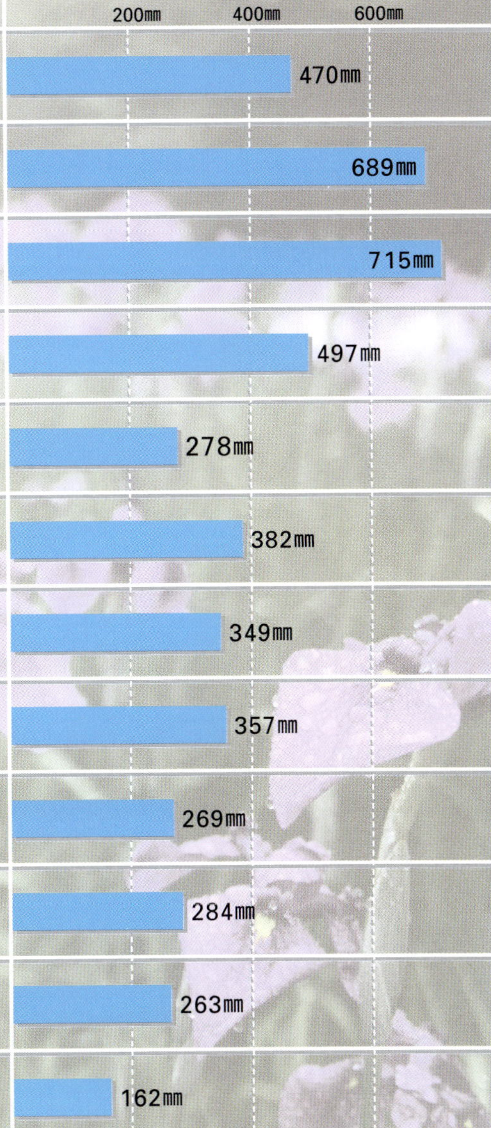

気象・天気図の特徴

梅雨入り（5～6月）

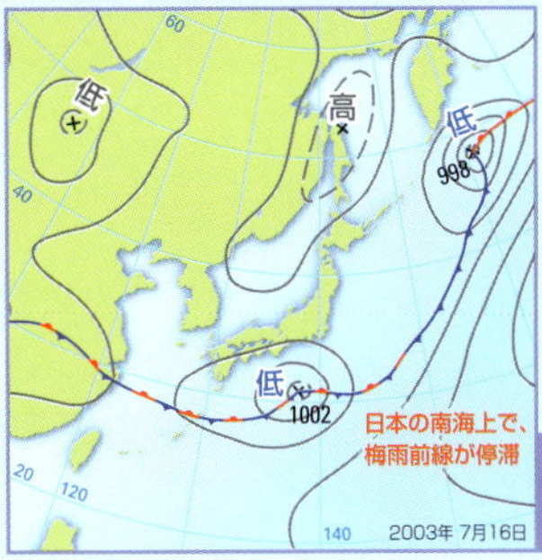

➡ P.70

梅雨明け（6～7月）

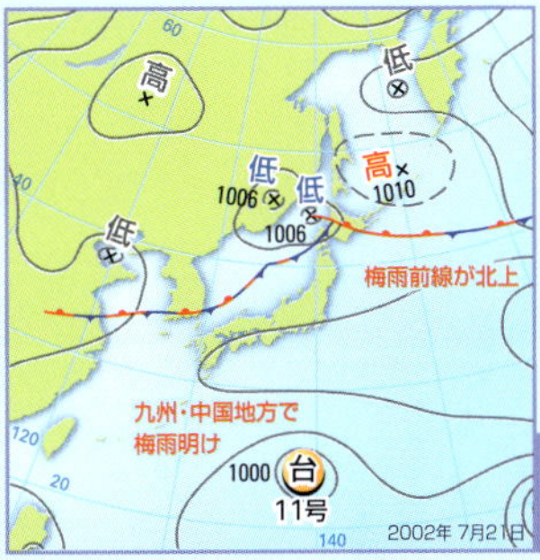

➡ P.78

■梅雨入りと梅雨明けの日付について
季節変化は、ある日を境に明瞭に変化することはなく、二つの季節が交互にあらわれる遷《せん》移《い》期《き》間《かん》を経るため、梅雨の入り明け日は遷移期間のおおむね中日をもって「～頃」と表現した。（1971～2000年の平年値）

■梅雨期の降水量について　梅雨の時期の平均降水量は地域名の（　）内の観測地点の値による。また、日単位の降水量の合計値をもとにしており、各年の梅雨期の長さはことなる。

梅《ばい》雨《う》前《ぜん》線《せん》

日本に長雨をもたらす長大な前線と雲

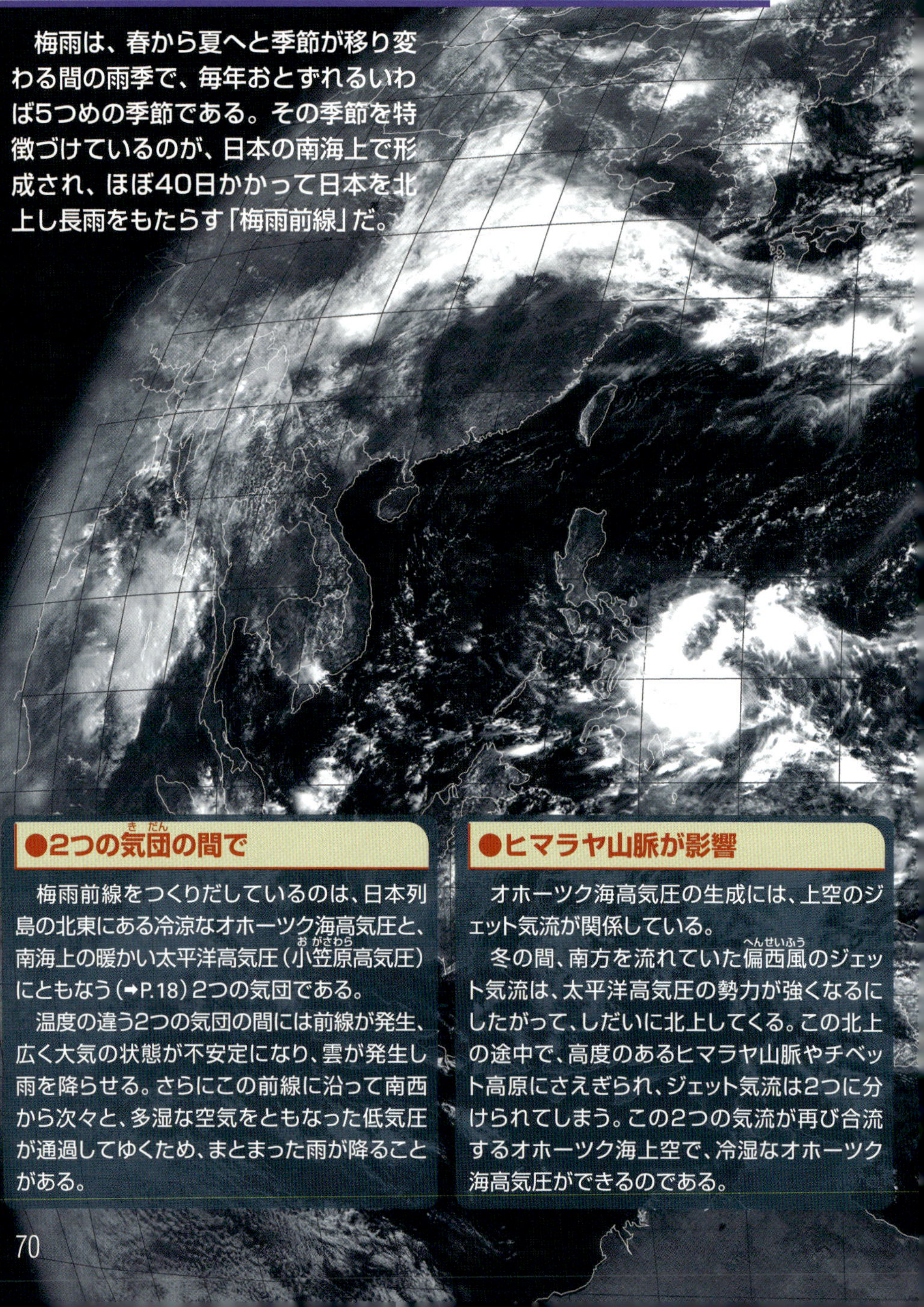

梅雨は、春から夏へと季節が移り変わる間の雨季で、毎年おとずれるいわば5つめの季節である。その季節を特徴づけているのが、日本の南海上で形成され、ほぼ40日かかって日本を北上し長雨をもたらす「梅雨前線」だ。

●2つの気団《きだん》の間で

梅雨前線をつくりだしているのは、日本列島の北東にある冷涼なオホーツク海高気圧と、南海上の暖かい太平洋高気圧（小笠原《おがさわら》高気圧）にともなう（➡P.18）2つの気団である。

温度の違う2つの気団の間には前線が発生、広く大気の状態が不安定になり、雲が発生し雨を降らせる。さらにこの前線に沿って南西から次々と、多湿な空気をともなった低気圧が通過してゆくため、まとまった雨が降ることがある。

●ヒマラヤ山脈が影響

オホーツク海高気圧の生成には、上空のジェット気流が関係している。

冬の間、南方を流れていた偏西風《へんせいふう》のジェット気流は、太平洋高気圧の勢力が強くなるにしたがって、しだいに北上してくる。この北上の途中で、高度のあるヒマラヤ山脈やチベット高原にさえぎられ、ジェット気流は2つに分けられてしまう。この2つの気流が再び合流するオホーツク海上空で、冷湿なオホーツク海高気圧ができるのである。

中国大陸南部から日本列島を通り、北太平洋まで、長大な梅雨前線をあらわす帯《おび》状の雲が見られる。この現象は東アジアだけで見られるもので、いくつかの低気圧やそれにともなう温暖前線、寒冷前線、停滞前線を含んでいる。

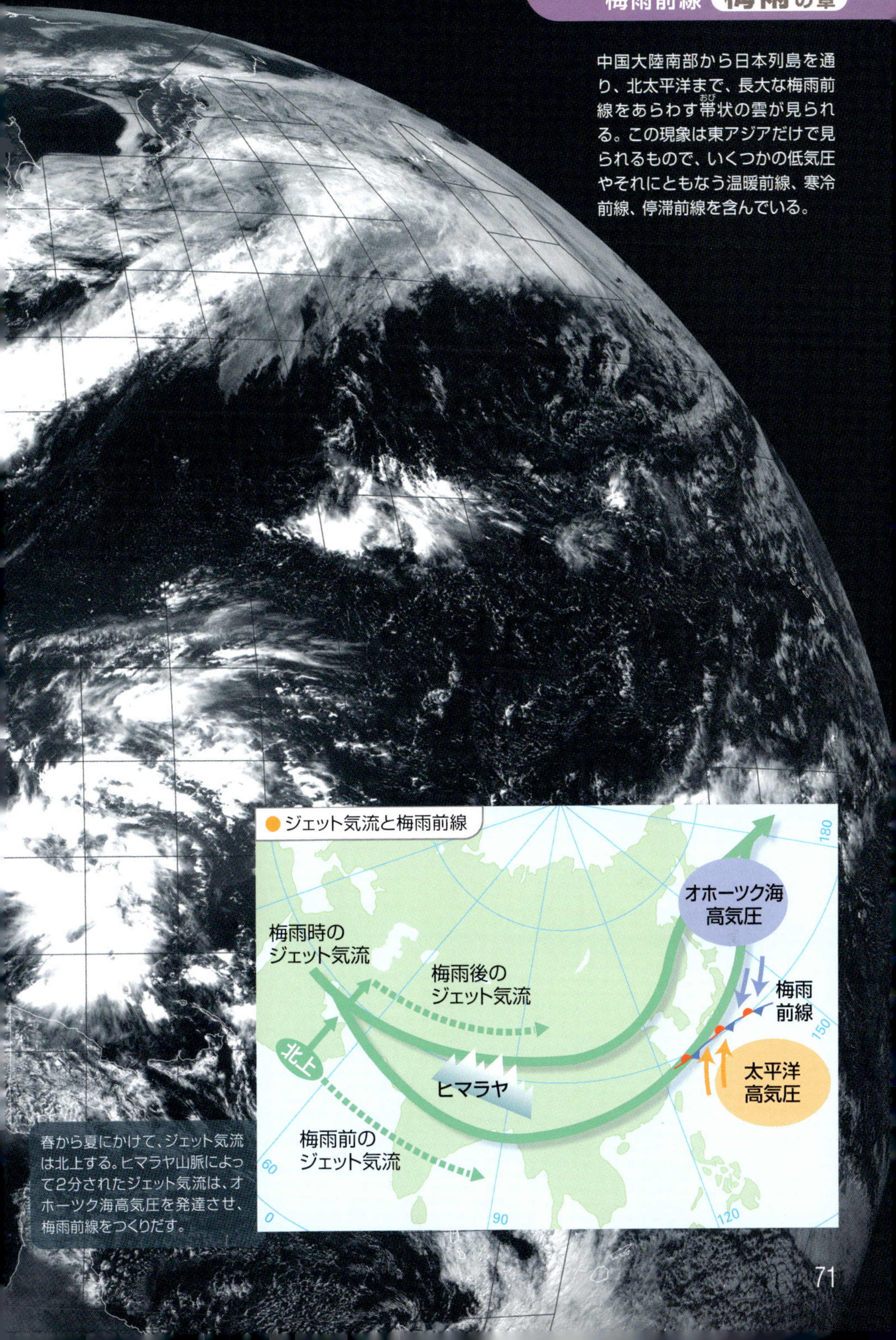

春から夏にかけて、ジェット気流は北上する。ヒマラヤ山脈によって2分されたジェット気流は、オホーツク海高気圧を発達させ、梅雨前線をつくりだす。

梅雨《つゆ》のタイプ

梅雨には2つのタイプがある

　梅雨入りしたあとは、曇りや雨の日が多いが、梅雨の期間中ずっと続くわけではない。梅《ばい》雨《う》前《ぜん》線《せん》の活動には強弱があり、北上したりあるいは南下したりという変化があるからだ。梅雨前線は、オホーツク海の寒冷な気団と、南にある夏の気団の活動の強弱でいろいろな変化を見せる。

　同じ雨でも、気温が高くザーザー降るときと、気温が低くシトシト降るときとでは、季節の表情はまったく違ったものになる。

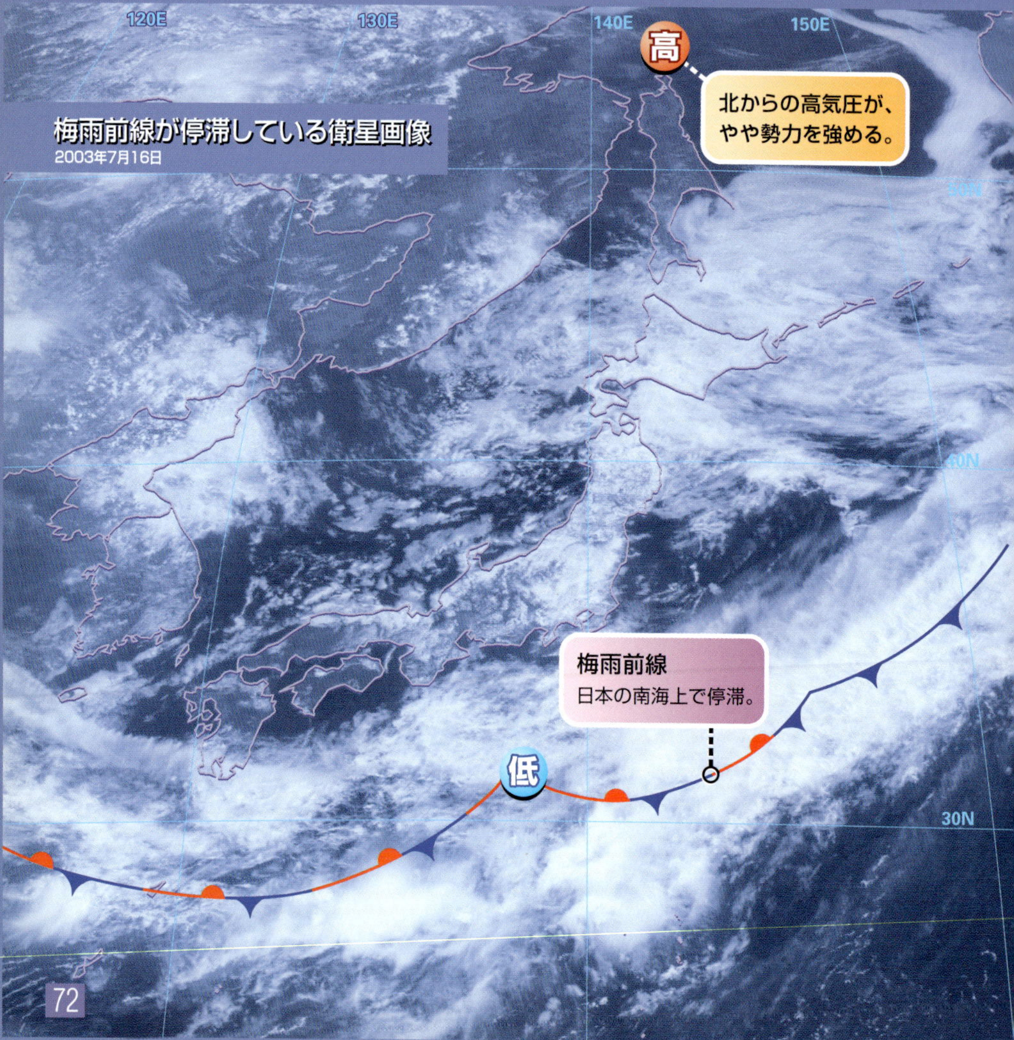

梅雨前線が停滞している衛星画像
2003年7月16日

衛星画像（P.72）の天気図

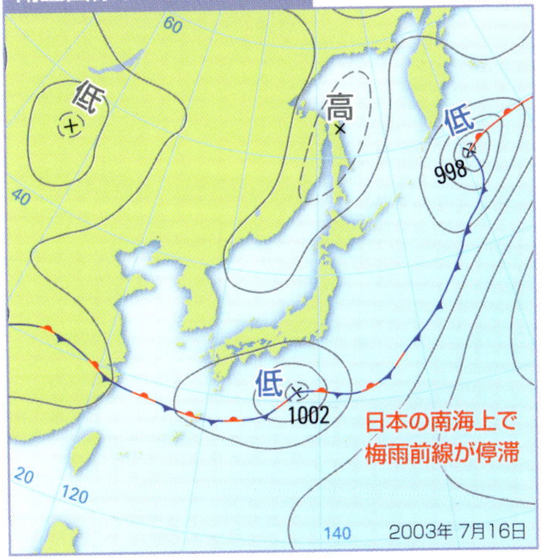

この日の天気の特徴

■数日前まで日本の上空にあった停滞前線が、北の高気圧に押され、南下している。このため、西日本では梅雨の中休みとなった。気圧の谷が通過したため、北日本は曇りがち。

●陰性と陽性の梅雨

梅雨は、気温や雨の降り方によって、「陰性タイプ」と「陽性タイプ」に分けることができる。年によってタイプがことなるだけでなく、地方によってことなったり、梅雨の前期と後期でタイプが変わったりすることもある。

陰性タイプの梅雨

気温は低く、弱い雨が持続的に降ったり曇りが続いたりするなど、どんよりとした悪天が何日も続くことが多い。

一般に、東日本や北日本では陰性タイプになりやすく、また、梅雨の前期には陰性タイプであることが多い。

陽性タイプの梅雨

気温は高く、比較的好天の日が多いが、雨天のときには大雨となりやすく、天気の変化が激しいことが多い。

一般に、西日本では陽性タイプになりやすく、また、陰性タイプの梅雨が後期には陽性タイプになることもある。

●梅雨寒《つゆざむ》と「やませ」

陰性タイプの梅雨では、「梅雨寒」となることが多い。特に、オホーツク海高気圧の勢力が強いときには、北東から冷たく湿った気流が吹きつけ、東北地方や関東地方の太平洋側で低温となる。

この北東の気流は、三陸《さんりく》から青森・秋田・山形の海岸地方では「やませ」とよばれ、暖房が必要なほどに気温が下がる。開花・結実期のイネや野菜、果樹などの農作物に、低温と日照不足による冷害を与えるので、「凶作風《きょうさくかぜ》」、「飢餓風《きがかぜ》」とよばれた時代もあった。

やませ（山背）は、元は山を吹き越えてくる「フェーン（➡P.33）」の性質をもつ風をさす言葉であったが、現在では、ほとんど意味が転じている。

●東北地方のイネの冷害危険度

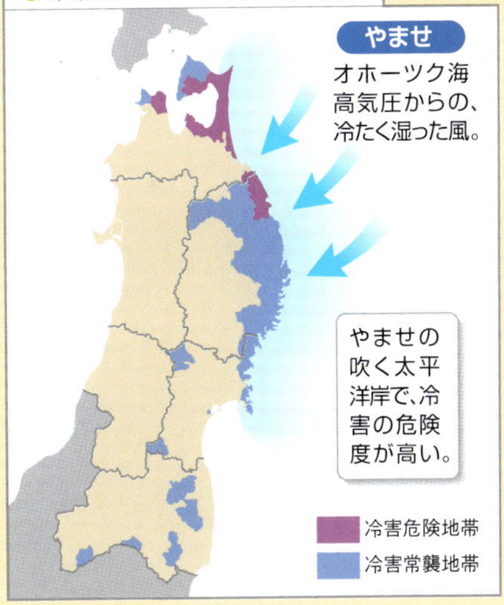

（東北農業研究センター資料より）

雨《あめ》のできかた

雪や氷が融《と》けて降ってくる日本の雨

日本でできる雨雲は、多くの場合は雲頂近くで－20℃以下の低い温度になっている。その中で「雪」が成長すると、これが融けて「冷たい雨」となって降ることが知られている。

降雨のしくみ（冷たい雨の場合）

雲粒の大きさはとても小さく、およそ0.01mm。これくらい小さな粒では、落下速度が遅くて地面に到達する前に蒸発してしまう。粒が大きくならなければ雨となって地上に落ちてくることはない。

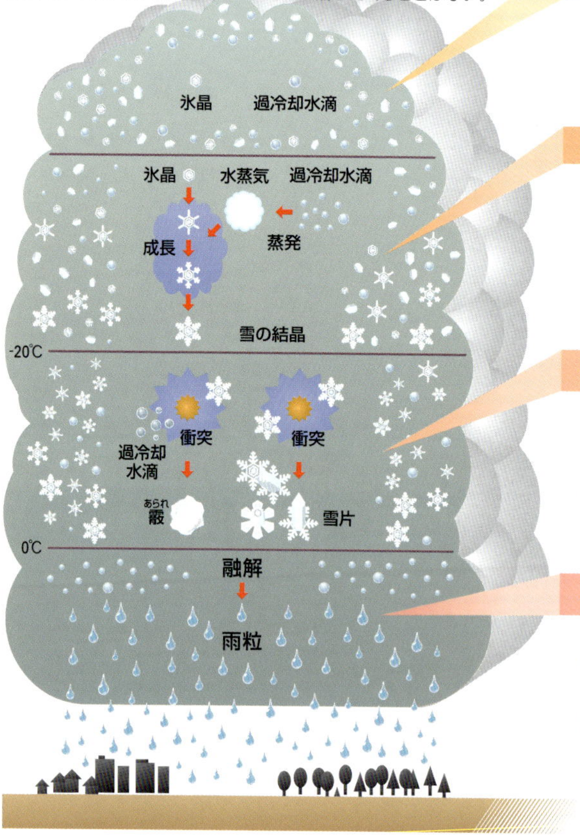

氷晶《ひょうしょう》と水滴の混在した雲の生成

雲の高いところでは、氷の微粒子（氷晶）と、非常に冷たくなった水滴（過冷却水滴）が混在した状態になる。

氷晶の成長

氷晶が周囲の水蒸気を集めて成長する。このとき、まわりの水蒸気量が減少するのを補うように過冷却水滴が蒸発するので、氷晶は急速に成長して雪の結晶になる。

霰《あられ》と雪片の形成

雪の結晶が大きくなると落下速度が増し、まわりの過冷却水滴に衝突しながら成長して「霰《あられ》」になる。また、雪の結晶どうしが衝突してくっつき、大きな雪片となって落下していく。

雪片や霰《あられ》が融けて雨になる

雪片や霰《あられ》は、0℃よりも暖かい空気中を落下していくと、途中で融けて水滴となり、地上に落下する。このとき、融けずに落下すると雪や霰《あられ》になる。

どんよりとした梅雨の空。厚い雲がたれこめている。

●「冷たい雨」「暖かい雨」とは

日本に降る雨のほとんどは、「冷たい雨」である。雪が融けて降ってくる雨なので、文字通り冷たいことが多い。

一方「暖かい雨」は、熱帯性の雲から降るスコールのような雨だ。日本でも台風や熱帯低気圧が暖かい雨を降らせる雲を運んでくることがあり、このときは熱帯のスコールのような雨が降ることになる。

●氷・水・水蒸気〜水の三態変化

冷たい雨が降るしくみでは、水の三態（氷・水・水蒸気）のすべてが関係している。水や氷は、低い温度においても一定の量であれば水蒸気に蒸発・昇華《しょうか》（蒸発は液体が気化。昇華は固体が直接気化する現象。またこの逆も昇華という。）していくが、まわりの空気が水蒸気で飽和《ほうわ》すると、それ以上は水蒸気にならない。

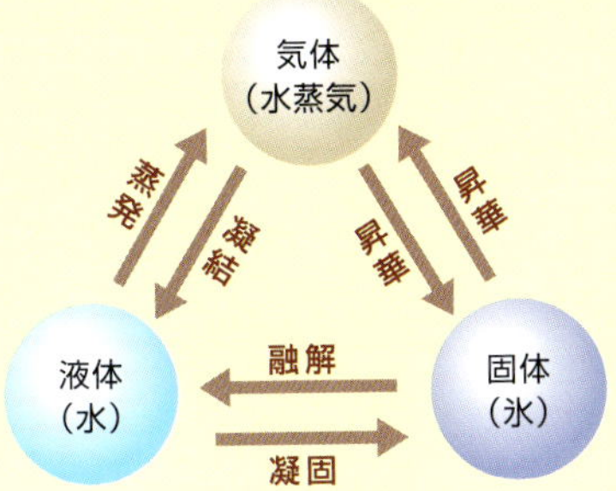

●飽和水蒸気量の変化

空気中に含むことのできる最大の水蒸気量のことを飽和水蒸気量という。

気温が下がると飽和水蒸気量が小さくなる性質があるので、空気が上昇して温度が下がっていくと、水蒸気から水滴や氷晶ができて雲粒となる。

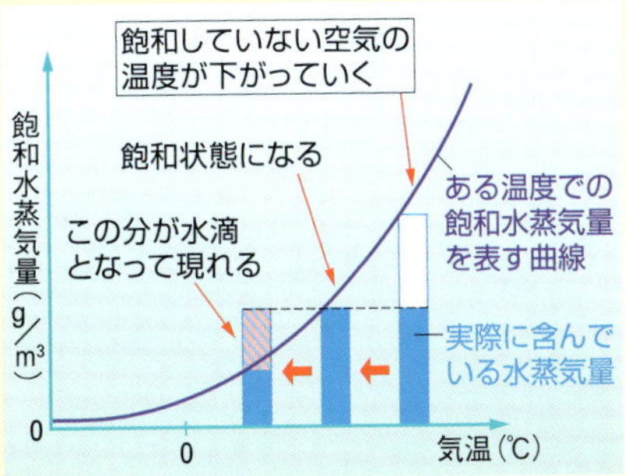

集《しゅう》中《ちゅう》豪《ごう》雨《う》①
梅雨の末期に発生する集中豪雨

狭い地域に短時間に集中して降る大雨を集中豪雨とよんでいる。もともと新聞報道で初めて使われた言葉であるが、気象現象を的確に表現しているため、一般的に使われるようになった。

梅雨の末期には、南から非常に多くの水蒸気を含んだ気流が次々と前線に供給され、集中豪雨が発生することがある。集中豪雨は、局地的な現象のため、いつどこに発生するか予測が難しいのも特徴である。

集中豪雨のときの衛星画像
2001年 6月29日

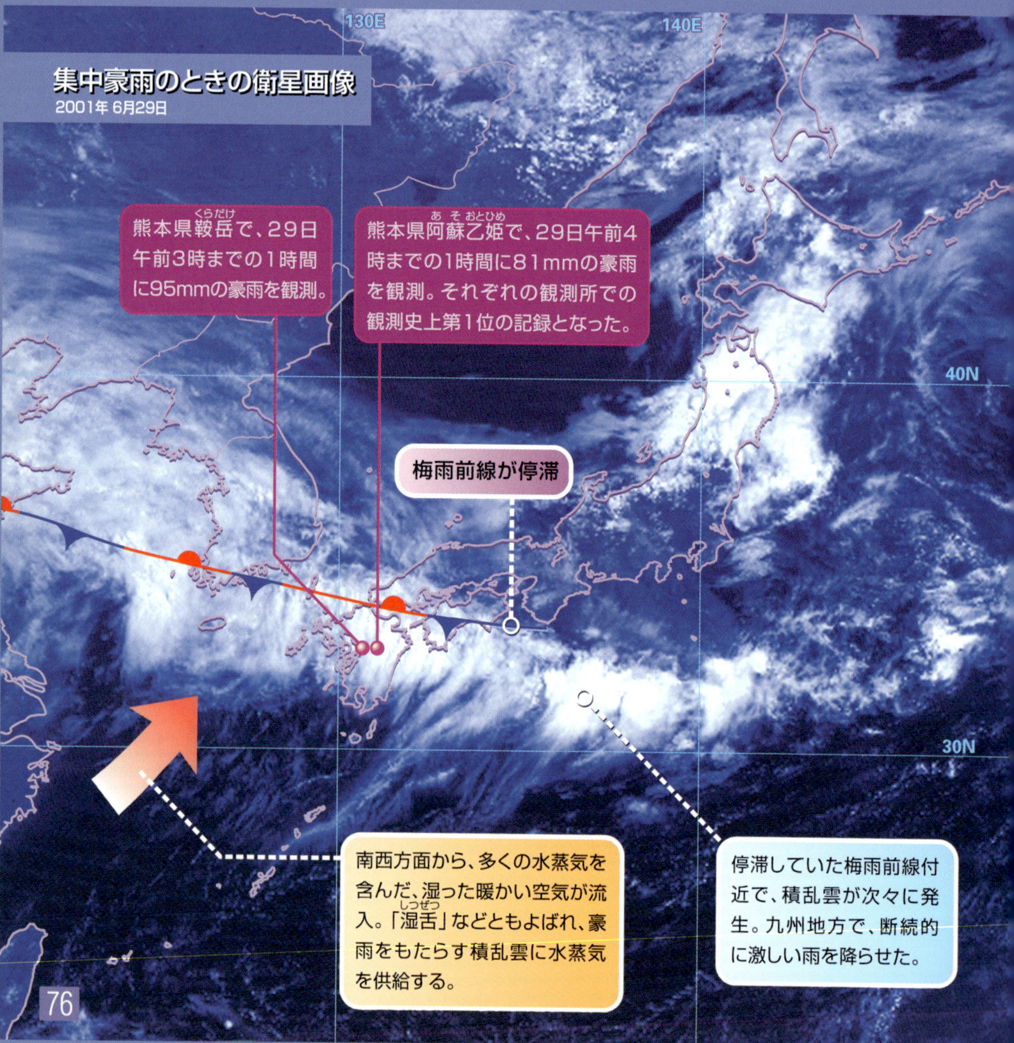

130E
140E
40N
30N
熊本県鞍岳《くらだけ》で、29日午前3時までの1時間に95mmの豪雨を観測。
熊本県阿蘇《あそ》乙姫《おとひめ》で、29日午前4時までの1時間に81mmの豪雨を観測。それぞれの観測所での観測史上第1位の記録となった。
梅雨前線が停滞
南西方面から、多くの水蒸気を含んだ、湿った暖かい空気が流入。「湿舌《しつぜつ》」などともよばれ、豪雨をもたらす積乱雲に水蒸気を供給する。
停滞していた梅雨前線付近で、積乱雲が次々に発生。九州地方で、断続的に激しい雨を降らせた。

衛星画像(P.76)の天気図

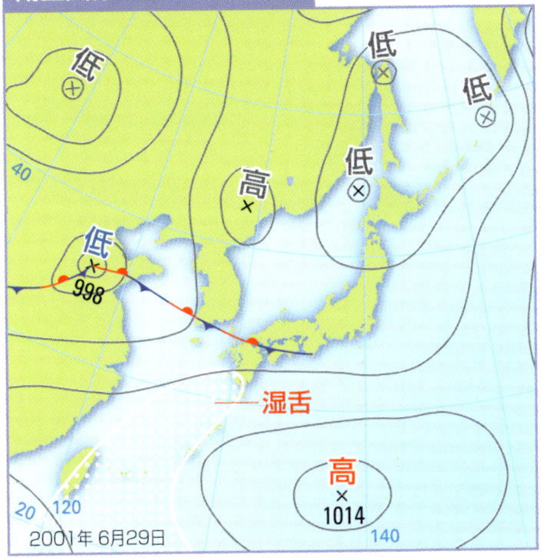

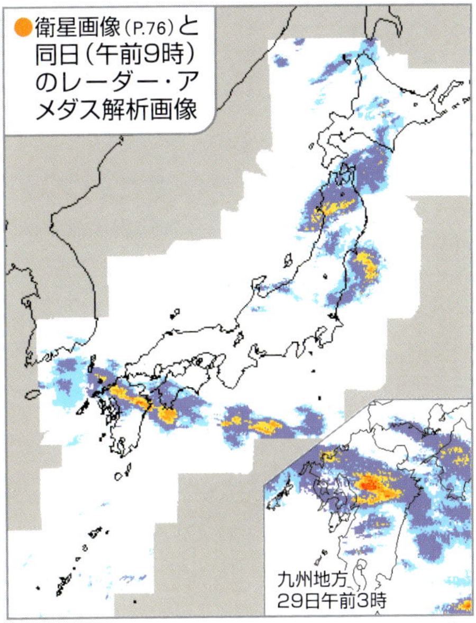

●衛星画像(P.76)と同日(午前9時)のレーダー・アメダス解析画像

熊本県鞍岳で1時間に95mmの豪雨を記録した日の画像。赤く見えるのが特に雨の強い地域。

●集中豪雨と湿舌《しつぜつ》

集中豪雨の発生と密接な関係があるのは、水蒸気を多量に含んだ気流の存在だ。

梅雨の末期には太平洋高気圧が強まり、高気圧の西の縁に沿って、南西の熱帯の海上から非常に湿った気流が入り込むようになる。まるで舌のような形でのびてくるこの南西気流は、「湿舌」とよばれる。湿舌は、台風の接近によりもたらされることもある。

梅雨前線の中にある発達した積乱雲《せきらんうん》に、湿舌からの大量の水蒸気が注ぎ込まれ、積乱雲の下に短時間で局地的な大雨を降らせる。

集中豪雨における雨の量はすさまじい。例えば、1時間に100mmもの雨が降る集中豪雨が観測されているが、これは、10m四方の土地に1時間で10tの水、つまりドラム缶50本の水が注ぎ込まれたという計算になる。市街地であれば、排水溝はあっという間にあふれ、道路は川のようになるだろう。

●集中豪雨時の雨量の変化(熊本県阿蘇山《あそさん》 2001年6月27〜29日)

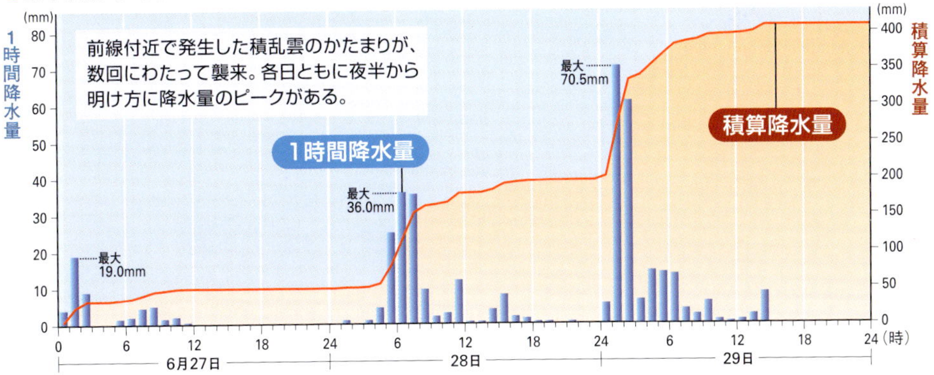

梅《つ》雨《ゆ》明《あ》け

梅雨《ばいう》前線《ぜんせん》が北に押し上げられ、梅雨が明ける

梅雨には「中休み」とよばれる現象がみられることも多く、本格的な梅雨明けの判断をリアルタイムでおこなうのは難しい。

気象庁は、過去にはリアルタイムに梅雨明けを発表していたが、発表後に梅雨に逆戻りするような例も少なくなく、近年では方法を変えた。「梅雨明けしたとみられる」とリアルタイムに「当初発表」するが、推移を見守って検討し直し、梅雨の期間を「確定」してから再度発表している。

梅雨明けのときの衛星画像
2002年 7月21日
130E
140E
40N
30N
低
低
高
高
台
11号
1008hPa
1012hPa
1008hPa
オホーツク海高気圧が弱まる。
北海道にかかった梅雨前線は、すでに活動が弱まっていることが多い。
梅雨前線は、北上して弱まる。
日本は、太平洋高気圧におおわれはじめ、高温・多湿となっていく。
太平洋高気圧が強まる。

衛星画像(P.78)の天気図

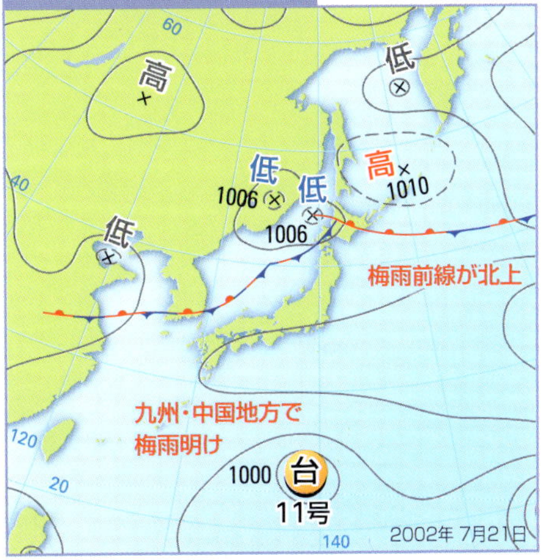

この日の天気の特徴

■梅雨前線が北海道付近まで北上し、太平洋高気圧がやや勢力を強めて、九州地方までおおった。この日、九州、中国地方で「梅雨明け」。

■北陸から東北南部、北海道では弱い降水が残ったが、関東以西ではほとんど晴れて、厳しい暑さとなった。

●梅雨の終わり方

夏の太平洋高気圧が強まって、前線を日本以北に押し上げると、梅雨明けとなる。

梅雨明けまぎわには、南からの気流が強まって前線を活発にさせ、大雨をもたらすことが多く、昔から「雷が鳴ると梅雨が明ける」といわれている。

また、前線が次第に弱まって消滅するような場合や、梅雨明けの発表がないまま夏が過ぎる場合もある。

梅雨前線が北上して北海道にかかるころには、前線は弱まっているので、北海道では普通梅雨はない。しかし、まれに天気がぐずつくこともあり「えぞ梅雨《つゆ》」とよばれる。

●梅雨明け10日

梅雨明け後すぐは、太平洋高気圧に大きくおおわれて、気温の高い夏らしい晴天が安定して続くことが多い。この晴天は「梅雨明け10日」とよばれる。海や山の行楽に最も適した時期である。

●梅雨明けは遅くなっている？

一昔前に比べると、近年は梅雨前線が北上しにくく、梅雨明けが遅くなって天候不順になる夏が増えている。右図のように、7月下旬の梅雨前線の平均的な位置を比べると、この変化は明らかだ。

梅雨明けを遅らせる原因の一つは、「エルニーニョ現象」である。これは、東太平洋のペルー沖海域における海水温の上昇現象のことだ。エルニーニョ現象が発生すると、太平洋高気圧の位置が変わって、日本付近の気候パターンも影響を受ける。

また、オホーツク海高気圧が昔に比べて強くなっていることも梅雨前線の北上が遅れる原因であり、これは北極の温暖化と関係があるといわれる。

●梅雨前線の位置の変動

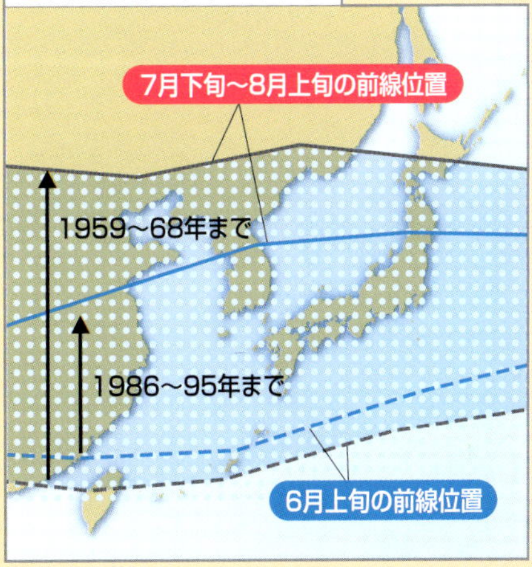

梅雨末期の梅雨前線の位置は、北上しにくい傾向が続いている。（朝日新聞社1998年11月11日夕刊記事より作成）

●空梅雨《からつゆ》

梅雨期の降水量が例年より目立って少ないとき、空梅雨という。太平洋高気圧の勢力が強いと、梅雨前線が北に押し上げられたり、消滅したりして、空梅雨になる。空梅雨は、干ばつや水不足などをもたらすので、農業や経済への影響が大きい。

天気のことわざに、「梅雨の初めに雷が鳴れば空梅雨」というものがある。梅雨の後期は、雷をともなった大雨になりやすいが、これは太平洋高気圧の勢力が強く、南からの湿った気流が入るためであった。梅雨期の初期から雷が鳴るということは、太平洋高気圧の勢力が最初から強いことを示し、早期に梅雨前線が北上する可能性が高いのである。

●長梅雨《ながつゆ》・梅雨が明けない年

太平洋高気圧の勢力が弱かったり、エルニーニョ現象などが起こると、前線がいつまでも日本にかかったままになり、長梅雨となる。特に1993年には、梅雨明けの発表がないまま、雨ばかりの夏が過ぎ、ついに秋の長雨を迎えた。

雨に濡れたアジサイ。うっとうしい梅雨も植物にとっては欠かせないうるおいとなる。

長梅雨の天気図

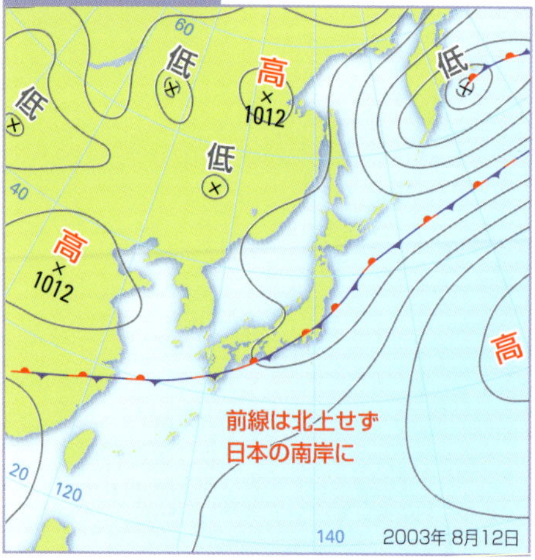

空梅雨の天気図

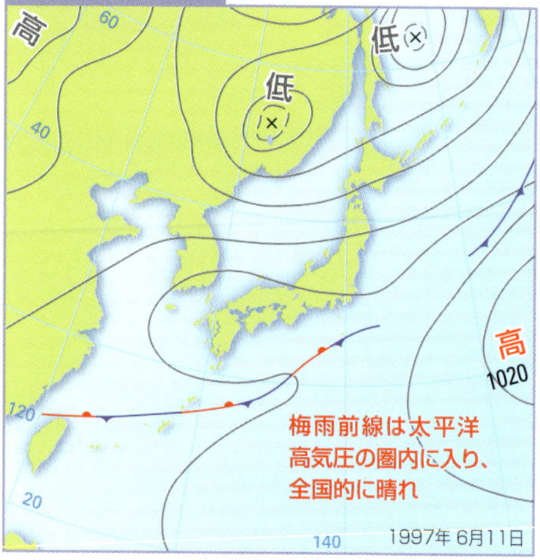

文学のなかの気象②
『おくのほそ道《みち》』にみる梅雨《つゆ》の天《てん》気《き》

松尾芭蕉《まつおばしょう》の紀行『おくのほそ道』には、旅程とともに移ろいゆく季節の様子が巧《たく》みに詠《よ》み込まれている。前半の、東北地方の旅で詠まれた句には、典型的な梅雨の気象があらわされている。

①風流の初《はじめ》やおくの田植《たうえ》うた

4月20日～21日（6月7日～8日）白河

白河の関を越え、陸奥（みちのく）の地に一歩踏み入れたのは6月初頭。東北地方がそろそろ梅雨入りをむかえる時期で、白河でも梅雨をあてにした農作業が始まっていた。

②笠嶋《かさじま》はいづこさ月のぬかり道

5月4日（6月20日）笠嶋

6月中旬は東北地方の梅雨入りの時期。芭蕉も笠嶋で雨にあったようだ。道がぬかるみ、歩くのがつらくなっている。

③夏草や兵共《つわものども》が夢の跡

5月13日（6月29日）高館

この句が詠まれたのは梅雨の最盛期にあたる時期。梅雨の中休みのちょっとした晴れ間に詠まれたのであろう。むしむしした暑さが伝わってくるようだ。

④さみだれをあつめて早し最上川《もがみがわ》

5月28日～6月2日（7月14日～18日）大石田

7月中旬は梅雨末期の大雨が降りやすい時期。大石田のあたりも梅雨の大雨に襲われたのだろうか、最上川は雨で水がみなぎっていた。

⑤暑き日を海に入れたり最上川《もがみがわ》

6月10日～14日（7月26日～30日）酒田

7月下旬は東北地方の梅雨明けの時期。酒田も梅雨が明けていたのだろうか、夏空が広がる様子が詠まれている。

おくのほそ道行程
① 句を詠んだ場所
各句に付した日付は、芭蕉がその句を詠んだ地にいた期間（旧暦）。（ ）内は該当する新暦。

夏山登山

変化の激しい山岳気象の特徴

　高気圧におおわれ、低気圧の通過が少ない安定した日が続く梅雨明け直後は、登山に適している季節だ。地上がうだるような蒸し暑さでも、山の稜線《りょうせん》まで登れば、そこはすがすがしい別世界である。

　夏山といえども山の天気は変わりやすい。日射で暖まった空気は上昇気流を起こし雷雲の発生をうながす。また、台風などの接近を知らずに登山することのないように、気象状況をよく把握《はあく》しておこう。

梅雨が明け、太平洋高気圧におおわれた北アルプス白馬岳《しろうまだけ》。青空が広がり、空気中の水蒸気も少ないため、遠く槍ヶ岳《やりがたけ》、穂高岳《ほたかだけ》もはっきり見える。

下左の写真は、午後さかんにわいてきた雷雲。切れ間をぬって避難している登山者。北アルプス薬師岳《やくしだけ》。

下右の写真は、高層雲が広がり高曇りとなっている。登山には都合がよいが、台風の接近を知らせる雲であった。北アルプス野口五郎岳《のぐちごろうだけ》付近。

●山の気温・山の気象

対流圏《たいりゅうけん》（➡P.37）では、1000m高度が上昇するごとに約6.5℃気温が低下する。2000mの山の山頂では、地上が30℃の猛暑でも、17℃の快適な気温、3000mならば約10℃という寒さである。また、夏季以外では、緯度が低いところでも当然氷点下となる。

山の天気の変化は、地上とは異なる。例えば、梅雨明けしても、東北地方に前線が残っている場合、中部山岳地方では雨などの悪天候が続くことが多い。また、低気圧の通過後、地上で風が弱まっても、山岳では依然として強風が吹き荒れていることも多い。

●夏山の天候の変化

夏山で怖いのは、午後になると毎日のように発生する雷雨。強い日射で熱せられた斜面から上昇気流が発生し、積乱雲《せきらんうん》が発達するためだ。稜線《りょうせん》などで雷雨に遭遇《そうぐう》するのは大変危険なので、午後の早いうちに目的地へ到着するように行動計画を立てることが大事だ。

また、低気圧が接近した場合、平地よりも早く温暖前線の前線面が通過し、気温が上昇し始めることがある。低気圧接近のサインであると考えるとよい。

天候が崩れた場合、風上側の斜面と風下側の斜面では異なった天気の様相になる。風上側では斜面に沿って上昇気流ができるので、雨は激しくなり、風下側では下降気流で雲が消散し、雨が少なくなる傾向がある。

●山谷風《やまたにかぜ》

山岳地方では、日中から夕方にかけて、平野から山へと谷筋を上る谷風、夜間から早朝にかけて、逆に谷を下る山風が吹く。

夏山でこのパターンが崩れたときは、低気圧の接近など、風向きを変化させる何か別の原因があることを表し、天気変化のサインであるといわれる。（➡P.114）

●気温が低く風の強い山岳の気象

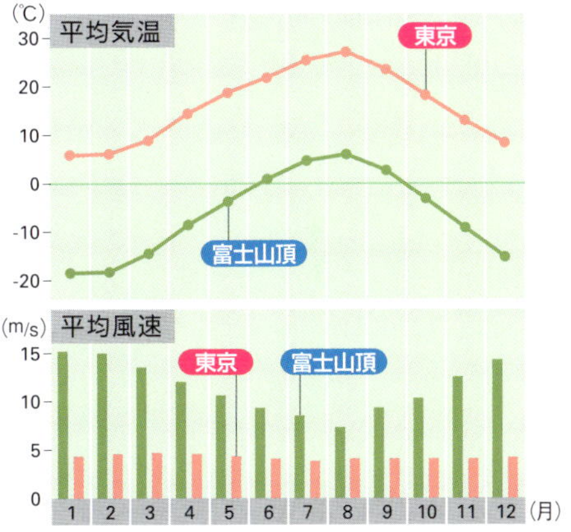

地表との摩擦が少なく、上空の強い風を受けることになる。

●ブロッケン現象

「ブロッケンの妖怪」ともよばれる現象で、ドイツのブロッケン山で観測されたのが名前の由来である。

霧に包まれた山頂に太陽を背にして立ったとき、前方の霧に自分の影が巨人のように大きく映る。また、影の頭のまわりに色づいた光の輪ができ、神秘的な現象のように見える。

日本でも古くから注目され、ご来迎《らいごう》、仏《ほとけ》の御光《ごこう》と称され尊ばれてきた。

気象歳時記　梅雨

暦《こよみ》のうえでは、立春《りっしゅん》から135日目の6月11日頃を「入梅《にゅうばい》」とし、その後およそ30日間を「梅雨《つゆ》」という。ただし実際には6月初旬から梅雨前線《ばいうぜんせん》は北上し始め、各地にじめじめした霖雨《りんう》をもたらし、7月中旬から後半まで続くことが多い。

黒《く》南《は》風《え》

黒《くろ》南《は》風《え》の辻《つじ》いづくにも魚《うお》匂《にお》ひ

能《の》村《むら》登《と》四《し》郎《ろう》

梅雨の初めに吹く、湿った南風を黒南風という。「南風」を「はえ」と読むのは、沖縄地方で南の方位をさす方言から出たものらしく、おもに西日本一帯で南よりの風を「はえ」または「はい」と言う。

梅雨が明けて、夏型の気圧配置となってからは単に「南《は》風《え》」または「南風《なんぷう》」となるが、梅雨期は雨雲が垂《た》れ込めて暗く陰鬱《いんうつ》な感じがするので黒南風という。梅雨明け後の、明るくそよそよと吹く南風は「白《しら》南《は》風《え》」ともいう。

梅雨の季語

季節感や美意識など、日本人のこまやかな感情を短い文言の中に凝縮したものが季語だ。俳句の世界では、季節感をやや先取りするくらいの感覚で詠《よ》むのがよいとされる。

梅雨《ばいう》　梅雨《つゆ》

梅の実が熟する頃に降るため梅雨《ばいう》とよばれるとも、黴《かび》の生じやすい気候から「黴雨《ばいう》」とよぶともいう。やや早い時期の5月末頃にこの現象の先触れがあるのを「走《はし》り梅雨《づゆ》」という。

荒梅雨《あらづゆ》や山家《さんか》の煙《けむり》這《は》ひまはる　普羅《ふら》

梅雨晴《つゆばれ》　梅雨晴間《つゆはれま》

梅雨に入ってから一時晴れることがある。これを気象では梅雨の中休みといい、俳句では「梅雨晴」「梅雨晴間」という。ほっと一息つけるので、歓迎される。

咲きのぼる梅雨の晴間の葵《あおい》哉《かな》　成美《せいび》

五月雨《さみだれ》　五月雨《さつきあめ》　さみだる

陰暦5月（陽暦6月頃）に降る長雨。『古今集』以来の雅語《がご》で、漢語の梅雨とほぼ同じ。五月の「さ」と水垂《みだ》れを結んだ意といわれる。

さみだれや大河を前に家二軒　蕪村《ぶそん》

出水《でみず》　梅雨出水《つゆでみず》　夏出水《なつでみず》

梅雨末期の6月末から7月上旬の頃に集中豪雨が降ることがある。河川が氾濫《はんらん》し家屋や田畑などに被害を与える。出水は台風が襲来する秋にも多いが、それは「秋出水《あきでみず》」といって区別する。

焚火《たきび》して堤《つつみ》守るや梅雨出水　月斗《げっと》

卯《う》の花腐《はなくた》し

陰暦4月「卯月《うづき》」、陽暦で5月の頃に降り続く陰鬱《いんうつ》な長雨をいう。卯の花を腐らせるほどの雨からこうよばれたのだろう。「卯《う》の花降《はなくだ》し」とも。卯の花は、各地に野生するユキノシタ科の落葉低木でウツギの別名。5、6月頃、雪のように白い鐘状の小花をつける。

谷川に卯の花腐しほとばしる　虚子《きょし》

五月闇《さつきやみ》　梅雨闇《つゆやみ》

梅雨の頃の暗さをいう。梅雨の暗雲が垂《た》れ込め、木々も茂りを深くするため、昼間でも薄暗い。夜はなおさらである。昼の暗さにもいうが、夜の暗さをいう場合が多い。

梅の落つる音のするなり五月闇　蝶夢《ちょうむ》

観天望気～天気のことわざ

「臭《にお》いがひどくなると雨が降る」

雨をもたらす低気圧の接近時には、南から暖かい空気が流れ込み、気温が上がることが多い。気温が上がると、動植物の遺がいなどが発酵《はっこう》し、臭いも強くなる。

また低気圧が近づくと風向きも変わり、通常は臭わない臭いが届くこともある。いつもの場所でいつもと違う臭いを感じたときは、低気圧が近づいていることが多い。

「セミが鳴くと梅雨が明ける」

日本には約30種のセミがいる。そのうちニイニイゼミは、梅雨の中頃から終わり頃に、アブラゼミやクマゼミは梅雨明けとほぼ同じくらいに鳴き始める。したがって、ニイニイゼミ（チーッと鳴く）の声が聞こえたら梅雨明けは近い、アブラゼミ（ジージリジリジリ）やクマゼミ（シャアシャアシャア）の声が聞こえたら梅雨はほぼ明けたと考えてよいだろう。

文学のなかの気象③

『万葉集《まんようしゅう》』に詠《よ》まれた雲《くも》と雪《ゆき》

奈良《なら》時代(8世紀後半)に成立した『万葉集』、その歌の中に「雲」を詠み込んだ歌は、なんと119首も見出すことができる。そこには、天をおおう雲や雪に大きな関心をもっていた万葉《まんよう》人《びと》の様子がうかがえる。

わたつみの豊旗雲《とよはたくも》に入日《いりひ》見し
今夜《こよひ》の月夜《つくよ》さやけかりこそ
中大兄皇子《なかのおおえのおうじ》

「豊旗雲」とは、雲を称えた美しい表現である。古代の「旗」は、現在の国旗のような形ではなく、いわゆる「幟《のぼり》」に近い。「豊」にこめた雄大さを考慮すれば、今日の層積雲《そうせきうん》を指しているとも推測される。12世紀の注釈書では「瑞雲《ずいうん》」つまり、めでたいことが起こる予兆と説明する。歌意は「海原の上に大きくはためく雲を見たのだから、今夜の月は清く明るく照り輝いて欲しい」となるだろうか。

さらにこの〈明るい月夜〉を出航の好機と解釈すれば、作者は良い船出を期待し、安らかな航海を祈念して詠んだとも考えられよう。もしそうならば、「白村江《はくすきのえ》の戦い」で敗戦する663年の出征(百済《くだら》救済のために2万以上の大軍を派遣)が想起されるが、この歌が外征に関わるかどうかは不明である。

熟田津《にきたつ》に船乗《ふなの》りせむと月待てば
潮《しほ》もかなひぬ今は漕《こ》ぎ出《い》でな
額田王《ぬかたのおおきみ》

この歌は、朝鮮半島への出征を控えた伊予《いよの》国《くに》熟田津における叙景歌《じょけいか》として知られている。「船出のため月の出を待っていたら、月はもちろん潮も都合よく満ちてきた。さあ漕ぎ出そう」と、出航の写実とともに、勇み立つ気分も伝える。さらに、月の満ち欠けが、潮の干満に影響するという気象知識の介在をも類推させてくれる。

額田王は、斉明《さいめい》天皇に仕えた女性。天智《てんじ》天皇の弟・大海人皇子《おおあまのおうじ》(のちの天武《てんむ》天皇)との間に十市皇女《といちのひめみこ》を産んだ。その後、天智天皇の後宮《こうきゅう》に入ったとされ、残された歌などから兄・弟の愛に挟まれた才媛《さいえん》という伝承もある。

我《わ》が里に大雪降れり大原《おおはら》の
古《ふ》りにし里に降らまくは後《のち》
天武《てんむ》天皇

「我が里」は飛鳥清御原宮《あすかのきよみはらのみや》。「大原」は明日香《あすか》村小原の地。平均気温が今とは異なるとはいえ、同地の「大雪」とは想像もつかない(20世紀以降の積雪最深記録は奈良市で21㎝)。だが、里帰りした夫人に、一緒に雪を見たかったと伝えた心情は、よく伝わってくる。

万葉人は(平安貴族ほどでないまでも)近畿地方の都市住人が大多数で、雪はまず見て喜ぶ対象だったのである。喜びはやがて、めでたい出来事を祝う象徴へ高められていった。

新《あらた》しき年の初めの初春《はつはる》の
今日《けふ》降る雪のいやしけ吉事《よごと》
大伴家持《おおとものやかもち》

正月の雪を豊年という「吉事」のしるしと称えた歌である。家持は『万葉集』の編纂《へんさん》者。この大歌集が後世に長く伝わる願いを込め、全巻を飾る最後に祝宴の自賛歌を配した、とされている。

※引用歌の読みは『新編日本古典文学全集』(小学館)による。

夏の章

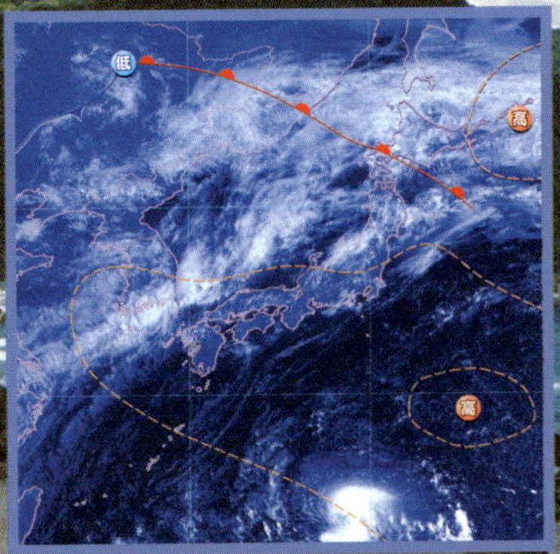

「鯨《くじら》の尾《お》型」となり、猛暑となった日の衛星画像（➡P.90）と天気図（➡P.91）

二《に》十《じゅう》四《し》節《せっ》気《き》と夏《なつ》の気《き》象《しょう》

二十四節気 ／ **雑節**

(暦《こよみ》のうえで1年を24分し季節を示した言葉)　(二十四節気以外で季節の変化のめやすとする日)

6月

6日頃　芒《ぼう》種《しゅ》

稲や麦など、芒《ぼう》(穂先のとがった部分)をもつ穀物の種をまく時期。昔の田植えは、現在よりやや遅いこの時期だった。西日本から梅雨入りし始める頃。

11日頃　入《にゅう》梅《ばい》

梅雨に入る日。もちろん実際の梅雨入りは年によって異同があるが、およそこの頃から雨期に入ることを農家に注意を促すために暦に記される。

22日頃　夏《げ》至《し》

太陽がもっとも北に寄り、北半球ではもっとも昼が長く、夜が短い日。冬至に比べて約4時間も差がある。しかし日本の大部分は梅雨の時期であり天候不順なため、あまり実感はされない。

7月

2日頃　半《はん》夏《げ》生《しょう》

ドクダミ科で臭気のある「半夏《はんげ》」(別名カタシログサ)が生え、梅雨も明ける頃で、この日までに田植えが終わらないと「半夏半作《はんげはんさく》」といって収穫が半減するといわれる。

7日頃　小《しょう》暑《しょ》

梅雨明けが近く、本格的な夏の暑さを感じる頃。また梅雨末期の集中豪雨の時期でもある。この日から大暑までの1か月が「暑中《しょちゅう》」で、暑中見舞いも出されるようになる。

20日頃　夏《なつ》土《ど》用《よう》

「土用」は古代中国の五行に基づき各季節にあてられたが、今日では夏土用のみが用いられている。気象のうえではようやく夏の盛りとなり、雷雨の発生も多い。台風の影響も受けやすくなる頃で、遠い海上にある台風から発生したうねりを「土用波」という。

23日頃　大《たい》暑《しょ》

1年でもっとも暑い日。しかし実際には少し後の8月上旬頃が、もっとも暑い。ほとんどの地方で梅雨が明ける頃。夏土用の期間中でもあり、夏バテをしないよう「土用《どよう》の丑《うし》の日」に鰻《うなぎ》を食べようという風習がある。

8月

8日頃　立《りっ》秋《しゅう》

暦のうえでは秋の始まる日。実際は暑い盛りだが、しだいに日も短くなり、朝夕の風には秋の気配。立秋以後の暑さを「残暑」という。

23日頃　処《しょ》暑《しょ》

暑さが止むという意味。昼間はまだ暑い日が続くが、朝夕はしのぎやすくなり、日脚の短くなったことを感じる。この頃の日本は台風来襲の特異日《とくいび》にあたっており、暴風や大雨に見舞われることも少なくない。

夏は日が長く、もっとも暑い盛りに作物が育つ季節。暦《こよみ》では梅雨の雨や、台風の影響にも注意を促している。「二《に》十《じゅう》四《し》節《せっ》気《き》」は中国で生まれた季節のめやすで、1年を24分し、それぞれの季節にふさわしい名がつけられた。

天気のめやす

4日　◉四国梅雨入り
5日　◉九州北部梅雨入り
6日　◉中国・近畿梅雨入り
8日　◉東海・関東甲信梅雨入り
10日　◉北陸・東北南部梅雨入り
11日　◉沖縄リュウキュウアブラゼミ初鳴《しょめい》
12日　◉東北北部梅雨入り

23日　◉沖縄梅雨明け
25日　◉新潟ホタル初見《しょけん》
28日　全国的に梅雨で雨が降りやすい
30日　◉仙台アジサイ開花

3日　◉仙台ホタル初見

10日　◉福岡アブラゼミ初鳴
沖縄以外で梅雨末期の大雨が多い
13日　◉九州南部梅雨明け
15日　◉新潟アブラゼミ初鳴
17日　◉四国梅雨明け
18日　◉九州北部梅雨明け
19日　◉近畿梅雨明け／大阪アブラゼミ初鳴
20日　◉中国・東海・関東甲信梅雨明け

22日　◉北陸梅雨明け
23日　◉東北南部梅雨明け
／仙台アブラゼミ初鳴
25日　◉札幌アブラゼミ初鳴
27日　◉東北北部梅雨明け
／東京アブラゼミ初鳴

8日　オホーツク海高気圧の影響で涼しくなる
10日　太平洋側は盛夏型で晴れやすい
19日　◉仙台ススキ開花

25日　太平洋高気圧が後退。東・北日本で涼しくなりやすい
29日　◉新潟ススキ開花

気象・天気図の特徴

蒸し暑い日本の夏（7〜8月）

太平洋高気圧におおわれ、1年でもっとも気温が高く、晴天が持続する。

P.90

夏から秋は台風の季節（8〜9月）

台風の発生率、上陸数のもっとも多いのが8月である。

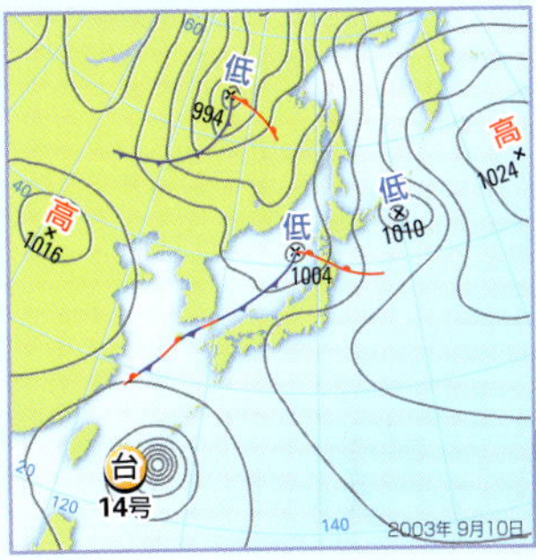

P.116

■二十四節気・雑節について　「二十四節気」とともに「雑節」も色を変えて示した。雑節は、より細かな季節の変化をつかむために日本でつくられた。

■天気のめやすについて　季節ごとの特異日《とくいび》（統計的に、ある気象状態が前後の日に比べてとくに多くあらわれやすい日）を示した。また◉で示したものは、季節変化のめやすとなる事象を毎年の平均日で示している。気象庁資料、気象年鑑より。

盛《せい》夏《か》

梅雨が明けると、日本は太平洋高気圧におおわれ、蒸し暑い「日本の夏」がやってくる

夏といえば梅雨明け後の「盛夏」をさすことが多い。日本の夏は暑い。夏の気候を支配するのは、海洋性の高温・多湿な太平洋高気圧である。

特に、気圧配置が「鯨《くじら》の尾《お》型」とよばれる形になったときは、猛暑を覚悟しなければならない。北日本を除いて全国的に、気温だけでなく湿度も高く、風の弱い、うだるような暑さが続くことになる。

130E
140E
低
1012hPa
高
鯨の尾型
太平洋高気圧の西の端が朝鮮半島付近にまで張り出して、鯨の尾のような形になった気圧配置。
北海道は、前線の影響で、南部を中心に雨となった。
40N
上空に寒気が入らない間は、雷雲も発達しにくく、好天（炎天）が続く。
岐阜県多治見市《たじみ》
最高気温 38.2℃
群馬県館林市《たてばやし》
最高気温 38.0℃
30N
高
1016hPa
1012hPa

盛夏（鯨の尾型）の衛星画像
2002年 7月31日

衛星画像(P.90)の天気図

この日の天気の特徴

■日本列島は「鯨の尾型」となった太平洋高気圧におおわれ晴天。西日本を中心に猛暑となり、岐阜県多治見市では38.2℃になった。

●夏日《なつび》と真夏日《まなつび》

夏日…1日の最高気温が25℃以上になる日を夏日という。

真夏日…1日の最高気温が30℃以上になる日を真夏日という。その年にあった真夏日の日数は、夏の暑さのめやすである。

●夏の気圧配置

梅雨明け後、夏の日本付近は、太平洋高気圧におおわれ、南高北低《なんこうほくてい》型の気圧配置になる。太平洋高気圧が発達すると、朝鮮半島の付近にまで張り出したり、小さい高気圧をともなったりするようになる。このとき、等圧線の形が鯨の尾のような形になっていることから、「鯨の尾型」とよばれる。

夏の太平洋高気圧は、冬に大陸で発生する高気圧と違って非常に背が高く、はるか上空にまで渡って気圧が高く安定している。太平洋高気圧に大きくおおわれると、日本付近を低気圧が通過することが少なく、好天が続く。

太平洋高気圧は、ほぼ1週間から10日程度で、勢力を強めたり弱めたりと変化している。太平洋高気圧の勢力が弱まると、低気圧が通過して天候が崩れやすくなる。また、夕立が多くなるが、これは北から上空に寒気《かんき》が入って大気が不安定になるためである。強い日射による空気の対流でできた積雲《せきうん》が、非常に発達して雷雲（積乱雲《せきらんうん》）が発生するのである。

一方、北日本は、オホーツク海に中心をもつ高気圧におおわれているので、太平洋高気圧におおわれた地方とは明らかにことなる天候になる。気温は低めでさわやかな青空の広がる気候となるので、避暑に訪れる人が多い。

●各地の真夏日日数（1971〜2000年の平均値）

	札幌	仙台	新潟	東京	名古屋	大阪	高松	福岡	鹿児島	那覇
6月	0	0	0	0	0	0	0	0	0	10
7月	0	0	7	9	19	25	23	22	28	31
8月	0	0	22	31	31	31	31	31	31	31
9月	0	0	0	0	6	9	4	3	15	16
10月	0	0	0	0	0	0	0	0	0	0
年間	0	0	29	40	56	65	58	56	74	88

●暑さの指標

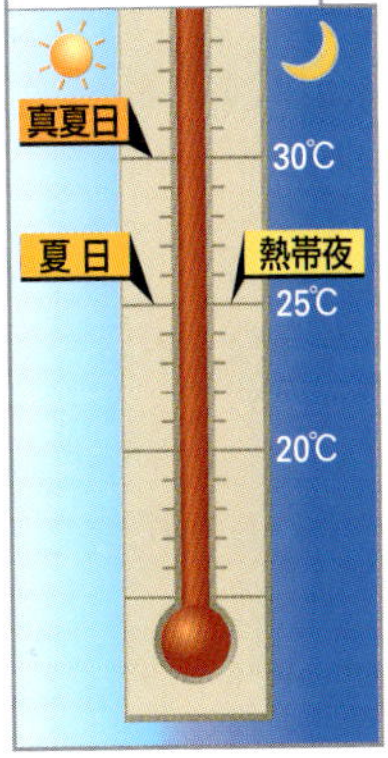

熱《ねっ》帯《たい》夜《や》

夜になっても気温が下がらず、最低気温が25℃以上の夜をいう

熱帯夜は都市化と関連が深い。50年ほど前は、東京の熱帯夜は一夏に7日くらいだったが、近年では40日を超えたこともある。

都市では、土の地面や森林が少ないので蒸発散《じょうはっさん》による冷却が少なく、また、日射で熱せられたコンクリートなどが夜間、熱を発したり、エアコンの排熱が出されたりして、夜でも気温が下がりにくいことが原因だ。

●熱帯夜の年間平均日数

暑く寝苦しい熱帯夜の日数は、暑さを示す指標となる。低緯度の地方に多いのはもちろんだが、他にも風の弱い盆地や、ヒートアイランド現象（➡P.94）の影響がみられる大都市での熱帯夜が多くなっている。

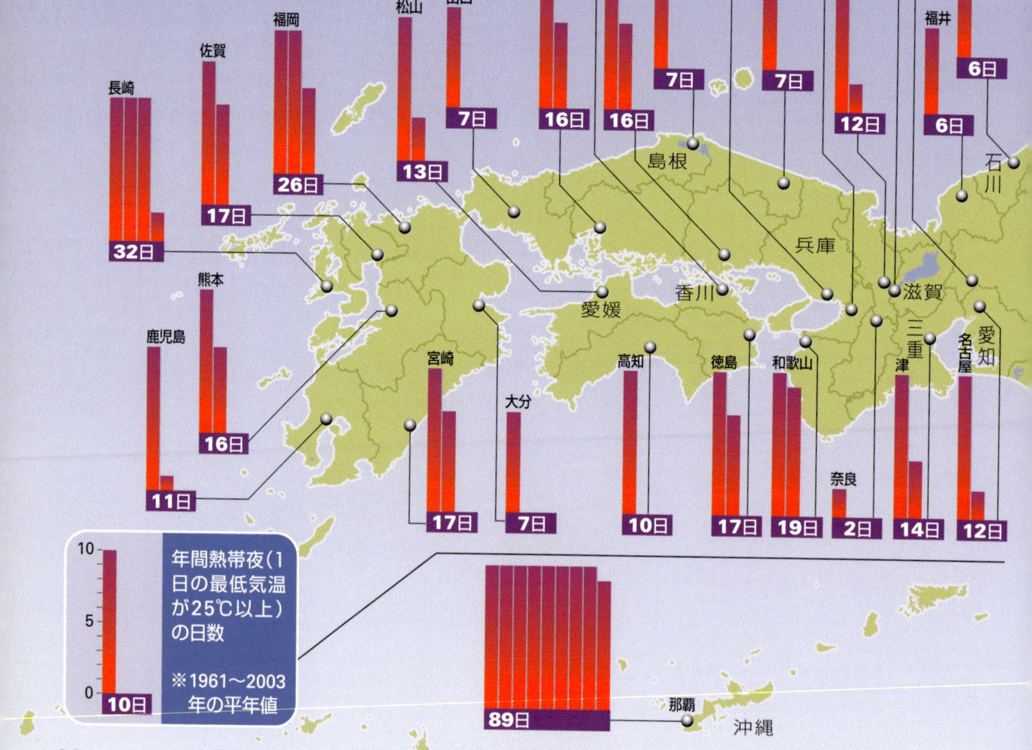

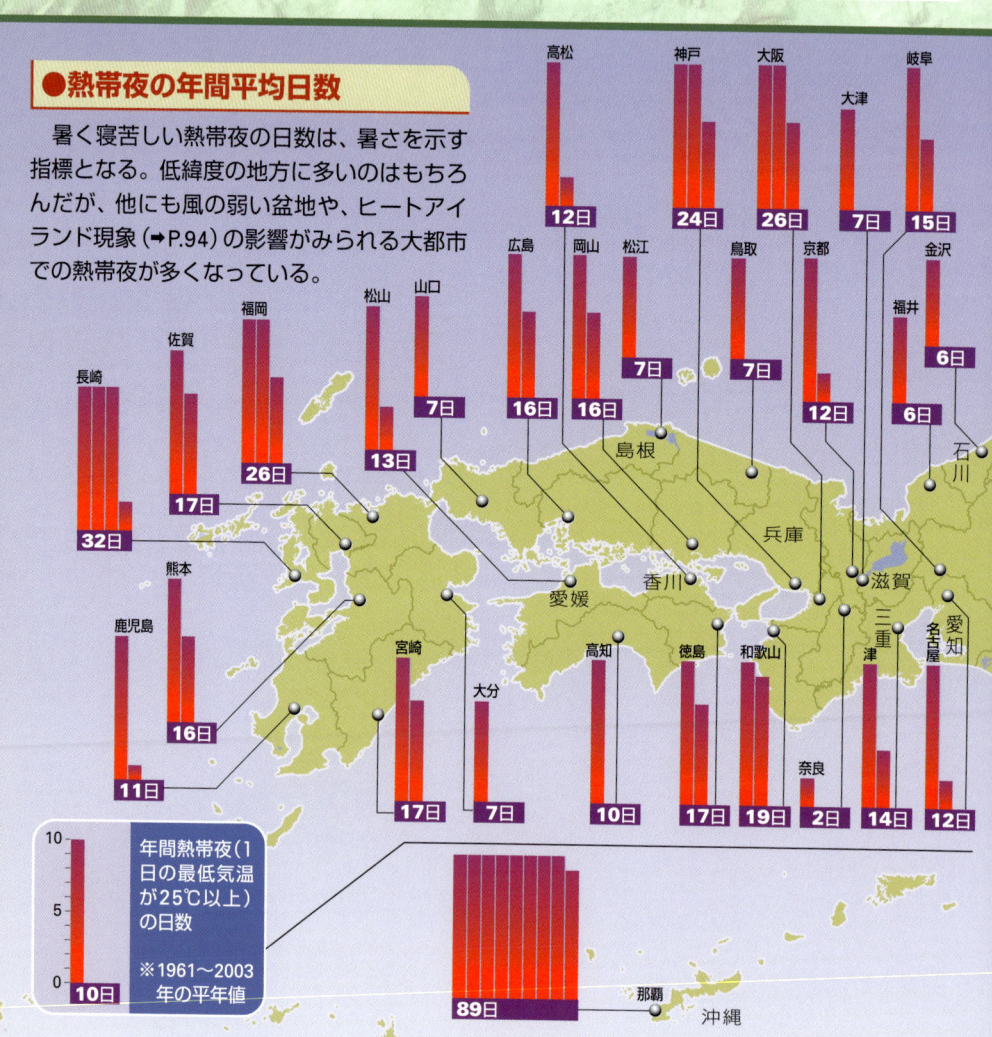

●体感温度と不快指数

同じ25℃を超える気温でも、直射日光があたったり湿度が高かったりすれば暑く感じられるし、風が強ければ涼しく感じられる。人間が感じる暑さや寒さの温熱感覚のことを「体感温度」という。

夏の蒸し暑さを表す指数としてよく使われる不快指数は、体感温度を表す指数の一つである。これは、気温と湿度から求められ、70以上だと小数の人だけが、75以上だと半数以上の人が、80以上だと全員が不快に感じることを表す。

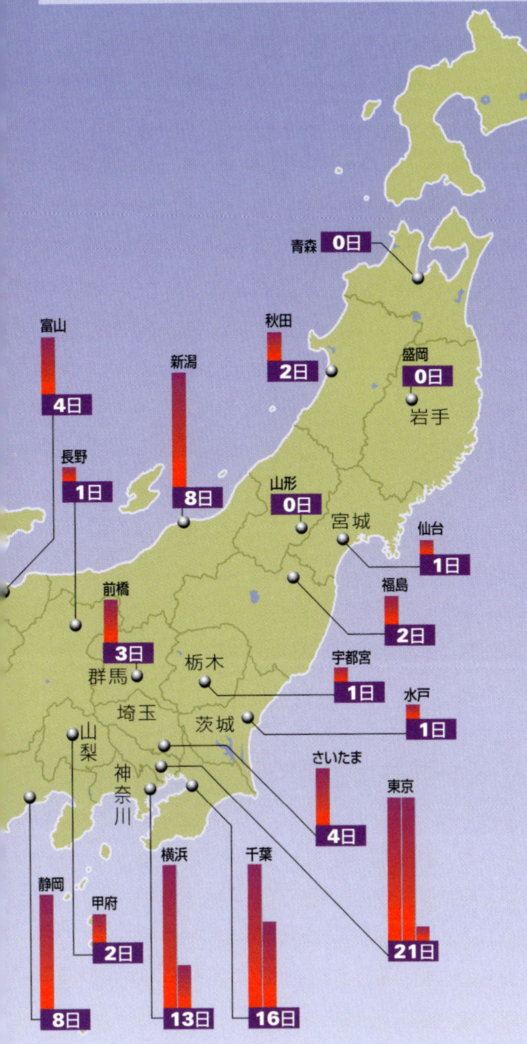

●盆地の気候

盆地では風が弱く、夏の蒸し暑さは格段と増す。例えば京都（盆地）での平均風速は、東京での半分程度である。1日の最高気温も東京より2℃高い。逆に冬は冷気がたまりやすいため寒く、寒暖の差が激しい。

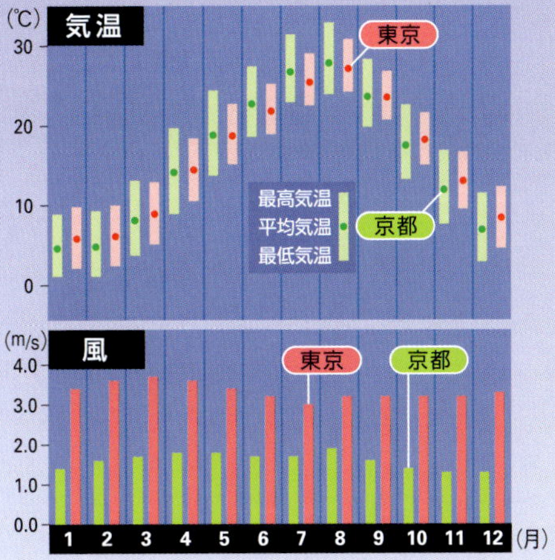

ヒートアイランド

都心部の気温が、郊外に比べて高くなる現象

まるで一つの島が浮かぶように、都心部が高温地区となる現象は、ヒートアイランド現象とよばれる。オフィスのエアコンや自動車による人工的な排熱の多さ、コンクリートの建物と舗《ほ》装《そう》された道路で地表面のほとんどがおおわれていることなどが、その原因となっている。

●ヒートアイランド現象の例～東京周辺の1日の気温変化（平均気温分布）

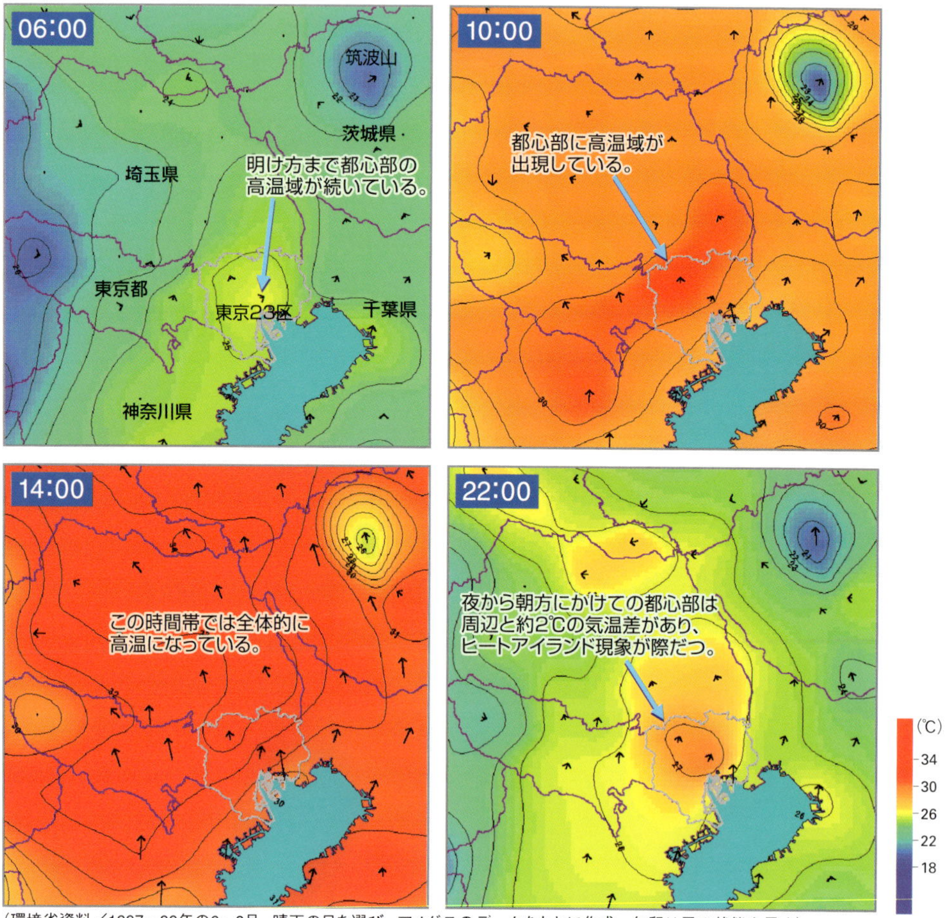

（環境省資料／1997～99年の6～9月、晴天の日を選び、アメダスのデータをもとに作成。矢印は風の状態を示す）

●ヒートアイランド現象の実態

大都市の年平均気温はここ100年で2～3℃上昇し、30℃以上の高温にさらされる時間も増加している。また、ヒートアイランド現象は、東京などの大都市だけでなく、仙台など地方の都市でも確認されている。

ヒートアイランド現象の高温域は、必ずしも人工排熱が多いところに出現するとは限らない。海陸風《かいりくふう》(➡P.114)など地域スケールの気象現象に影響を受けたり、河川や緑地の配置によっても影響を受けたりする。また、高温域が、人工排熱の多い都心から風下方向に移動する現象がしばしば観測されている。

●東京における人工排熱の熱量分布（環境省資料より）

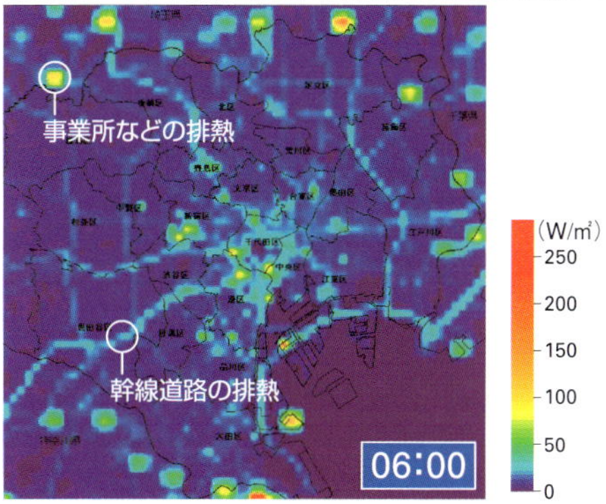

朝でも幹線道路からの自動車排熱や、24時間稼働の事業所による排熱が目立つ。(W/㎡)は放射熱量をあらわす単位。

●ヒートアイランド現象が起こる原因

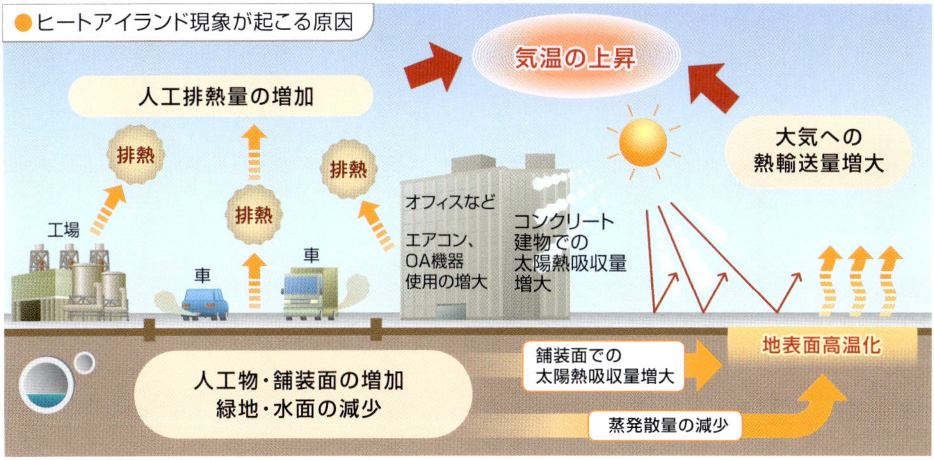

●緑地化によるヒートアイランド対策

樹木などによる緑地は蒸散《じょうさん》を行うため、ヒートアイランド現象を緩和《かんわ》するはたらきがあることがわかっている。

公園や街路樹による緑化だけでなく、建物の屋上や壁面の緑化なども効果がある。日射による建物の過熱を緩和し、エアコンの使用を低減させ、建物からの人工排熱を減少させるからだ。

東京都港区の「六本木ヒルズ」には、屋上に水田などの緑地のあるビルがある。東京都では大規模ビルの屋上緑化を、条例で義務づけている。

雷と夕立

夏につきものの夕立と雷は発達した積乱雲《せきらんうん》がもたらす

午前中から発生していた積雲《せきうん》が午後になって急に成長し、数十分の間に圏界面《けんかいめん》(➡P.37)のある10Kmを超えるほどの高さの、雲頂がかなとこ状になった積乱雲となる。じっと空をながめていると、一気に成長するその姿を目撃することも可能だろう。こうなれば、立派な雷雲の誕生だ。発達した積乱雲の通り道では夕立に見舞われることになる。

夜空を切り裂くように走る稲妻。雷の電気は約1億ボルトといわれており、大量の電気がわずか100分の1秒の間に空気中を流れる。(撮影地:アメリカ、アリゾナ州)

●稲妻《いなづま》とは？

稲妻は、電流による現象であることはよく知られている。フランクリンが雷雲の中に凧《たこ》をあげる実験をしてその正体をつきとめる(1752年)以前には、多くの人が同様の実験で命を落としたという。

稲妻は、最初雷雲から「先《せん》駆《く》放電《ほうでん》」とよばれる火の玉が何度も落ちてきて、同じ道をたどるようにして次第に地上に近づいていくことから始まる。ついに火の玉が地上に達すると、大きな電流が流れる道筋ができて、地上から雲に向かって立ち上るように大きな電光が走る。これは、超高速度撮影による研究からわかった落雷のプロセスである。

●雷の種類

熱雷《ねつらい》…強い日射で発生した地表からの上昇気流によって起こる。強い日射だけでなく、上空に寒気《かんき》があると発生しやすい。

界雷《かいらい》…寒冷前線（➡P.20）で、寒気が暖気《だんき》を押し上げることによって起こる。

転倒雷《てんとうらい》（不安定雷）…上空に入ってきた強い寒気が、入れ替わるように下層の暖気を押し上げて起こる。寒気が通り過ぎるまでに3日くらいかかることから「雷《かみなり》3日《か》」とよばれる。

渦雷《うずらい》…低気圧や台風内部の上昇気流によって起こる。

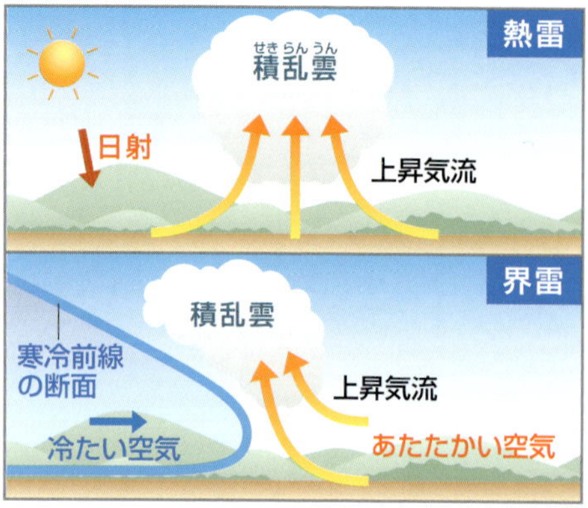

スペースシャトルから見た、発達した積乱雲の一群。雲頂でうすく横に広がっているのが「かなとこ雲」。対流圏の圏界面に達し、それ以上上昇できずに横へ広がっている。ブラジル南部。

Image courtesy of Earth Sciences and Image Analysis Laboratory, NASA Johnson Space Center.写真番号:STS41B-41-2347 日付:1984年2月

●雷の発生

積乱雲内の乱気流で、いろいろな大きさや温度の氷の粒子などがぶつかり合う。すると、それぞれの粒子がプラスやマイナスの静電気を帯びる。

プラスの静電気を帯びた小さい粒子が上昇気流で雲の上部に集められる。また、マイナスの電気を帯びた大きな粒子が落下して雲の下部に集められる。

雲の下部に帯電したマイナスの電気に誘導されて、地表はプラスに帯電。蓄積された電気は、やがて地表との間でも放電（稲妻）を引き起こす。

●雷雲の発達

積乱雲の中には、雲粒《くもつぶ》から雨粒になるまでの過程の、いろいろな種類の粒子がある。これらの粒子が乱気流によりぶつかり合うと、静電気を帯びる。プラスの電気を帯びた小さい粒子が上昇気流で雲の上部に集められ、マイナスの電気を帯びた大きな粒子が落下して雲の下部に集められる。すると、雲の上部がプラスに、雲の下部がマイナスに大きく帯電《たいでん》し、雷雲になると考えられている。

●雷の多いところベスト5

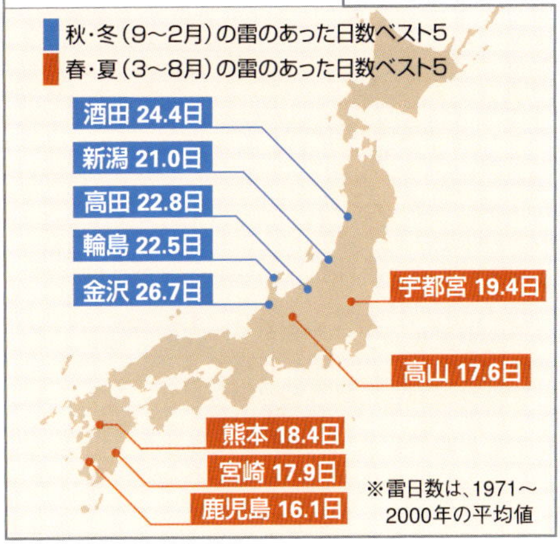

※雷日数は、1971～2000年の平均値

●「不安定な大気」の状態と積乱雲の発達

空気は、気圧が下がると温度が低下する性質がある。地表で暖められ軽くなって上昇し始めた空気のかたまりは、ある高さまで上昇すると、まわりの空気と同じ温度まで温度が低下する。すると、それ以上上昇することができなくなる。このときは、積雲はできても積乱雲になるまでは発達しにくいことも多い。

しかし、上空に寒気が入っていると、上昇しはじめた空気はいつまでもまわりの空気よりも暖かく軽いので、積乱雲は格段に発達しやすくなる。このように、上空に寒気が入った状態を「大気の状態が不安定」という。

●安定（左）と不安定（右）

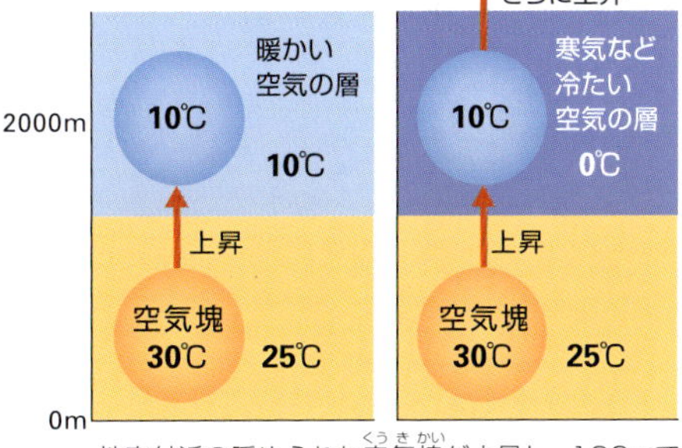

地表付近の暖められた空気塊《くうきかい》が上昇し、100mで1℃の温度低下をする。上空の気温によって、上昇が止まる場合は安定、続く場合は不安定になる。

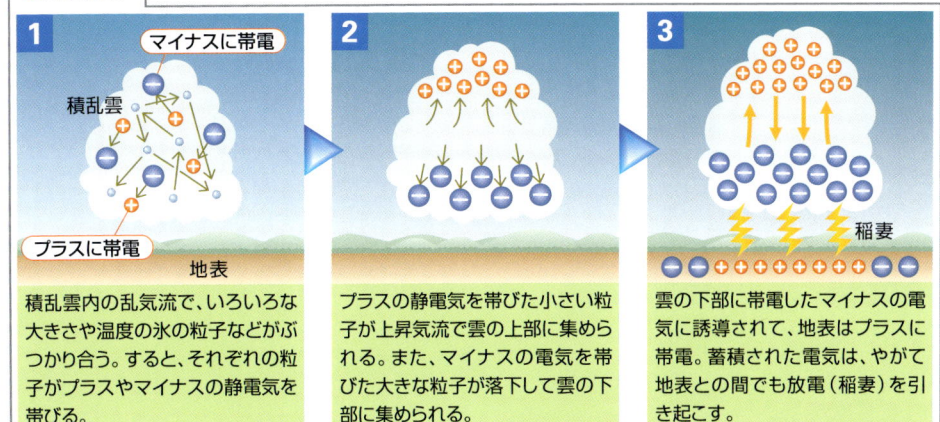

魚眼レンズでとらえた稲妻。稲妻の走った部分の空気は瞬時に熱せられて膨張する。いわば爆発である。

●雷からの避難のしかた

雷雲の発生の兆候《ちょうこう》がみられたら、早めに建物や自動車の中など安全な場所に避難することが大切だ。落雷事故は、雷鳴が聞こえるか聞こえないかという段階で発生している。やむをえず野外で避難するときは、窪《くぼ》地《ち》など低い場所を選び、姿勢をできるだけ低くする。

ゴム底靴などをはいていても落雷する。また、人体そのものにも落雷するので、金属類を外すことは効果がない。ただし、落雷を誘発するので、傘や釣《つ》り竿《ざお》など金属非金属にかかわらず頭上に掲《かか》げることは絶対に避ける。

雷は高いものに落雷しやすい。図のように、4m以上の木や建物のてっぺんを45度以上の角度で見上げる範囲に入れば、直撃されない。ただし、近寄りすぎると、樹木から人体へと二次的に落雷するのでかえって危険である。2m以上は離れるようにする。ただし、4m以下の高さの場合はかえって危険なので、遠ざかるようにしよう。

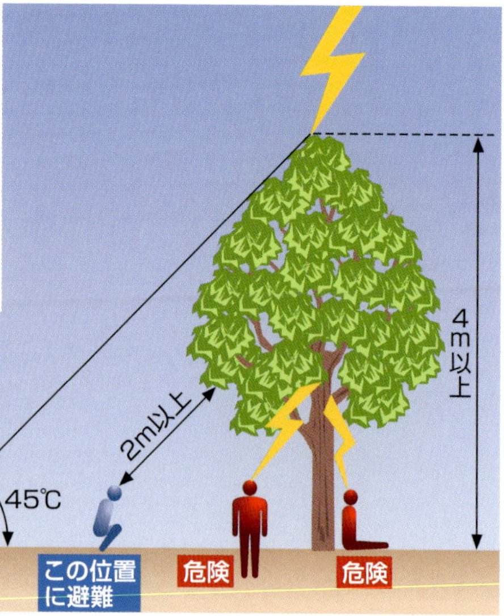

4m以上
2m以上
45℃
この位置に避難
危険
危険

自動車に落雷したとき、中の人は無傷ということがある。これは、電流が金属のボディーに流れて地面に抜けたためと考えられている。しかし絶対に安全というわけではない。

雹《ひょう》

雷雨とともに積乱雲《せきらんうん》から降ってくる大粒の氷のかたまり。初夏の午後に多い現象

積乱雲が発生すると、雨粒の元になる氷の粒がなかなか雲から落ちてこずに、大きく成長することがある。地表にバラバラと落ちてきた氷の粒の大きさが、直径5mm以上あるときを雹という。雹は、氷が降る現象であるにもかかわらず、冬ではなく初夏に多い。

普通は5〜10mmの大きさだが、ゴルフボール大になることもあり、大きな雹では、農作物・家屋への被害や、けが人が発生することもある。

●雹・霰《あられ》の成長

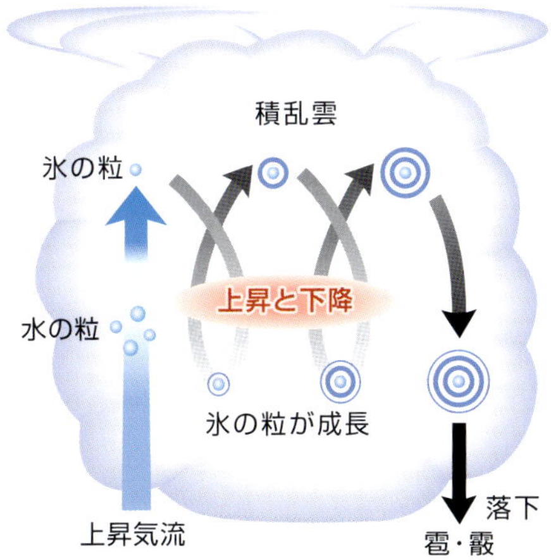

大人の指先ほどもある、雹のかたまり。埼玉県で、カボチャ大で重さ数キログラムもある雹が降った記録がある。

●「雹」と「霰《あられ》」のできかた

「雨のできかた（➡P.74）」の「冷たい雨」の項目で説明したように、雨雲の中では雨粒のもととなる氷の粒が成長する。発達した積乱雲の中では、非常に強い上昇気流があって、なかなか氷の粒が落下していかないため、氷の粒がどんどん大きく成長することがある。

地上に落ちてきたときに融《と》けていれば、大粒の雨になるが、融けずに落ちてきた場合は、直径5mm以下を「霰《あられ》」、5mm以上を「雹」という。

雹を降らせる積乱雲。

集《しゅう》中《ちゅう》豪《ごう》雨《う》②

都市化が原因で起こる水害、都市型水害

コンクリートなどでおおわれた都市では、田畑や森林など、一時的に貯水の役目をはたすものがないため、ほとんどの雨水が下水道や河川に流れ込む。このため、少ない雨量でも短時間に集中する雨が降ったとき、下水道などへ流れ込む水量が処理能力を超えてあふれ出し、道路が川のようになったり、地下街へ水が流れ込んだり、床上浸水を引き起こしたりしてしまう。このように都市化が原因で起こる水害を「都市型水害」という。

大雨によって増水した東京都の神田川《かんだがわ》。
1981年7月22日。

集中豪雨② 夏の章

● 都市型水害の背景

都市化前　雨水が土にしみ込んだり、水田に貯まったりするので、川が急に増水するのを緩和している。

発達した積乱雲などによる一時的な豪雨。

田畑　地面にしみ込む　木が吸い上げる　地下水

都市化後　雨水が建物の屋根や道路のアスファルトの上を流れ、一挙に下水道や川に流れ込み、増水させる。

舗装された道路　下水があふれる　建物の地下に流れ込む　コンクリートで固められた川底

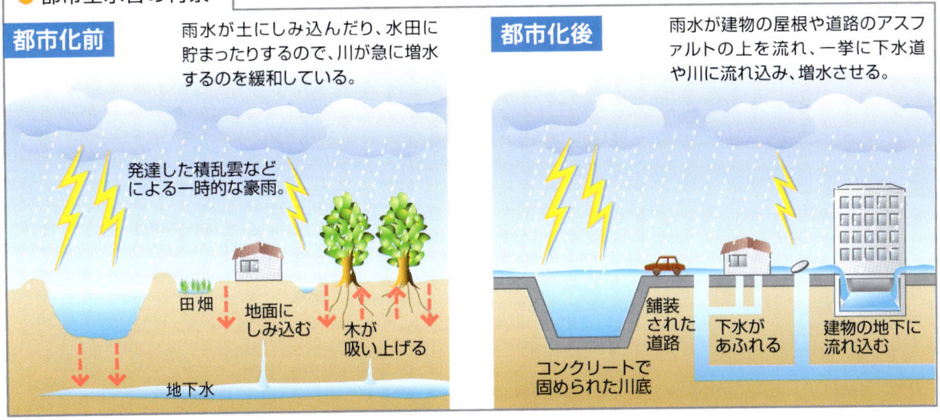

●増加する都市型水害の危険性

都市部は短時間に集中した雨に弱く、それに加えてヒートアイランド現象（➡P.94）によると考えられる集中豪雨が増えており、都市型水害の危険が増している。

近年、あふれた雨水で地下室が水没して、死亡者が出る災害もあった。地下室や地下街が水没して被災する危険性も、都市型水害の特徴の一つだ。

また水害により交通機関が麻痺《まひ》し、都市機能の停止が起こると、影響はさらに広がることになる。

● 局地的な豪雨の観測数

（か所）

年	1時間に100mm以上	1時間に75mm以上
1991		1
1992		
1993		1
1994	2	8
1995		3
1996		
1997		4
1998		6
1999	4	11
2000		5

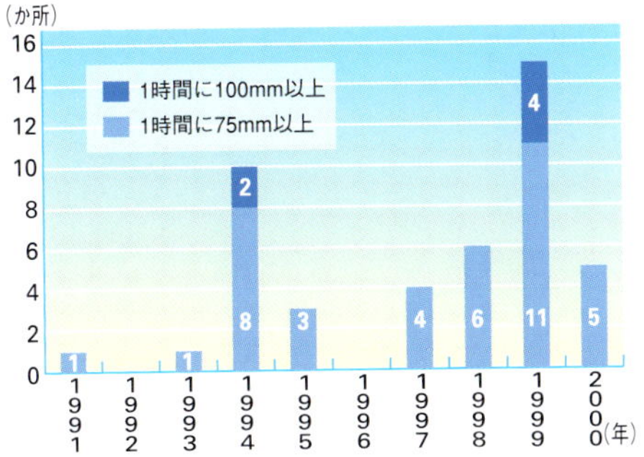

1991～2000年に、1時間75mm以上の雨量を観測したか所数（観測所116か所）。ヒートアイランド現象によるとみられる都市の集中豪雨が増えている。 （東京都建設局資料より）

●都市型水害に備える

増水時に、地下に設けられた貯水施設に水を貯めたり、河川のネットワーク化で局所的な集中豪雨の雨水を逃がしたりする対策が、行政によって進められている。

しかし、いまだ危険が取り除かれたわけではない。都市型水害の危険から身を守るため、以下のことに気をつけたい。

①日頃から備える

「浸水予想区域」を調べて、自分の住まいの危険度を知っておく。避難場所・経路、非常用品、家族との連絡方法を確認しておく。

②雨が降り出したら…

テレビ・ラジオ・インターネットで最新の気象情報を知り危険に備える。

③洪水の危険がわかったら…

家の中の荷物を高いところへ移動する。行政による避難の指示に従い、また、指示がなくても危険と感じたら早めに避難する。

④地下室や地下街の浸水に警戒する

地下空間がある場合は、地下への入り口を一段高くするなどの対策を講じておく。流れ込んだ水で扉が開かなくなったりするので、早めに避難する。地下空間にいるときは、外部の情報がわかりにくいので、気象情報に気をつけて、早めに避難する。

冷《れい》夏《か》と猛《もう》暑《しょ》

冷たい夏と、猛烈な暑さの夏は、隣り合わせ

農作物が育ち実る夏は、われわれの生活にとって大事な季節だ。ところが、この季節が典型的な盛夏にならずに「冷夏」や極端な「猛暑」になることも多く、これは異常気象とよばれる。

「冷夏」は大凶作をもたらし、農業への大打撃となる。一方「猛暑」のほうも、はやばやと梅雨が明けて日照りが続くと水不足が懸念《けねん》され、農業のみならず都市の生活にも給水制限などの打撃を与えることとなる。

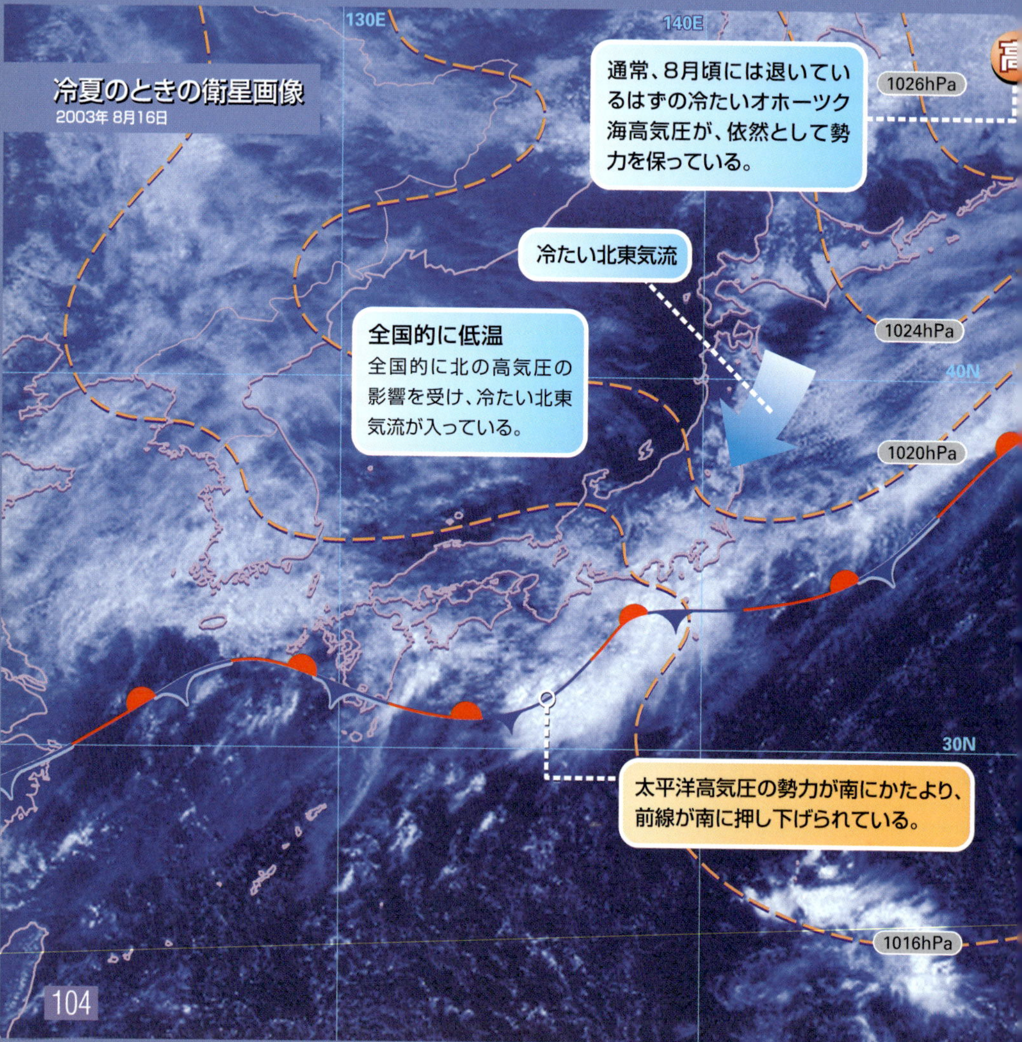
130E
140E
40N
30N
1026hPa
1024hPa
1020hPa
1016hPa
通常、8月頃には退いているはずの冷たいオホーツク海高気圧が、依然として勢力を保っている。
冷たい北東気流
全国的に低温
全国的に北の高気圧の影響を受け、冷たい北東気流が入っている。
太平洋高気圧の勢力が南にかたより、前線が南に押し下げられている。

冷夏のときの衛星画像
2003年 8月16日

衛星画像(P.104)の天気図

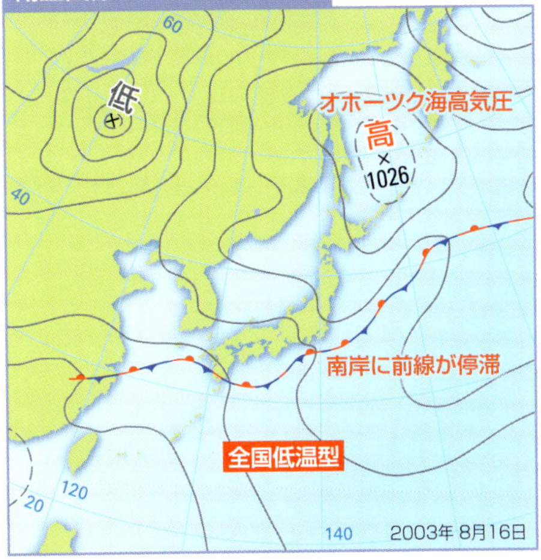

●なぜ冷夏になるのか

日本が著《いちじる》しい冷夏になったときは、アメリカなど別の地域で熱波が発生するなど、地球規模での異常気象がみられる。冷夏の原因は、長期間にわたり同じ場所にいすわる高気圧（正常な偏西風《へんせいふう》の流れを妨《さまた》げることから「ブロッキング高気圧」という）の発生、エルニーニョ現象（➡P.220）、火山噴火による大気中の微粒子の増加、シベリアの積雪の異常など、さまざまな要因が考えられている。

冷夏のときは、オホーツク海に高気圧があって、冷たい北東の気流があることが特徴だが、太平洋高気圧の状態によって右の2つのタイプに分けられる。

この日の天気の特徴

■冷たい北東気流の影響で全国的に気温が上がらず、東海から関東地方にかけては平年より10℃前後も低い、10月なみの低温となった。

■東海から関東地方では1時間に50～100mmの降雨。静岡市では207mmの大雨が観測された。

猛暑となった天気図

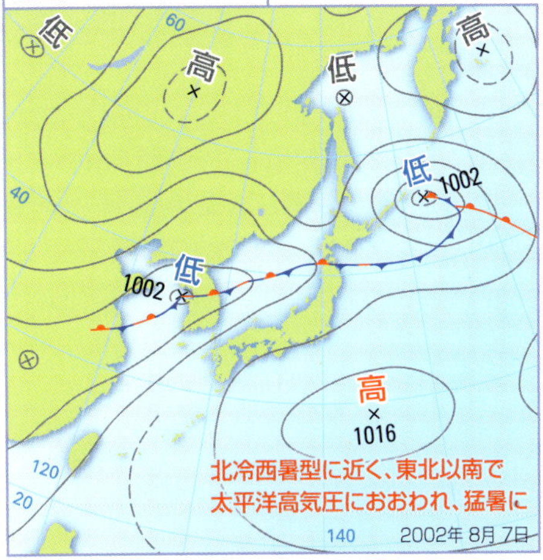

●冷夏のタイプ

全国低温型《ぜんこくていおんがた》…太平洋高気圧の勢力が南にかたよっており、南高北低型の気圧配置。全国的に北東の風が吹いて気温が低くなる（P.104の天気図の場合）。沖縄地方に太平洋高気圧が張り出し、干ばつになることがある。

北冷西暑型《ほくれいせいしょがた》…太平洋高気圧の勢力が強くて東～西日本をおおっている。オホーツク海高気圧との間に前線が停滞したり、低気圧が通過したりする。北日本では、北東の冷たい気流が入って寒冷になり、東～南日本では暑くなる。北日本で梅雨が明けないという形である。

●猛暑になるのは

太平洋高気圧の勢力が強く、「鯨《くじら》の尾《お》型（➡P.90）」になるのが、盛夏の気圧配置だ。

この気圧配置に加えて、チベットに中心がある高層の高気圧が日本上空にまで張り出して重なることがある。こうなると、はるか上空（圏界面付近）まで安定した高気圧でおおわれるので、記録的な猛暑をもたらすのだ。

竜巻《たつまき》

発達した積乱雲《せきらんうん》に向かって、大気の渦《うず》が回転しながら巻き上がる、ダイナミックな自然現象

雲の底からのびる漏斗《ろうと》状の雲が地上にまで達し、猛烈な渦巻き状の突風で破壊力を見せつけるのが竜巻だ。

強い竜巻が通過したあとの地上は瓦礫《がれき》の山となる。日本では年間20件ほど発生するが、アメリカでは年間800個も発生し、しかも規模が格段に大きく、年間に平均200人もの死者を出している。

海面に発生した竜巻。
イギリスでは空から大量の魚が降った事件があり、竜巻が海水といっしょに魚を巻き上げたことが原因だろうと報じられたことがある。

●竜巻と積乱雲〜スーパーセル

竜巻は発達した積乱雲から生じる。通常の積乱雲は、水平方向に数kmのスケールで、降雨とともに下降気流が強まり1時間ほどで衰える。しかし、大規模な竜巻を発生させる特殊な積乱雲「スーパーセル」は、10数kmの巨大なスケールで10時間以上も持続する。

スーパーセルでは、暖かく湿った空気の流入と上昇気流が特に持続し、降雨による下降気流は別の場所に起こる立体的なしくみが発達している。また、スーパーセルは全体が回転していて、この雲底に竜巻を発生させる。はじめ緩やかな回転の気流でも、スケートのスピンで腕を縮めたときのように中心に向かうと、風速が増していく。最大風速は100m/sに達することもある。竜巻が持続する時間は普通10分以内だが、7時間以上持続した例もある。

日本では、寒冷前線や台風にともなう積乱雲から生じることが多く、4割の台風に竜巻が発生しているが、スーパーセルによる大規模な竜巻はまれだ。一方アメリカでは、大規模なスーパーセルが生じる気象条件が毎年のようにあり、そのとき大規模な竜巻の発生が頻発《ひんぱつ》することになる。

●竜巻の発生

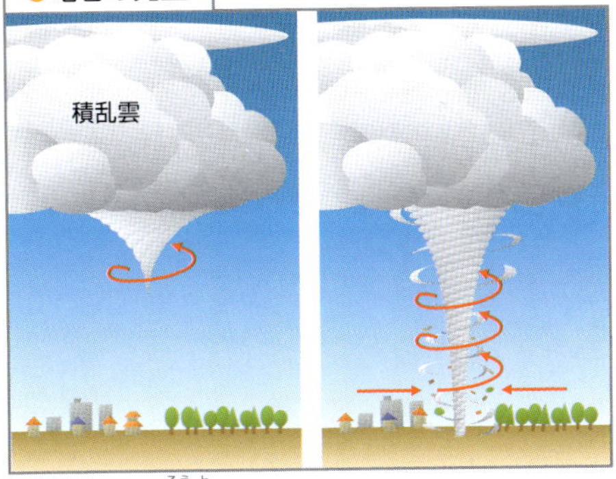

積乱雲の雲底が漏斗《ろうと》状になり、たれ下がってきて、竜巻となる。地上では突風が吹き、物が巻き上げられる。

●スーパーセル

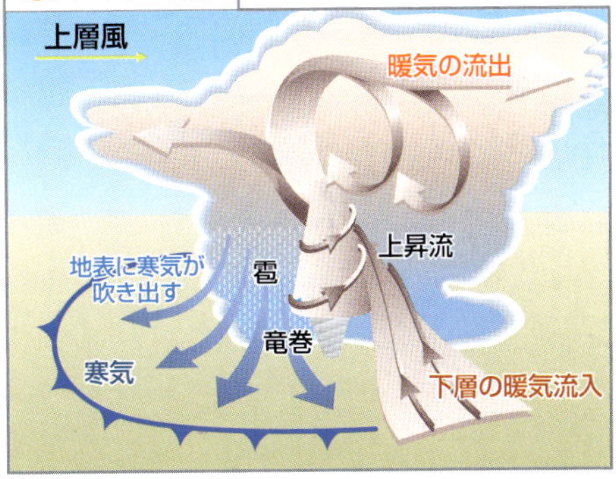

大規模な竜巻は、巨大な積乱雲「スーパーセル」によって発生する。

●ダウンバースト

竜巻と同じように、積乱雲から生じる「ダウンバースト」とよばれる現象がある。これは、積乱雲の雲底から吹き下ろして地表にぶつかり四散《しさん》する突風だ。

航空機の離着陸時にダウンバーストに巻き込まれると墜落の危険が高く、実際に墜落事故が発生している。竜巻のように目で見える現象ではないが、突然おそわれ被害も大きい。成田国際空港などの空港では、ドップラーレーダー*によって、風の急変を観測して警戒している。

●ダウンバーストによる航空機事故（着陸時）

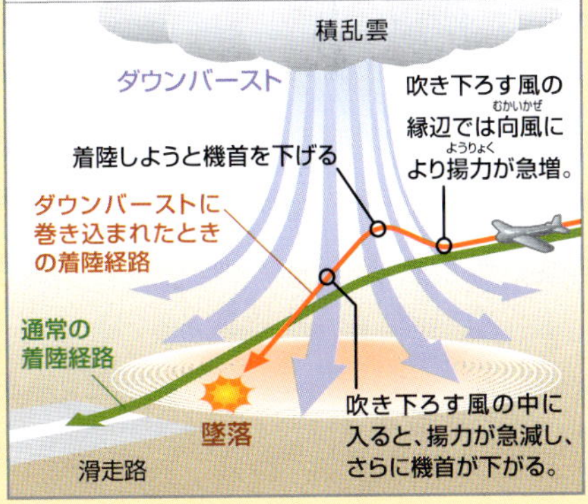

*ドップラー効果を利用して航空機の対地速度、機首方位と進行方向のずれを検知する航法用レーダー装置。

夏《なつ》の気象《きしょう》と健康《けんこう》

高温多湿な気象がもたらす、さまざまな症状

気温と湿度の高い日が続く夏の気象は、さまざまな体調不良を引き起こし、なかには、夏の間の一時的な症状では済まないケースもある。
夏バテという言葉があるように、ただでさえ体力が奪われやすいこの時期、しっかりとした体調管理を心掛けたい。

●熱中症《ねっちゅうしょう》

夏の猛暑に長時間さらされると、日射病や熱射病など熱中症とよばれる障害を引き起こす。熱中症にかかると、吐き気、頭痛、めまいなどの症状があらわれ、最悪の場合、死にいたることも少なくない。

●熱中症の発生と日最高気温（東京都、2002年7・8月）

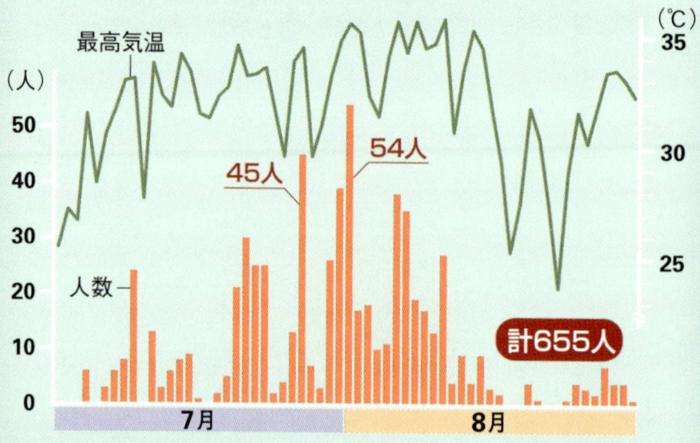

（東京消防庁資料）

●冷房病《れいぼうびょう》

今や、冷房なしで夏を過ごすことは考えにくくなっているが、使いすぎには注意が必要。

冷房で冷えすぎた部屋に長時間いると、急激に体温が下げられるので、毛細血管の収縮が起き、体全体に血行不良が発生する。その結果、肩こりや手足のしびれ、頭痛などの症状があらわれる。また、屋外と冷房の効いた室内のように、急激な温度変化のある場所への出入りがくり返されると、自律神経失調症になる恐れがある。

●光化学《こうかがく》スモッグ

自動車や工場などから排出される窒素《ちっそ》酸化物などが、紫外線によって化学反応を起こすと、光化学オキシダントという有害物質を発生する。これにさらされると、目や喉《のど》の痛み、吐き気などの症状を引き起こすのだが、この濃度が局所的に高くなった状態を光化学スモッグとよぶ。

光化学スモッグは夏、それも日差しが強く、風の弱い日に発生しやすい。各自治体では、光化学スモッグの発生予報を行っており、光化学オキシダント濃度が0.24 ppmを超えると、「光化学スモッグ警報」を発令する。警報が発令された日は、外出を控えるなどの注意が必要である。

●光化学スモッグ注意報や警報が出た日数
（都道府県ごとの延べ日数、2003年）

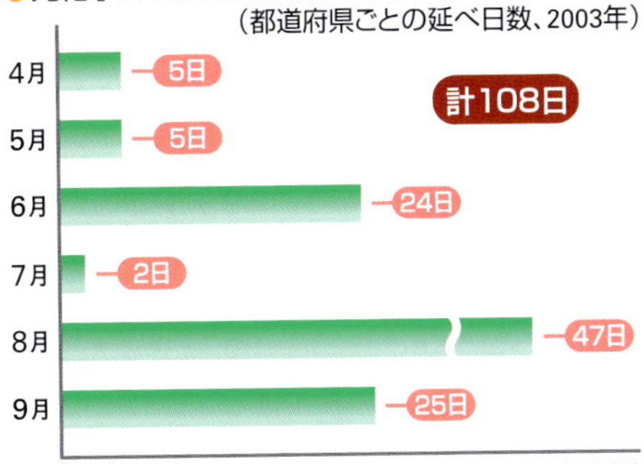

（環境省資料）

●食中毒《しょくちゅうどく》

気温や湿度が高くなる夏は、細菌の繁殖が活発になるので、食中毒の被害が多くなる。

食中毒のおもな原因菌としては、食肉などに繁殖するサルモネラ属菌、海産魚介類に付着する腸炎ビブリオ、死亡率が特に高いボツリヌス菌などがあげられる。

●月別食中毒患者数（全国、2002年）

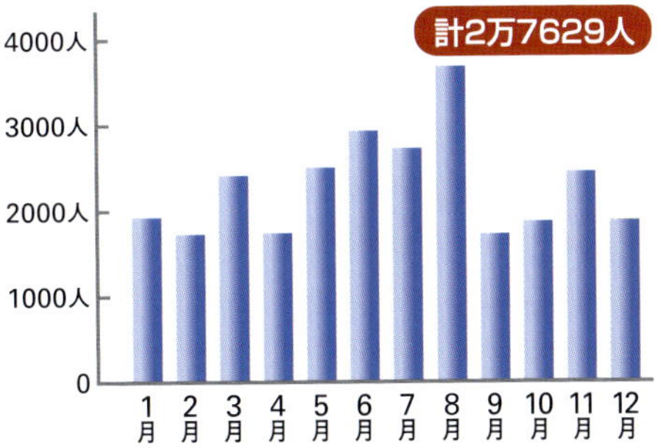

（厚生労働省資料）

●紫外線《しがいせん》

かつて、夏の日焼けは健康的なイメージで受け取られてきたが、近年では皮膚癌《ひふがん》や白内《はくない》障《しょう》の原因になるなど、紫外線の害に対する認識が高まっている。

気象庁では、2005年度から、その日の紫外線の強さを指数で示す「紫外線予報」を開始し、注意を促すようにしている。

●紫外線予想の強さをあらわす指数

1～2	弱い	安心して戸外で過ごせる
3～5	中程度	日中はできるだけ日陰を利用。長袖シャツ、日焼け止めクリーム、帽子をできるだけ利用
6～7	強い	
8～10	非常に強い	日中の外出はできるだけ控える。長袖シャツ、日焼け止めクリーム、帽子を必ず利用
11＋	極端に強い	

（環境省資料。WHOの区分によるもの）

残暑《ざんしょ》

しだいに日が短くなり秋へと向かう季節、まだまだ夏型の気圧配置となることも多い

暦《こよみ》では、立秋《りっしゅう》（8/8頃）過ぎの暑さを残暑という。この日から「暑中見舞い」は「残暑見舞い」に変わる。特に、9月になっても最高気温が30℃を超える場合は、残暑が厳しいといえるだろう。

昼間は暑くとも朝晩は涼しくなり、日差しは確実に弱まり、夜が長くなってきている。しかし、いったん秋を感じ始めた頃だからこそ、暑さがぶり返すことによりいっそう「厳しさ」を感じるのだろう。

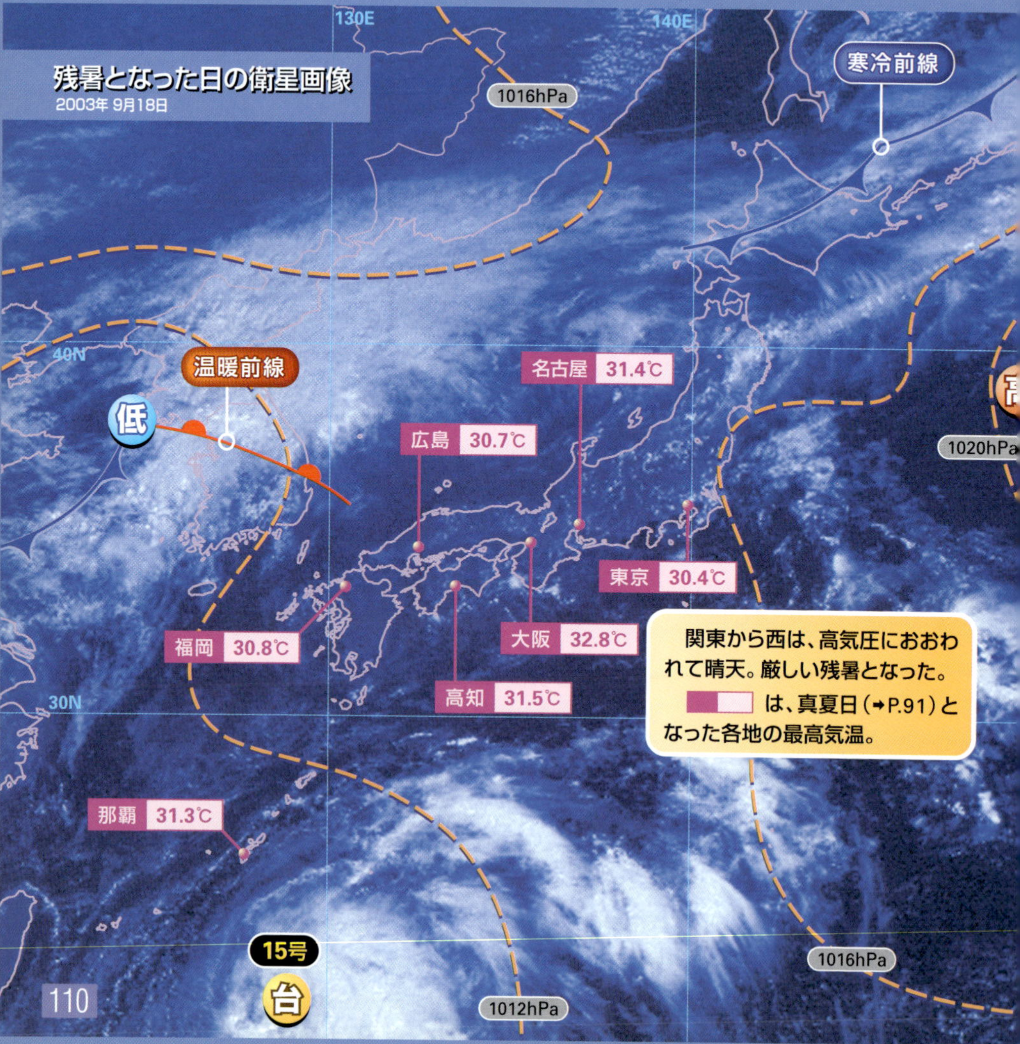

衛星画像（P.110）の天気図

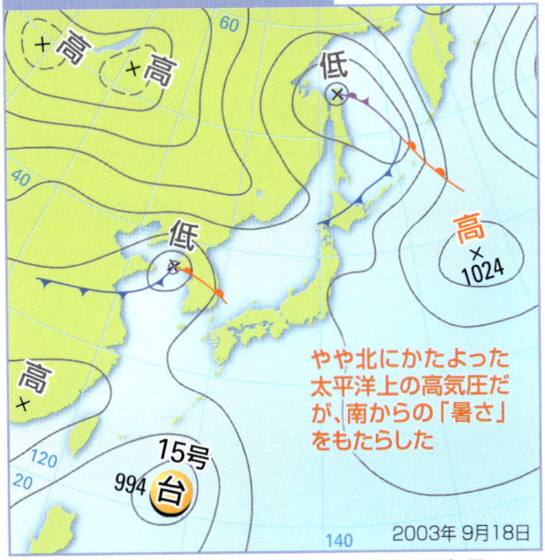

東日本から西日本で厳しい残暑になったときの天気図。

●夏から秋への置きみやげ

太平洋高気圧が徐々に勢力を弱め、北のオホーツク海高気圧が勢力を強める。夏から秋への変化は、ちょうど春から夏への裏返しだ。しかし一時的に太平洋高気圧が勢力を強めると、再び暑さがぶり返し残暑となる。こうして季節は行きつ戻りつしながら、動いてゆく。

この日の天気の特徴

■太平洋高気圧におおわれて、東日本から西日本が夏型の気圧配置になったときの天気図。9月中旬に入っての残暑である。

■東日本から西日本では、8月下旬の暑さになった。この日の最高気温は岐阜県で33.5℃を記録した。

●おもな都市の残暑日数（2003年9月）

都市名	9月に入って30℃を超えた日数	9月の平均気温

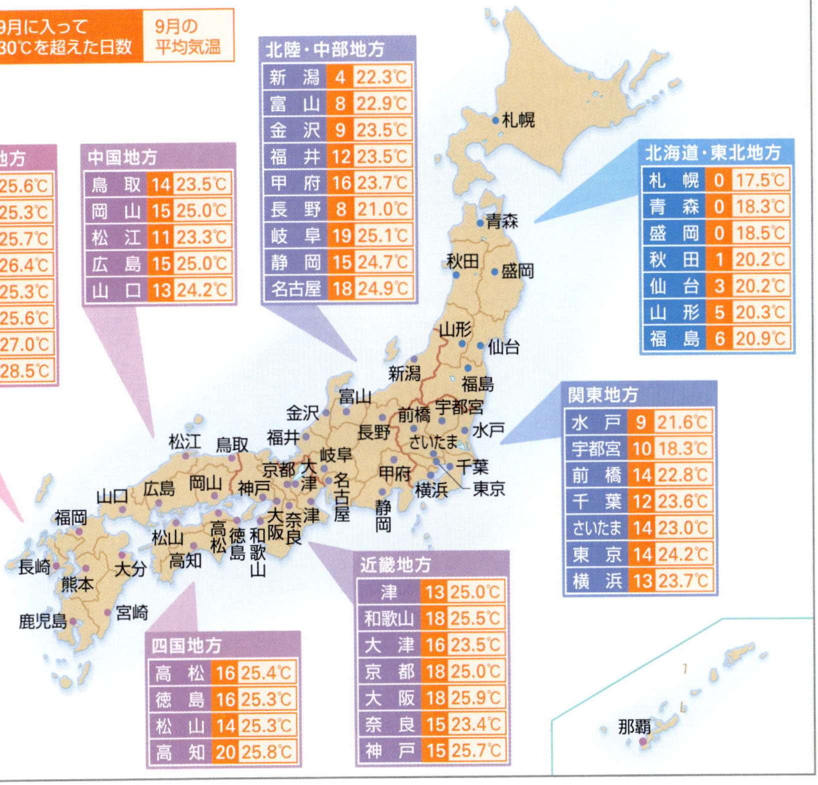

北陸・中部地方

都市名	日数	平均気温
新潟	4	22.3℃
富山	8	22.9℃
金沢	9	23.5℃
福井	12	23.5℃
甲府	16	23.7℃
長野	8	21.0℃
岐阜	19	25.1℃
静岡	15	24.7℃
名古屋	18	24.9℃

九州・沖縄地方

都市名	日数	平均気温
福岡	13	25.6℃
佐賀	16	25.3℃
長崎	12	25.7℃
熊本	21	26.4℃
大分	14	25.3℃
宮崎	14	25.6℃
鹿児島	21	27.0℃
那覇	22	28.5℃

中国地方

都市名	日数	平均気温
鳥取	14	23.5℃
岡山	15	25.0℃
松江	11	23.3℃
広島	15	25.0℃
山口	13	24.2℃

北海道・東北地方

都市名	日数	平均気温
札幌	0	17.5℃
青森	0	18.3℃
盛岡	0	18.5℃
秋田	1	20.2℃
仙台	3	20.2℃
山形	5	20.3℃
福島	6	20.9℃

関東地方

都市名	日数	平均気温
水戸	9	21.6℃
宇都宮	10	18.3℃
前橋	14	22.8℃
千葉	12	23.6℃
さいたま	14	23.0℃
東京	14	24.2℃
横浜	13	23.7℃

近畿地方

都市名	日数	平均気温
津	13	25.0℃
和歌山	18	25.5℃
大津	16	23.5℃
京都	18	25.0℃
大阪	18	25.9℃
奈良	15	23.4℃
神戸	15	25.7℃

四国地方

都市名	日数	平均気温
高松	16	25.4℃
徳島	16	25.3℃
松山	14	25.3℃
高知	20	25.8℃

気象《きしょう》と経済《けいざい》

さまざまな経済活動を支える気象情報

農業の生産量や観光業の集客数など、気象はさまざまな業種の経済活動に影響を与える。1995年に気象予報の自由化が本格的に開始されて以来、気象業務は経済活動を支えるビジネスとして定着し始めており、気象業務を行う民間業者の数は、1994年の26から、2002年には48に増加している。

近年では「天候デリバティブ」など新しい分野でのサービスが出現し、市場を広げている。

●各業界における気象情報の利用状況

分野		ニーズ
観光業		顧客需要予測
運輸業		安全で経済的な輸送計画
電力		需要予測、計画供給。落雷防止
製造業	アパレル	季節もの衣料の需要予測
製造業	家電	冷房など季節もの商品の需要予測
製造業	ビール	夏期の需要予測
保険業		気象情報を利用した商品の設定（➡P.113 天候デリバティブなど）

●ものの売れ行きと気温

夏物や冬物など、季節もの商品の売上には気温や天候などの気象状況が大きく関係する。一般に、気温が22℃を超えるとビール、30℃を超えるとかき氷の売れ行きが伸び始めるといわれている（右グラフ参照）。

下のグラフは各年のエアコンの売上に、東京・大阪の6・7月の平均気温を重ねたもの。冷夏であった1993年から一転して猛暑となった1994年は販売台数が大幅に拡大しており、景気の影響なども考えられるが、気温と販売台数にはおおむね相関関係がみられる。

●夏の気温とエアコン販売台数

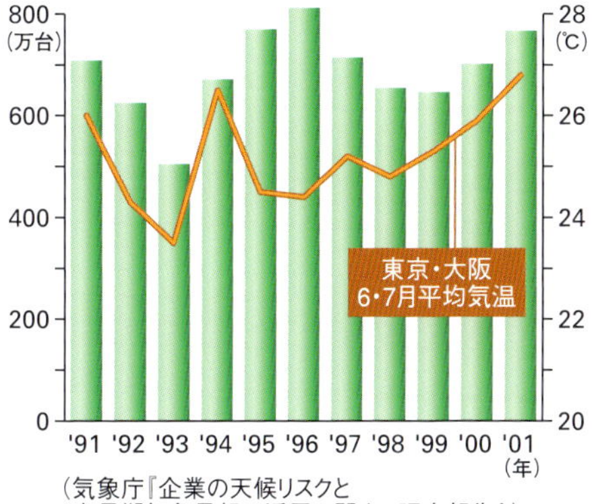

（気象庁『企業の天候リスクと中長期気象予報の活用に関する調査報告』）

●気温で変わるものの売れ行き

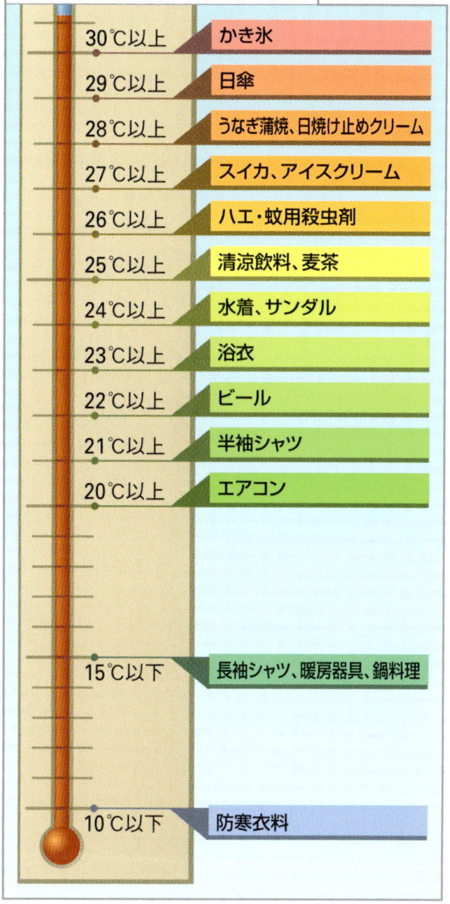

●天候デリバティブ──お天気にかける保険──

夏に良く売れるビールや清涼飲料水など、季節もの商品を扱う企業のみならず、観光、運輸など企業収益が気象に左右される業種は少なくない。

天候デリバティブとは、気象の変動による企業収益減少を補償するための新しい保険商品で、いわば、企業がお天気にかける保険のようなもの。

仮にレジャーランドを例にとると、レジャーランドは台風や大雨の日が多いと客足が減少してしまう。そこで、「8月中に台風や大雨の日が10日以上あったら」というような条件を決めておき、実際にそのような天候になったときに損害保険会社などから企業に補償金が支払われるしくみになっている。

1997年にアメリカで誕生して以来、市場を急速に拡大しており、日本でも金融機関の新たなビジネスとして定着しつつある。

海陸風《かいりくふう》と山谷風《やまたにかぜ》

海岸近くと、山地で吹く、局地的な風のしくみ

天気図にあらわされる大きなスケールの気圧配置だけでなく、比較的小さな地域での地形の違いによって、天気や風の様子が変わることがある。

海岸近くで吹く海陸風は、夏型で気流が弱くなる気圧配置のときなどによく観測される。地表の暖まりかたの違いによって、吹く方向が変わる風だ。

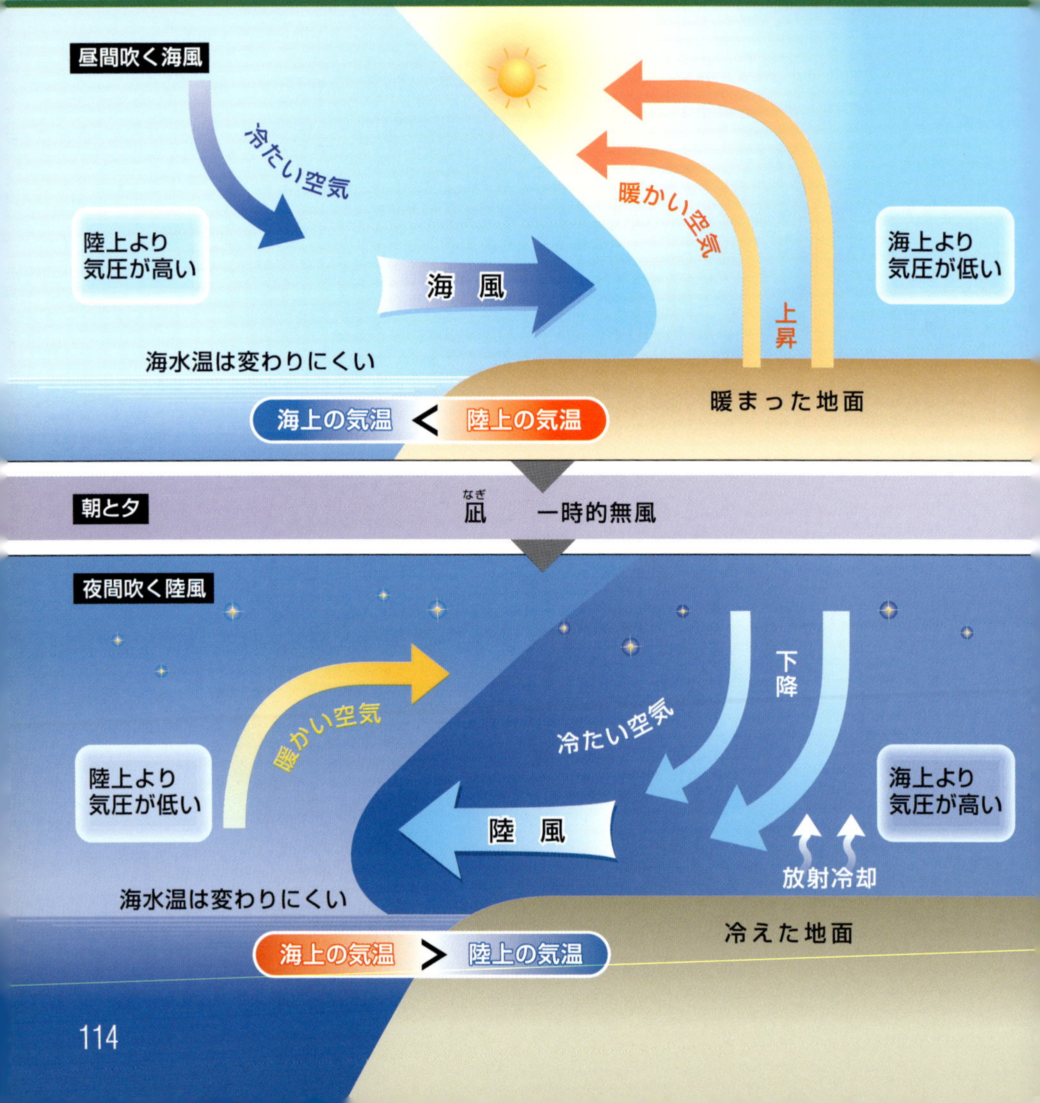

●海陸風とは

海と陸地を比べると、海は暖まりにくく冷めにくい性質があるのに対し、陸地は暖まりやすく冷めやすい性質がある。このことから、昼間と夜間とで、海上と陸上の気温が逆転する。つまり、昼間の気温は「海上<陸上」となり、夜間の気温は「海上>陸上」となっているのだ。

また、一般に空気は冷たい方が重く、冷たい空気のもとでは気圧が高くなる。逆に、暖かければ、気圧は低くなる。気圧の高いほうから低いほうに風は吹くので、昼間冷たい海上から暖かい陸上へ海風が吹き、夜間は逆向きの陸風が吹く。こうして昼夜で逆転する海陸風が吹く。

海風 …… 海 → 陸 の風（昼間に吹く）

陸風 …… 陸 → 海 の風（夜間に吹く）

また、海風と陸風が交替するとき（朝と夕の2回）を凪《なぎ》とよび、一時無風状態となる。

●山谷風とは

山地でも昼夜の暖まりかたの違いにより吹く風が逆転する現象が起こる。

昼間は日射で斜面が暖まるため、斜面に接した空気は、同じ高さの離れたところの空気よりも暖かくなる。このため、斜面沿いに上昇する気流ができる。逆に、夜間は斜面が冷えるので、斜面沿いに下降する気流ができる。このような気流が合わさって、図のように谷風と山風が生じるのである。

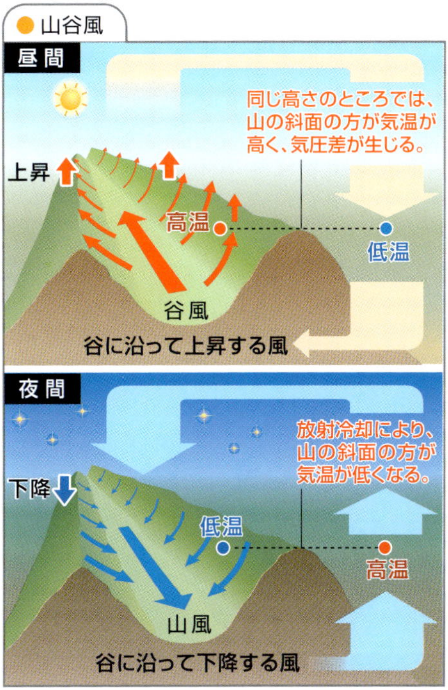
山谷風
昼間
同じ高さのところでは、山の斜面の方が気温が高く、気圧差が生じる。
上昇
高温
低温
谷風
谷に沿って上昇する風
夜間
放射冷却により、山の斜面の方が気温が低くなる。
下降
低温
高温
山風
谷に沿って下降する風

●東京湾周辺の2種類の海陸風

東京湾周辺では、小規模な海陸風と広域な海陸風の2種類の海陸風が吹く。

正午頃までは、海と陸の気温差ができはじめるころで、海岸線の小さな規模での海陸風が吹く（左図）。

しかし、夕方までにはもっと広域での気温差ができるので、沿岸から関東平野全体に向かって大きな流れができるようになる（右図）。

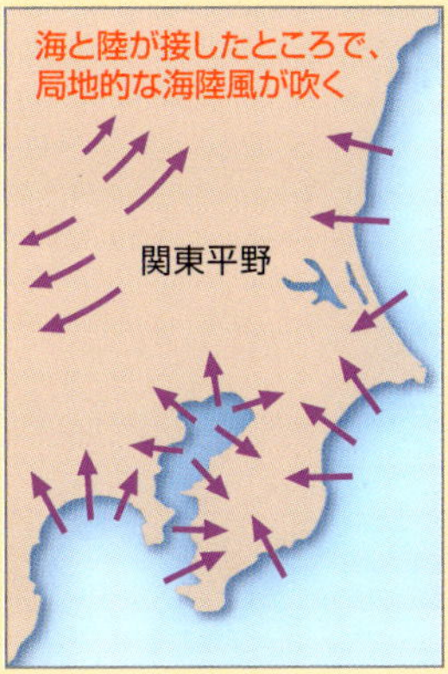
海と陸が接したところで、局地的な海陸風が吹く
関東平野
小規模の海陸風が現れる正午頃の状態。

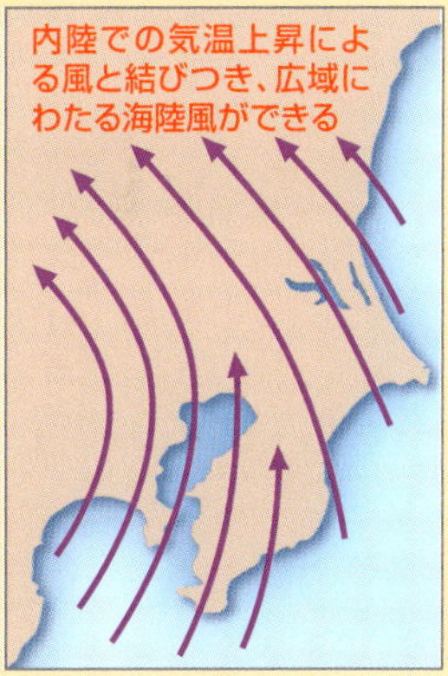
内陸での気温上昇による風と結びつき、広域にわたる海陸風ができる
広域の海陸風が現れる夕方の状態。

（東京大学出版会）

台《たい》風《ふう》

熱帯の海上で生まれる、巨大パワーの低気圧。そのしくみと、発生から消滅まで

台風のふるさとは日本のはるか南、高温多湿な熱帯の海上だ。発生した上昇気流による積乱雲《せきらんうん》が集まって熱帯低気圧となり、最大風速が17.2m/sを超える熱帯低気圧が、「台風」とよばれるようになる。

台風がもたらす大量の雨は貴重な水資源であり、一方、災害は人命を奪ったり、経済活動に打撃を与えたりもする。台風の動向を予想することは、気象予報のなかでもとりわけ重要であるといえるだろう。

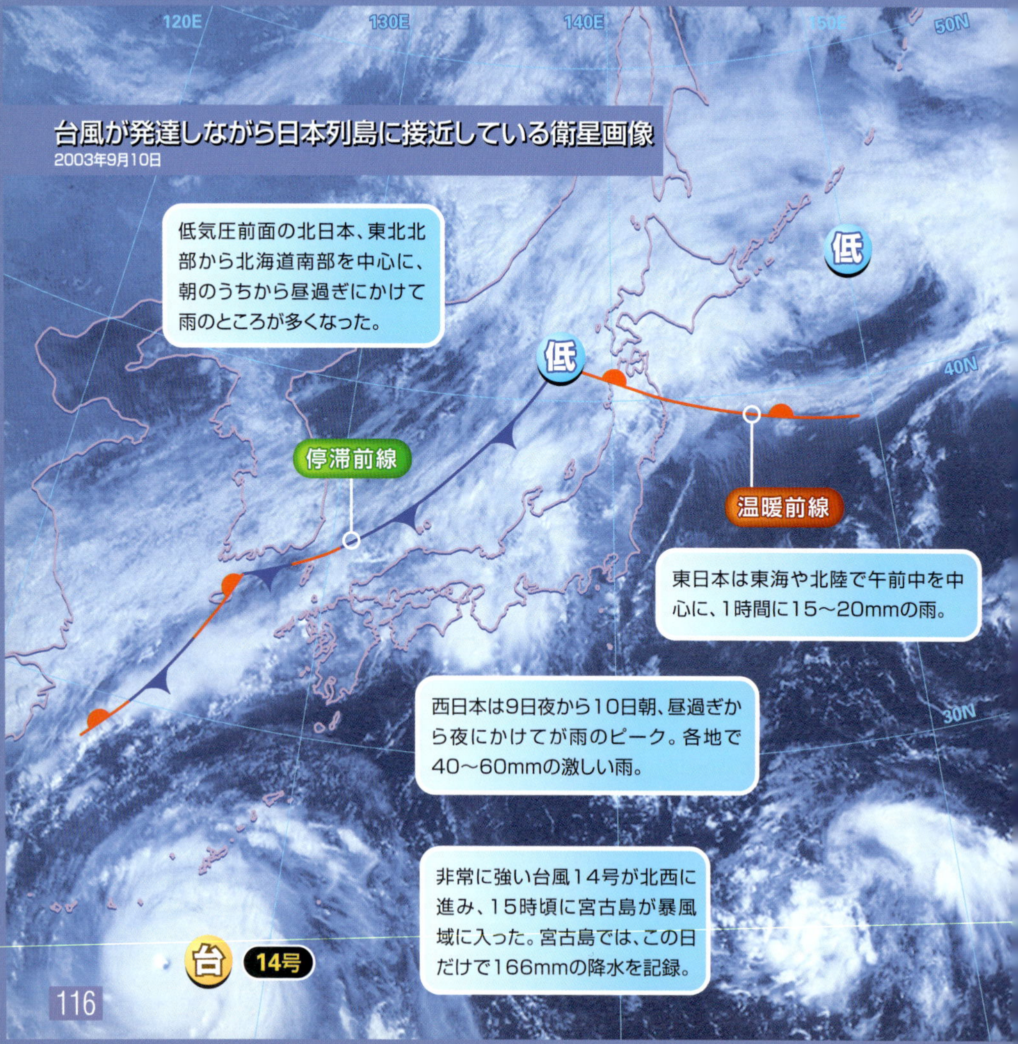
120E
130E
140E
150E
50N
40N
30N
低
低
低気圧前面の北日本、東北北部から北海道南部を中心に、朝のうちから昼過ぎにかけて雨のところが多くなった。
停滞前線
温暖前線
東日本は東海や北陸で午前中を中心に、1時間に15〜20mmの雨。
西日本は9日夜から10日朝、昼過ぎから夜にかけてが雨のピーク。各地で40〜60mmの激しい雨。
非常に強い台風14号が北西に進み、15時頃に宮古島が暴風域に入った。宮古島では、この日だけで166mmの降水を記録。
台
14号

台風が発達しながら日本列島に接近している衛星画像
2003年9月10日

●台風が日本に来るコース

熱帯の海上で生まれた台風は、地球の自転の影響で、北へ進む性質をもっている。低緯度地方では偏東風《へんとうふう》があるため、これによって西に流されながら北上し、北西へ進む。夏の太平洋高気圧の張り出しが強いときは、そのまま台湾やフィリピンの方へ進んで、日本には来ないことも多い。

ところが、台風が偏西風《へんせいふう》のある緯度まで北上すると、偏西風に流されて進路を北東に変え、速度を上げながら日本付近を通過することになる。この台風のコースは、夏の太平洋高気圧の縁を回り込むような形である。

台風の進路は、月ごとの平均的なコースが知られている（右図）。これを見ると、太平洋高気圧の張り出しが強い7月や8月に比べ、張り出しが弱まる9月では、東よりを通り、日本に上陸するコースとなっている。日本全体でみると、接近・上陸する台風は8月と9月に多い。

実際の台風の進路は、かなりばらつきがあり、図に示したのはあくまでも平均的なコースである。偏西風が弱いときなど、まれに、ジグザグに進んだり、止まったり、Uターンしたりするようなコースをたどることもあり、「迷走《めいそう》台風」とよばれる。

衛星画像（P.116）の天気図

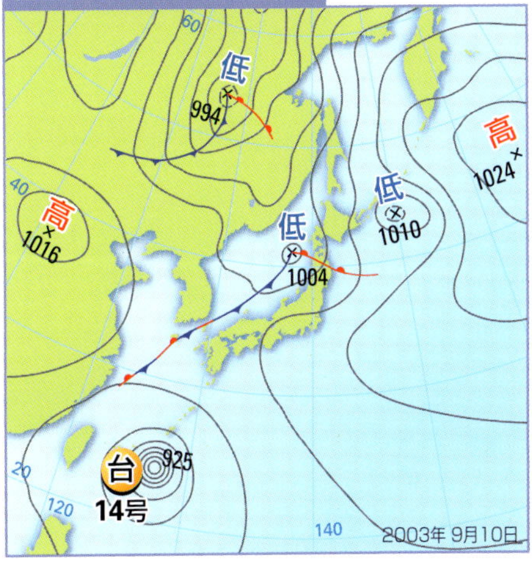

台風14号が猛烈に発達しながら宮古島に接近したときの天気図。

●台風の月ごとの平均的なコース

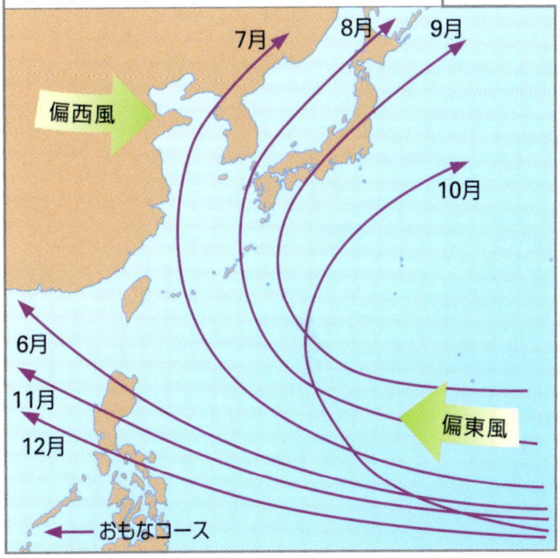

この日の天気の特徴

■2003年9月10日、台風14号が猛烈に発達しながら宮古島《みやこじま》に接近したときのもの。
■東日本と西日本の一部では、南から湿潤《しつじゅん》な空気が入って、1時間20mm 前後の激しい雨となった。
■関東では晴れて気温が上昇し、熱帯夜となった。
■このあと台風は日本海に進み、強い南風を呼び込んだため、各地で気温が上昇した。

●台風の月別発生数・接近数および上陸数の平年値（1971～2000年）

	1月	2月	3月	4月	5月	6月	7月	8月	9月	10月	11月	12月	年間
発生数	0.5	0.1	0.4	0.8	1.0	1.7	4.1	5.5	5.1	3.9	2.5	1.3	26.7
接近数	–	–	–	0.1	0.5	0.7	2.1	3.4	2.6	1.3	0.7	0.1	10.8
上陸数	–	–	–	–	–	0.2	0.5	0.9	0.9	0.1	0.0	–	2.6

※上陸数は台風の中心が北海道・本州・四国・九州の海岸線に達した数。接近数は台風の中心が日本の海岸線から300km以内に入った数。なお同じ台風が2つの月にまたがる場合は、それぞれ1個として数える。

●台風のしくみ

台風は、たくさんの積乱雲《せきらんうん》が渦巻き状に集まった構造をしている。これらの積乱雲は、いわば台風の「エンジン」だ。

水温が26～27℃以上の熱帯の海上には、豊富な水蒸気を含んだ暖かい空気がある。水蒸気は、水（雲粒《くもつぶ》）に変化するときに熱を出す性質があり、この熱が上昇気流をつくる。台風のエネルギー源である。

台風をつくる積乱雲では、上昇気流に含まれる豊富な水蒸気が水（雲粒）になるときに、たくさんの熱を出してまわりの空気を暖める。その結果、上昇気流がますます激しくなり、水蒸気の供給も多くなる。この循環によって、台風は強力な低気圧に成長する。

北上して海水温が下がったり、陸地に上陸したりすると、台風はエネルギー源を失って衰《おとろ》えていくことになる。

熱帯低気圧

①発生（熱帯低気圧）　中心気圧992hPa

熱帯の海上で積乱雲が次々に発生。これが集まって熱帯低気圧となり、発達しながら北西へ進んでいる。台風のような明瞭な渦巻きはまだ見られない。

●台風の構造

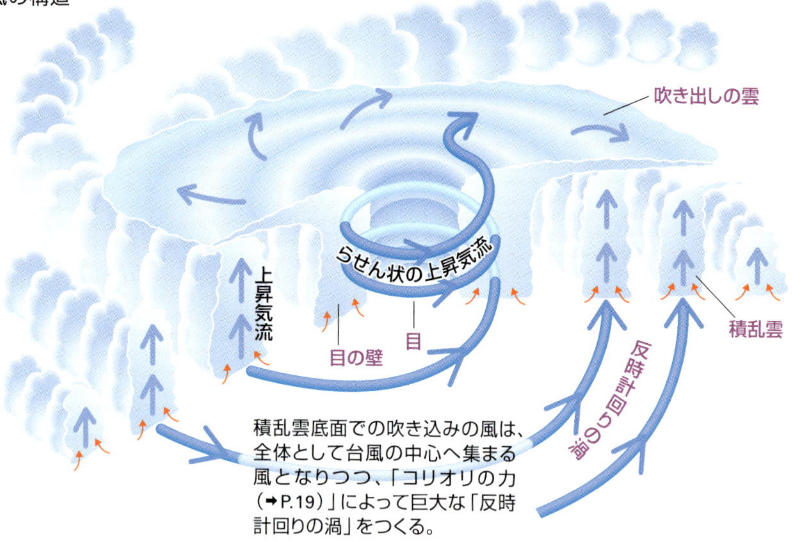

吹き出しの雲
らせん状の上昇気流
上昇気流
目の壁
目
積乱雲
反時計回りの渦
積乱雲底面での吹き込みの風は、全体として台風の中心へ集まる風となりつつ、「コリオリの力（➡P.19）」によって巨大な「反時計回りの渦」をつくる。

積乱雲…内部に激しい上昇気流があり、地表の気圧を低下させて、地上に強い吹き込みの風を生じさせる。

目…積乱雲がなく風が弱い。ときには雲がまったくなく晴れていることもある。

目の壁…目のまわりを取り囲む円筒状にそそり立つ雲。目の壁の中には、らせん状の上昇気流がある。

吹き出しの雲…台風の上昇気流は、上空にいくと中心より外側に吹き出す気流となる。この気流により、巨大なかなとこ雲のような吹き出しの雲が形成される、

反時計回りの渦…台風の地表近くでの風は、中心へ吹き込む反時計回りの渦状の風。台風をつくる積乱雲も渦巻き状に並んでいる。

②発達（台風） 中心気圧925hPa

熱帯低気圧が発達して台風になり、北西へ進んでいる。渦巻きが明瞭で、「台風の目」がはっきり見える。この翌日に進路を北東に変え、日本海へと進んだ。

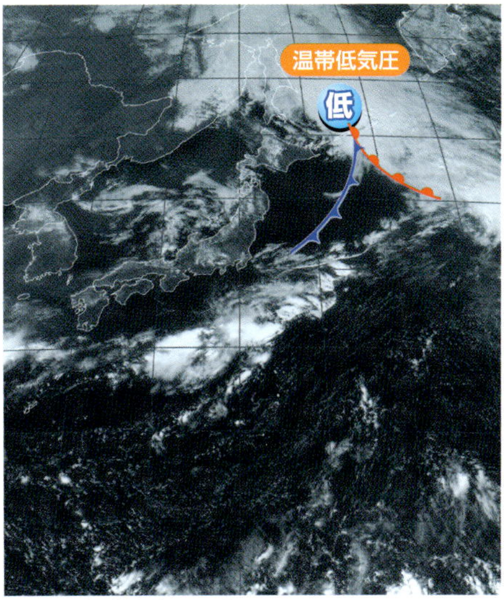

③衰弱（温帯低気圧へ） 中心気圧984hPa

北上した台風は、エネルギー源である暖かい海から離れ、衰退へ向かった。南の暖気と北の寒気とが吹き込み、台風は前線をともなった温帯低気圧に変化した。

●台風の強さをあらわす言葉

階　級	最大風速（m/s）
（表現なし）	33未満
強い	33以上～44未満
非常に強い	44以上～54未満
猛烈な	54以上

●台風の大きさをあらわす言葉

階　級	風速15m/s以上の半径（km）
（表現なし）	500km未満
大型（大きい）	500km以上～800km未満
超大型（非常に大きい）	800km以上

●台風予報図の見かた

台風予報図には、現在の台風の位置・暴風域と、「予報円《よほうえん》」や「暴風警戒域《ぼうふうけいかいいき》」があらわされている。

「予報円」とは、12、24、48時間後などに、台風の中心が70%の確率で到達する予想範囲をあらわす。「暴風警戒域」とは、台風の中心が予報円に入ったときに、暴風域に入る可能性のある範囲をあらわす。

2003年から、1時間後の情報から、72時間先までの情報が発表され、2004年6月から予報円を小さくし、精度の高い予報をすることになった。

●台風の風

風が最も強いのは、一般に台風の目のまわりである。しかし、台風の中心が接近しても、「可航半円《かこうはんえん》」とよばれる領域と、「危険半円《きけんはんえん》」とよばれる領域とでは、風による被害がことなる。可航半円の台風の西側では風が弱まるが、東側の危険半円では強風となる。危険半円に入ったときは、特に警戒が必要。

ところで、台風の目が通過するとき一時的に風が弱くなるが、通過後に急に暴風が戻ってくる。また、竜巻（➡P.106）が発生することもある。

風による被害が大きかった台風は「風台風《かぜたいふう》」とよばれることがある。

●可航半円と危険半円

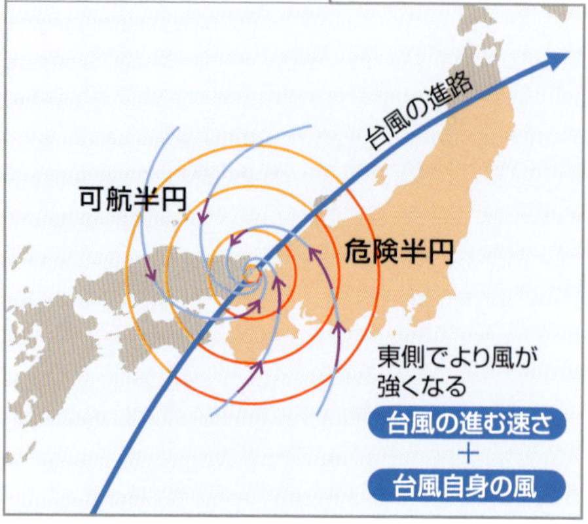

中心の東側では台風の移動の速度と風の速度が合成されて風がより強まり、逆に西側では風が弱まる。

●台風の雨

台風の雨は、ふつう中心近くの渦状の雲でとりわけ強い。また、外側に広がる渦巻きの腕も積乱雲の列であり、強い雨になる。

梅雨《つゆ》や秋雨《あきさめ》の時期には、台風がまだそれほど接近していなくても、湿った空気を運び込んで前線を活発化させ、大雨をもたらす。

ところで、「台風の強さ」は風の強さを基準にしたもので、必ずしも雨の強さと一致するわけではない。雨による被害が大きかった台風は「雨台風《あめたいふう》」とよばれることがある。

●レーダー・アメダス解析画像でみる台風の雨域

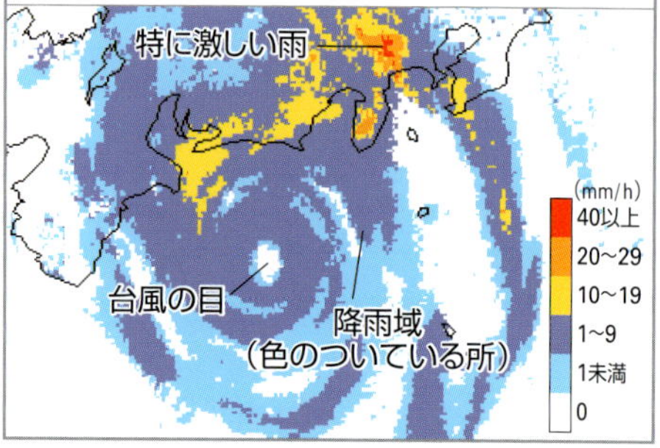

中心の台風の目は降雨がなく、目の周りや渦巻の腕にあたる部分で渦巻状に強い降雨が見られる。

●高潮《たかしお》

台風により異常に潮位《ちょうい》が上がることを高潮という。高潮の原因は次のようなことがある。

・台風の中心は非常に気圧が低いため、海水が吸い上げられるように潮位が上昇（10hPa低下すると海面は10cm上昇）。

・南向きの湾の西側を台風中心が通過するとき、強風によって、海水が湾の奥に吹き寄せられ潮位が上昇。

この2つに満潮の時間が重なると、海水が堤防を越えて水害をもたらすことがあり、特に警戒が必要である。

●高潮が予想される進路

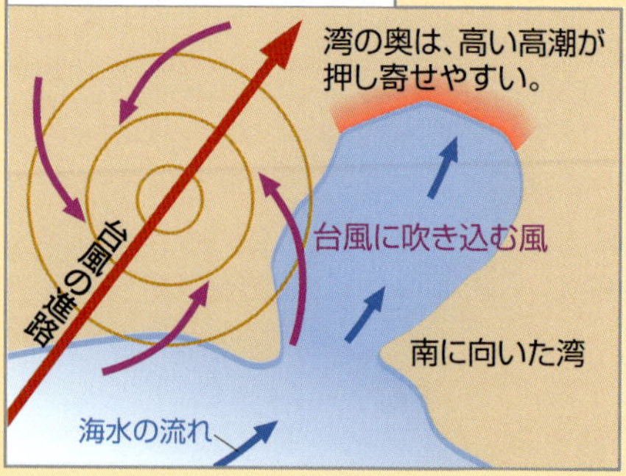

東京湾、大阪湾、伊勢湾など南向きの湾では、台風が西側を通過するときには、大きな高潮が発生するおそれがある。

2003年9月10日（P.116と同日）、NASAの衛星「Terra(テラ)」がとらえた台風14号『Maemi』の姿。気象庁では毎年1月1日以後、最も早く発生した台風を第1号とし、以後台風の発生順に番号をつけている。また2000年から、北西太平洋領域に発生する台風の呼称にアジア名を用いることとなった。『Maemi』とは北朝鮮の言葉でセミという意味。

世界の熱帯低気圧

強い熱帯低気圧の名称は、発生の場所によって、よびかたがことなる。

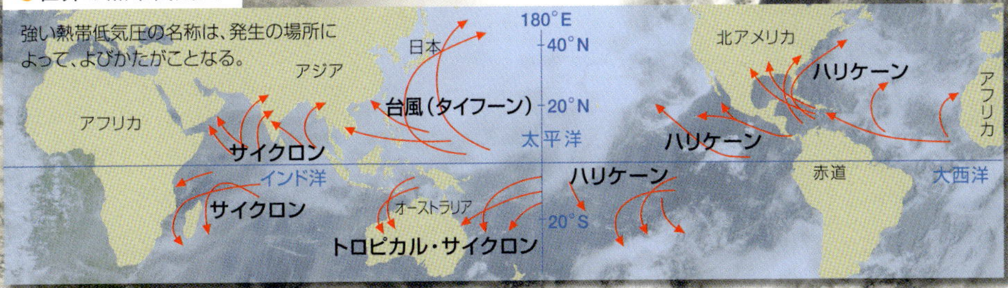

Jacques Descloitres, MODIS Rapid Response Team, NASA/GSFC

雲《くも》図《ず》鑑《かん》②～中《ちゅう》層《そう》雲《うん》

雲の基本形を、形と発生する高さによって10種に分類したのが「10種雲形《しゅうんけい》」である。高度2～7kmのところに発生するのが中層雲で、氷晶《ひょうしょう》と水滴の両方からできている。

高《こう》積《せき》雲《うん》
Altocumulus

名称（英名）	高積雲（Altocumulus）
記号	Ac
高さ	中層／2～7km
別名	ひつじ雲、むら雲、まだら雲

白または灰色の層状の雲で、丸い塊が群れをなしたり、うね状に並んだりする。おもに水滴からなっており、全天をおおうように広がることも多い。

雲海《うんかい》／高い山や飛行機から見おろした雲海の多くは高積雲。

乱層雲《らんそううん》 Nimbostratus

名称（英名） 乱層雲（Nimbostratus）
記号 Ns
高さ 中層／中層（2～7km）に見られるが、上層や下層に広がっていることが多い。**別名** 雨雲、雪雲

暗灰色でどんよりと厚く全天をおおう。いわゆる雨雲がこれで、雨や雪を持続的に降らせる。雲底より下にちぎれた雲が浮かんでいることが多く、これを片乱雲《へんらんうん》という。水滴、氷晶、雪片などからできており、前線や台風の通過にともなって発生する。

高層雲《こうそううん》 Altostratus

名称（英名） 高層雲（Altostratus）
記号 As
高さ 中層／中層（2～7km）に見られるが、上層まで広がっていることが多い。
別名 おぼろ雲

灰色がかった厚い層状の雲で、ほとんど全天をおおう。温暖前線に沿って暖気が上昇するときに発生し、雨や雪の前兆ともなる。水滴と氷晶の集まりで、雪片がまじることもある。太陽をおおい隠してしまうが、薄い場合はぼんやりと見えることもある。しかし暈《かさ》は生じない。

気象歳時記 夏

歳時記では、立夏《りっか》（5/6頃）から立秋《りっしゅう》（8/8頃）の前日までの期間をさし、陰暦では4・5・6月にあたる。気象学的には、梅雨期から盛夏期にまたがる6・7・8月をさし、一般の感覚もこれに重なる。

炎天《えんてん》

油照《あぶらでり》

炎天《えんてん》を槍《やり》のごとくに涼気《りょうき》すぐ

飯田蛇笏《いいだだこつ》

「炎天」とは、ぎらぎらと焼けるような日盛りの空をいう。真夏の、灼熱《しゃくねつ》の太陽が輝く大空は、燃えるばかりのすさまじさである。

この空がどんよりと薄曇りになり、風もなく、蒸し暑く照りつけるときを「油照（または脂照）」という。じっとしていても脂汗《あぶらあせ》がにじむ。低気圧が日本海側を通るときにこういった天気になることがよくある。

夏の季語

季節感や美意識など、日本人のこまやかな感情を短い文言の中に凝縮したものが季語だ。俳句の世界では、季節感をやや先取りするくらいの感覚で詠《よ》むのがよいとされる。

更衣《ころもがえ》　衣更《ころもか》う

「更衣」は宮中《きゅうちゅう》で陰暦四月朔日《ついたち》におこなわれていたものが、一般に広まった。現在でも、学校などで6月1日を更衣の日とすることが多い。

人は皆衣《ころも》など更《か》へて来《きた》りけり　　子規《しき》

雲《くも》の峰《みね》　入道雲《にゅうどうぐも》

山の峰のように、白雲がむくむく盛り上がる積乱雲《せきらんうん》のことをいう。夏の暑い晴天の午後によく見られ、しばしば雷電《らいでん》・驟雨《しゅうう》・突風をともなう。

雲の峰いくつ崩れて月の山　　芭蕉《ばしょう》

雷　神鳴《かみなり》　いかづち

この語の起源は「神鳴」で、天上の威力ある存在者より落とされるものとして古来恐れられていた。夏に多いことから、夏の季語とされるが、日本海側では冬も多い。

いかづちを遠く聞く夜の暑哉《あつさかな》　　丸室《まるむろ》

朝凪《あさなぎ》　夕凪《ゆうなぎ》

夏の晴れた日の朝や夕に海岸地方で起こる無風現象。海陸風《かいりくふう》の交代時には風がぱったり止まる。これを凪《なぎ》といい、木の葉も動かず息づまるような暑さになる。

夕凪や島にとろりと灯《ひ》のつきぬ　　きくほ

短夜《みじかよ》　明早《あけはや》し

春分の日から昼が長くなり、夏至《げし》には最も夜が短くなる。この前後の明けやすい夜のこと。また眠り足らぬうちにすっかり明けきってしまう短くはかない夜の感じをいう。

みじか夜《よ》や瓦《かわら》に残る月と星　　也有《やゆう》

夕立《ゆうだち》　ゆだち　驟雨《しゅうう》

夏の午後、急に空が暗くなってきたかと思うと、大粒の雨が落ちる。時に激しい雨になるが、短時間でからりと晴れ上がる。このあとに吹く風を夕立風といい、暑い日だけに涼味が強く感じられる。

浅間《あさま》から別れて来るや小夕立《こゆうだち》　　一茶《いっさ》

観天望気～天気のことわざ

「クラゲがたくさん捕れる年は大雪あり」

クラゲがたくさん捕れるのは海水温が高くなっているから。海水温が高いと、海面上では水蒸気の量が増える。冬になり、そこへ寒気《かんき》が流れ込んでくると、多量の水蒸気により雪雲が発達し、雪の量がいつもより多くなるのである。

ただし最近は、温暖化の影響でクラゲの数が全体に増えており、このことわざの見直しも必要かもしれない。

「晴天時に海鳴《うみな》りが聞こえれば天候急変の兆《きざ》し」

沿岸は穏やかな天気でも、はるか沖合に台風や発達した低気圧があれば、波だけが沿岸に伝わってくる。これがうねりだ。晴天時に聞こえる海鳴りとは、このうねりが岩場などに当たって砕けるときの「ドドーン」という音。つまり台風が北上してくれば、その後の天気は大きく変わり、雨・風ともに強く、波は高く大荒れになる。

八代海《やつしろかい》の
不知火《しらぬい》

年に一度、九州八代海の海上に、ほんの数時間だけあらわれる光「不知火」。太古、景行《けいこう》天皇もご覧になったという歴史のロマンを秘めた不思議な現象。

熊本県宇城《うき》市不知火《しらぬひ》町
★旧暦の8月1日頃は、現在の暦では9月中旬頃にあたる。ただし大変まれな現象なので、必ず見られるとは限らない。

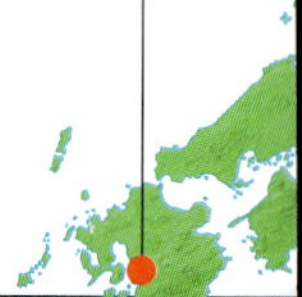

九州の八代海や有明海《ありあけかい》では、毎年、月の出ない夏の大潮《おおしお》の晩（旧暦8月1日頃）、沖合に細い光の列が揺らめいて見える不思議な現象が起こる。遠浅の海では潮が引くと、潟《がた》と海上との温度差により、柱状の空気の渦が林立して生じる。それがレンズの役割を果たし、沖の漁《いさ》り火《び》を屈折させて神秘的な光を演出するのだ。

不知火町永尾神社より、南西の不知火海水平線上にあらわれた不知火。不知火は瞬時に離合・移動・明滅する。直線上に並ぶ光のうち、光芒《こうぼう》のある円形の光が不知火。細長い光は漁船の移動光。近年は環境の変化により、以前ほどはっきり見えなくなっているという。〈撮影日時1988年9月13日／撮影者：丸目信行〉

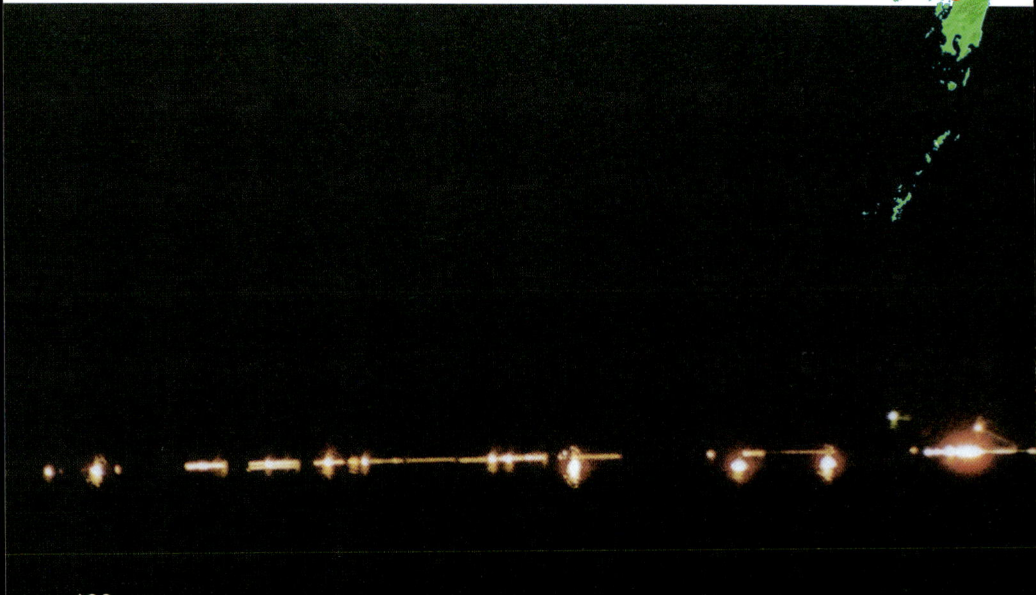

〜夏の見どころ

残雪が残る白馬岳の谷筋に広がる黄色のシナノキンバイと、白のハクサンイチゲの群生。

白馬岳《しろうまだけ》の お花畑

北アルプス連峰の北端にそびえる白馬岳。真夏でも残雪の豊富な大《だい》雪渓《せっけい》を抜けると、もうそこは一面のお花畑。

白馬岳は1年の半分以上が雪に閉ざされる厳しい山である。こうした低温、多雪、強風、強い紫外線といった、平地よりも過酷で変化もめまぐるしい気象条件のなかで、夏を待ちこがれていた草花は、雪が消えかかるやいなや、ここぞとばかりいっせいに芽吹き、花をつける。短い夏を懸命に生きる多彩な高山植物がつくり出す「雲の上のお花畑」である。

長野県北安曇《きたあずみ》郡白馬《はくば》村
★日本の高山植物470種のうち、250種以上が白馬岳に生育しているといわれている。花の見頃は7月〜8月半ば頃。

昭和の3大台風

日本に大きな被害をもたらした、室戸《むろと》台風、枕崎《まくらざき》台風、伊勢湾《いせわん》台風

かつては1回の台風災害によって、3000～5000人もの死者・行方不明者が出たこともあった。現在では、気象予報の精度が格段に進歩し、建物の強度が増し、河川などの氾濫《はんらん》を防ぐ治水《ちすい》も進んで、かつてのような大規模災害は起こっていない。

●室戸《むろと》台風

1934年（昭和9）9月21日に、高知県の室戸《むろと》岬《みさき》付近から上陸した台風。本州を横断、日本海から三陸沖へ抜けた超大型台風。最低気圧912hPa、瞬間風速60m/sで、風が非常に強く家屋の倒壊、列車の転覆《てんぷく》などが起こった。大阪湾では高潮《たかしお》が発生し、沿岸に大きな被害を与えた。全国の死者・行方不明者は3036人を数えた。

●枕崎《まくらざき》台風

1945年（昭和20）9月17日に、鹿児島県枕崎付近から上陸した超大型の台風。九州を縦断して、広島から松江《まつえ》へと進んだ。各地に大雨を降らせた。広島県では、洪水や崖崩《がけくず》れなどが発生し、2000人の死者・行方不明者が出る大きな災害となった。全国の死者・行方不明者は3756人。

●伊勢湾《いせわん》台風

1959（昭和34）年9月26日に、和歌山県潮岬《しおのみさき》付近から上陸した超大型台風。勢力を維持したまま、富山《とやま》湾から日本海を通って三陸沖へ抜けた。九州を除く全国で大雨。伊勢湾沿岸では高潮が発生し、大きな被害を与えた。全国の死者・行方不明者は5098人。

●3大台風の被害

	室戸台風	枕崎台風	伊勢湾台風
上陸・最接近年月日	1934年9月21日	1945年9月17日	1959年9月26日
死者・行方不明者	3,036 人	3,756 人	5,098 人
負 傷 者	14,994 人	2,452 人	38,921 人
住家全半壊など	92,740 棟	89,839 棟	833,965 棟
建物浸水	401,157 棟	273,888 棟	363,611 棟
耕地流失など	不 詳	128,403 ha	210,859 ha
船舶被害	27,594 隻	不 詳	7,576 隻

●3大台風のコース

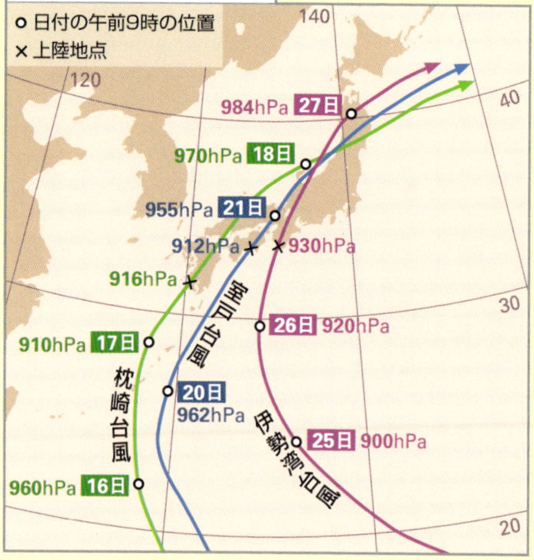

秋の章

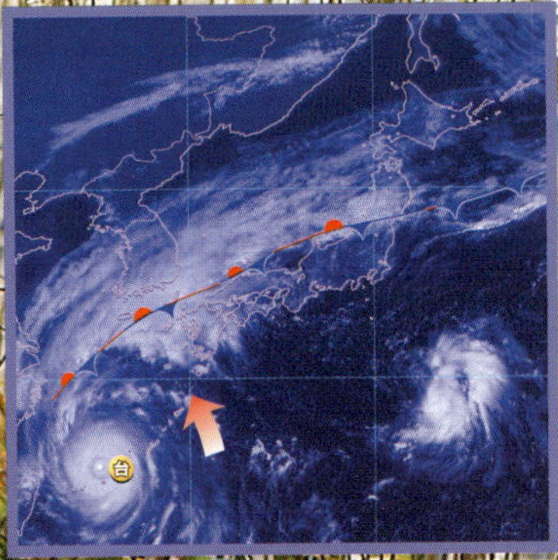

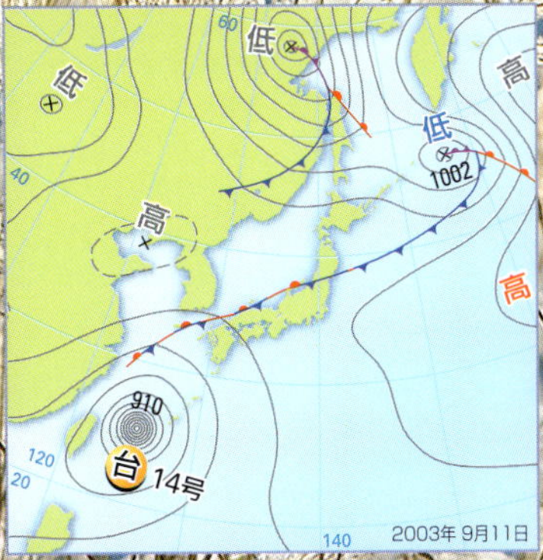

秋の台風が秋雨前線を刺激している衛星画像（➡P.134）と天気図（➡P.135）

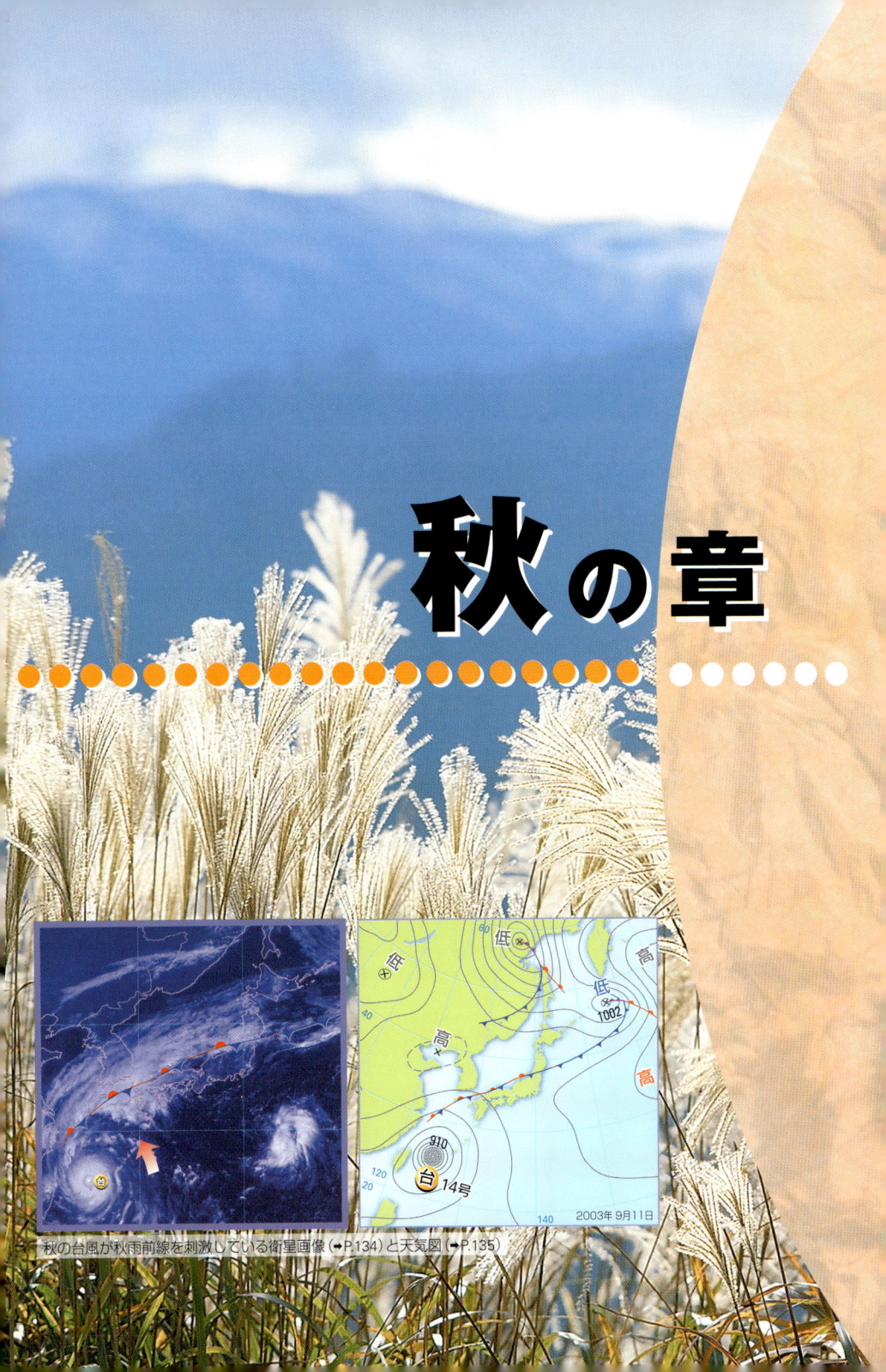

二《に》十《じゅう》四《し》節《せっ》気《き》と秋《あき》の気《き》象《しょう》

二十四節気 ／ 雑節

（暦《こよみ》のうえで1年を24分し季節を示した言葉）（二十四節気以外で季節の変化のめやすとする日）

月	日	節気	説明
9月	1日頃	二百十日《にひゃくとおか》	立春《りっしゅん》から数えて210日目。台風襲来の時期で、稲の開花期にあたるため、昔から農業の厄日《やくび》とされてきた。しかし気象の統計では、この日がとくに台風が来襲しやすい特異日《とくいび》ではない。
	8日頃	白露《はくろ》	草花に露《つゆ》が凝《こ》って白く見えるという意味。少しずつ秋も深まりつつあり、夜から朝にかけて大気が冷え込むようになる。
	20日頃	秋彼岸《あきひがん》	秋分の日とその前後3日の7日間をさし、秋分の日が彼岸の中日。この日を境に寒さが増してくるとされる。
	23日頃	秋分《しゅうぶん》	昼夜の長さがほぼ等しく、この日を境に北半球では夜長の季節へと移ってゆく。秋分の方が春分より10℃以上も気温の高いところが多いが、暑い季節から寒い季節への変化のため、肌寒さを感じる。
10月	8日頃	寒露《かんろ》	秋分の後15日。朝露が一段と冷たくなり、秋の深まりを感じさせる頃。北国や高い山では紅葉が始まり、ツバメなどの夏鳥や、ガンなどの冬鳥の渡りも盛んになる。菊の花も咲き、秋の実りの収穫の頃。
	23日頃	霜降《そうこう》	朝夕の気温もいよいよ下がり、露は霜《しも》となって降りる。早朝には草木が白く化粧をする。紅葉も盛りとなり、稲の刈り入れも終わる頃。
11月	7日頃	立冬《りっとう》	暦《こよみ》のうえでは、この日から立春の前日までが冬。まだ実感しづらいが、日の光は弱まり、日脚《ひあし》も目立って短くなる。近畿・関東では木枯らしの吹き始める頃。
	22日頃	小雪《しょうせつ》	立冬の後15日。木々の葉は落ち、山の頂《いただき》には冠雪《かんせつ》が見られる。朝夕の冷え込みが厳しくなり、北国では初雪の舞い始める頃。

秋は実りを収穫する大切な季節。しだいに気温は下がり、草木に露《つゆ》や霜《しも》が降り始める。「二十四節気《にじゅうしせっき》」は中国で生まれた季節のめやすで、1年を24分し、それぞれの季節にふさわしい名がつけられた。

天気のめやす

5日　◉東京ススキ開花
12日　◉大阪ススキ開花
15日　北海道以外で秋雨前線による雨が多い
21日　◉福岡ススキ開花

6日　全国的に西高東低型になりやすく日本海側はしぐれがち
8日　◉沖縄ススキ開花
13日　北海道以外で秋雨前線や台風による雨が多い
16日　東北以南は高気圧におおわれ晴れやすい
22日　◉札幌初霜
23日　◉札幌ヤマモミジ紅葉
　　　全国的に高気圧におおわれ晴れやすい
27日　◉札幌初雪

3日　全国的に高気圧におおわれ晴れやすい
6日　◉仙台初霜
7日　◉東京木枯らし1号
8日　東北以南では小春日和となりやすい
11日　◉新潟イロハカエデ紅葉
　　　全国的に大陸の高気圧による木枯らし
15日　◉仙台イロハカエデ紅葉
17日　北海道以外で秋雨前線や低気圧による雨が多い
19日　◉福岡イロハカエデ紅葉
22日　◉仙台初雪　　23日　◉新潟初霜
24日　◉新潟初雪
28日　◉東京イロハカエデ紅葉
29日　◉大阪初霜

気象・天気図の特徴

秋の長雨の季節(9月)

夏と秋の間にも「梅雨《つゆ》」と同じように「秋雨《あきさめ》」の季節がある。

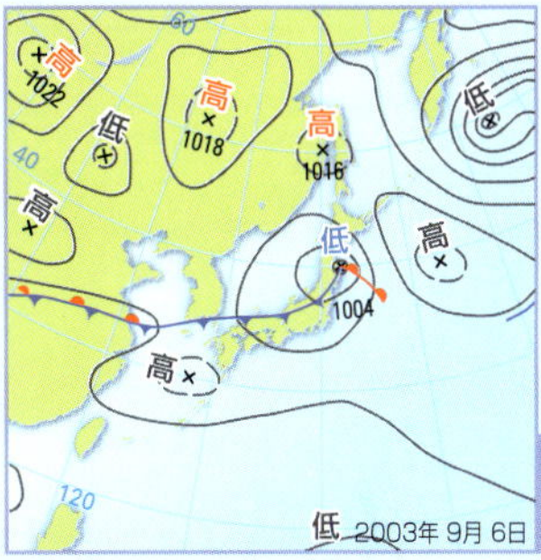

P.132

さわやかな秋晴れ(10〜11月)

秋が深まるにつれ、さわやかな秋晴れが増える。また初霜《はつしも》や初氷《はつごおり》も観測される。

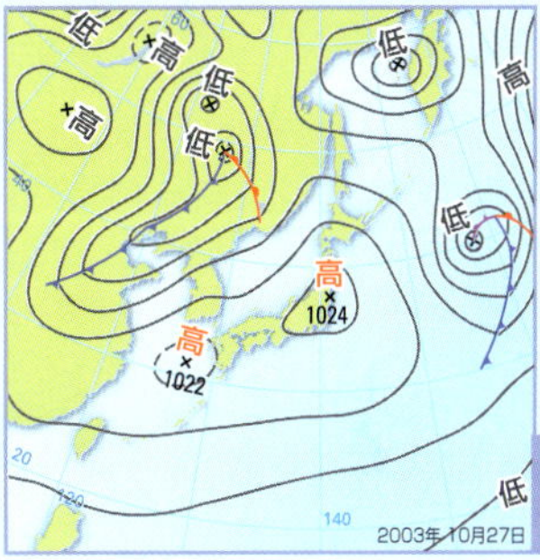

P.136

■二十四節気・雑節について　「二十四節気」とともに「雑節」も色を変えて示した。雑節は、より細かな季節の変化をつかむために日本でつくられた。

■天気のめやすについて　季節ごとの特異日《とくいび》(統計的に、ある気象状態が前後の日に比べてとくに多くあらわれやすい日)を示した。また◉で示したものは、季節変化のめやすとなる事象を毎年の平均日で示している。気象庁資料、気象年鑑より。

秋《あき》の長《なが》雨《あめ》

夏から秋への季節の変わり目にあらわれる梅雨《つゆ》のような雨

秋の空といえば、よく晴れ渡った青空の印象が強い。しかし、初秋の9月頃は天気がぐずつき長雨になることが多く、この長雨を「秋《しゅう》霖《りん》」という。現在では「秋雨《あきさめ》」、「秋の長雨」とよばれることのほうが多いようだ。

春から夏へと移り変わるときには、梅雨という雨期があった。同じように、夏から秋へと移り変わるときには、秋雨という雨期を経て、はじめて秋本番へと向かうのである。

130E
140E
40N
30N
高
大陸育ちの、冷涼で乾燥した移動性高気圧が、大陸から張り出してくる。
秋雨となった日の衛星画像
2003年 9月 6日
冷たい空気
低
湿った暖かい空気
秋雨前線
梅雨前線と同様に、前線の北側200～500kmが雲の範囲。停滞前線となることが多いが、ここでは寒冷前線となっている。
梅雨と同じように、ぐずついた天気はおよそ1か月続き、大陸の高気圧の決定的優勢により、前線は南下する。しかし梅雨明けほどはハッキリしない。
夏の太平洋高気圧は、しだいに南の海上に後退してゆく。
高

●秋雨前線《あきさめぜんせん》

夏の太平洋高気圧が南へ退《しりぞ》いていき、大陸の高気圧の影響が強まってくると、2つの高気圧の間に停滞前線《ていたいぜんせん》ができる。これは、夏の暖かい空気と秋の冷涼な空気がぶつかり合うことで生じた停滞前線である。

梅雨前線《ばいうぜんせん》の場合は、オホーツク海に高気圧がいすわり、南の太平洋高気圧との間に停滞前線ができた（➡P.70）。一方、秋雨前線の場合は、大陸から冷涼な移動性高気圧が北にかたよって張り出してくることで、南の太平洋高気圧との間に梅雨前線と似た停滞前線ができるのである。

●秋雨期の雨量

秋雨期の雨量は、梅雨期と比べてどうなのだろうか。

西日本や南日本では、梅雨期の6月に最も雨量が多くなることが多い。しかし、東日本や北日本では、実は秋雨期の9月のほうが雨量が多くなっている。これは、秋雨前線の停滞だけでなく、9月に台風が東日本や北日本に接近・上陸しやすいことも原因の1つだ。台風が秋雨前線を刺激すると、雨量を増大させるからである。

●秋雨期と梅雨期の雨量の比較（1971～2000年の平均値）

地点	6月	9月
仙台	137.9mm	218.4mm
福島	118.1mm	169.2mm
東京	164.9mm	208.5mm
静岡	283.3mm	304.3mm
名古屋	201.5mm	249.8mm
大阪	201.0mm	179.9mm
広島	258.1mm	180.3mm
福岡	272.1mm	175.0mm
鹿児島	442.9mm	227.4mm

仙台から名古屋までは、秋雨期の9月に最も雨量が多くなっている。一方、大阪から鹿児島までは、梅雨期の6月に最も雨量が多くなっている。雨量の赤い数字は、6月と9月で多い方を示す。

●シベリアからの移動性高気圧の発生～通過と前線

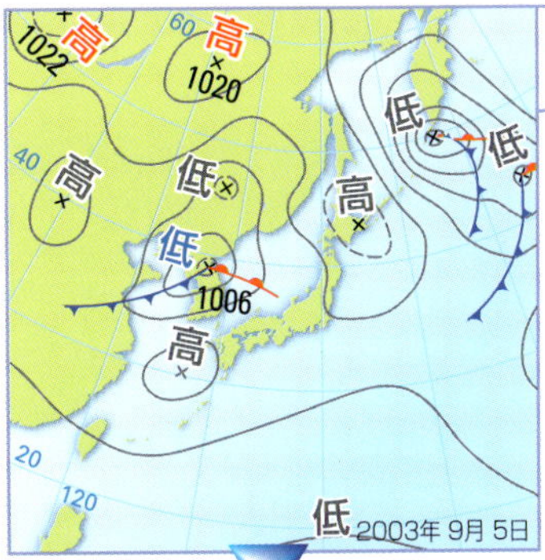

前日の天気図

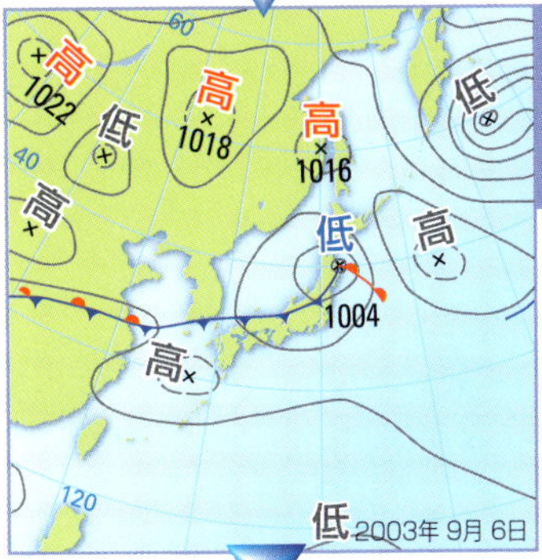

衛星画像（P.132）と同日の天気図

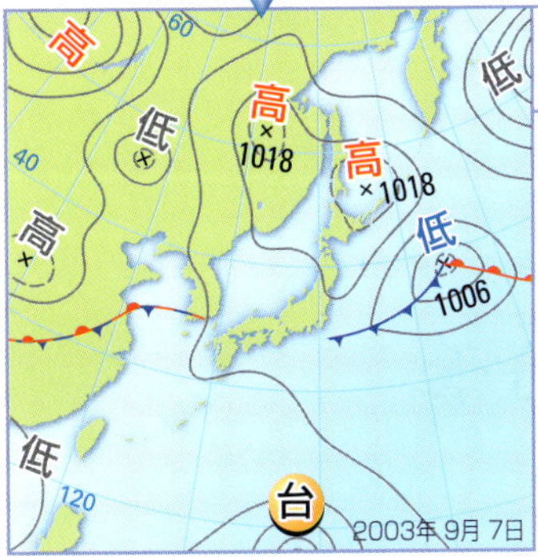

翌日の天気図

この日の天気の特徴

■秋雨前線と低気圧により、対流雲が発生。北日本や日本海側で雨となった。

■前線の南側となった関東から西の太平洋側は晴天。気温も上昇した。九州や四国では35℃前後の厳しい残暑。

集《しゅう》中《ちゅう》豪《ごう》雨《う》③

秋に訪れる台風が、秋雨前線《あきさめぜんせん》を刺激する

初秋には集中豪雨が多い。これは、9月が「秋台風《あきたいふう》」の接近しやすいシーズンだからだ。大きな被害をもたらした台風（例えば、P.128の昭和の3大台風）は、9月に多い。

台風の直接的な雨だけでなく、台風が秋雨前線を刺激して前線の活動を活発にさせることも、秋に集中豪雨が多いもう一つの原因である。ここでは、秋台風と秋雨前線の関係をみてみよう。

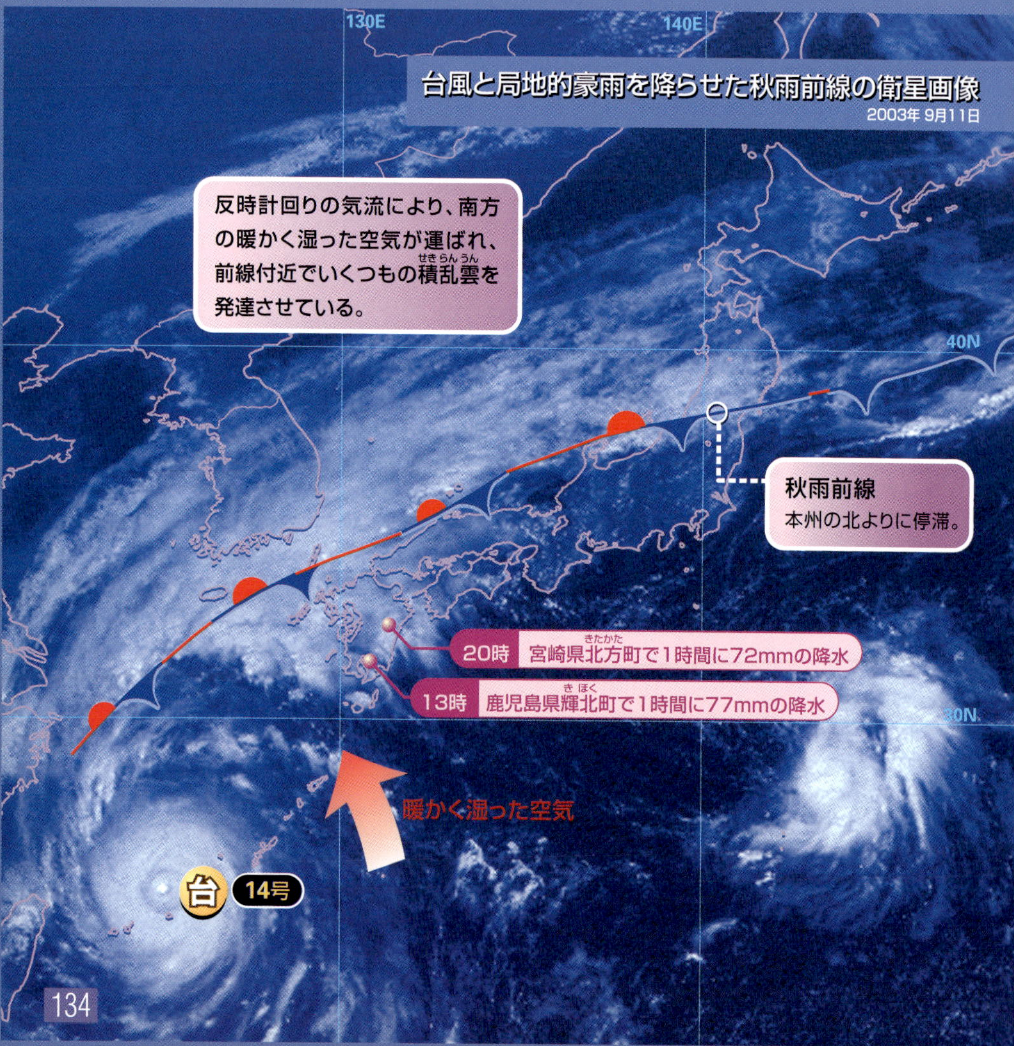

130E
140E
台風と局地的豪雨を降らせた秋雨前線の衛星画像
2003年 9月11日
反時計回りの気流により、南方の暖かく湿った空気が運ばれ、前線付近でいくつもの積乱雲《せきらんうん》を発達させている。
40N
秋雨前線
本州の北よりに停滞。
20時 宮崎県北方《きたかた》町で1時間に72mmの降水
13時 鹿児島県輝北《きほく》町で1時間に77mmの降水
30N
暖かく湿った空気
台 14号

●秋の集中豪雨

9月の台風は、南西から日本列島を縦断するようなコースをたどりやすく、大きな被害をもたらすことがある。とりわけ、日本に秋雨前線が停滞しているときは、台風の接近上陸のずいぶん前から、秋雨前線が刺激されて広い範囲で大雨となり、また、集中豪雨をもたらすことも多い。

梅雨末期の集中豪雨では、太平洋高気圧の縁を回り込むようにして吹く暖かく湿った気流が「湿舌《しつぜつ》」となって梅雨前線にのびてくることによるものであった(➡P.77)。秋の集中豪雨の時期には、太平洋高気圧はすでに南へ後退しはじめている。しかし、台風の東側では、台風による暖かく湿った気流と太平洋高気圧の縁を回り込む気流が合わさるようにして、秋雨前線に流れ込むのである。

このような気流は、台風がまだ遠い海上にある段階でも、水蒸気をたくさん含んだ空気を盛んに前線に供給する。そのため、台風単独の雨よりも雨量が多くなる。特に台風の動きが遅いときは、長時間に渡って大雨が降り続くことになるので警戒が必要だ。

衛星画像(P.134)の天気図

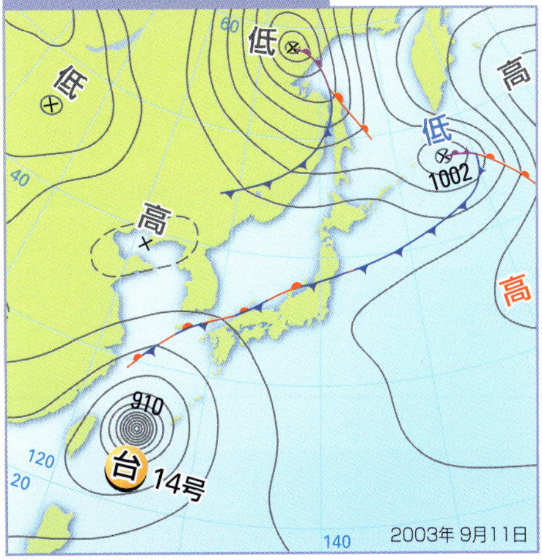

猛烈な台風14号が宮古島を通過し、本州にも大雨をもたらした。

この日の天気の特徴

■西日本、東日本とも暖かく湿った空気の流入と地形効果が重なり、所々で対流雲が発生。午後には鹿児島、宮崎、長野、栃木、大分などで1時間に50〜80mmの降雨。

■13時に鹿児島県輝北《きほく》町で77mm、20時に宮崎県北方《きたかた》町で72mmを記録した。

●局地的豪雨のあった日の1時間降水量の推移(2003年9月11日)

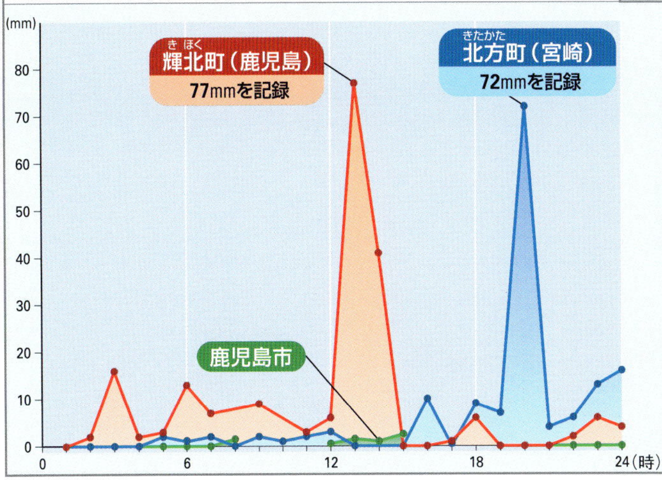

*現在は、延岡市北方町、鹿屋市輝北町となった。

13時に77mmの降雨を記録した輝北町のすぐ近くの鹿児島市では、ほとんど降雨が観測されず(グラフのとぎれている所は欠測)、局所的かつ瞬間的な豪雨であることがわかる。

秋《あき》晴《ば》れ

変わりやすい秋の空だが、しだいに秋晴れの空が多くなってゆく

秋の天気は変わりやすい。その一方、さわやかな秋晴れのイメージもある。これらはどちらも真実だ。

初秋には、低気圧と移動性高気圧が交互に日本を通過するため、2〜3日ごとに天気が崩れる。しかし秋が深まるにつれ、大きな移動性高気圧や、東西に帯状《おびじょう》に連なった移動性高気圧がやってくるようになり、さわやかな秋晴れの天気が続くようになるのである。

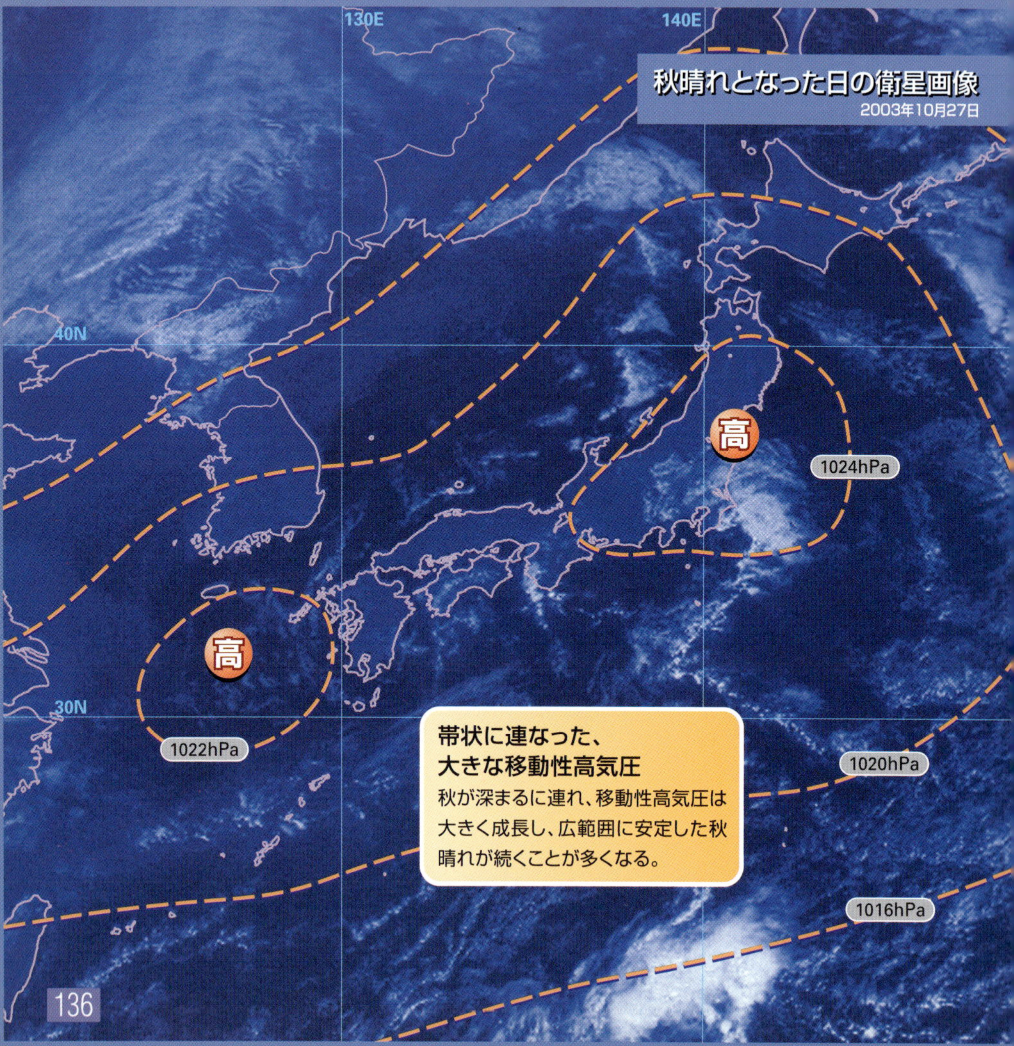

秋晴れとなった日の衛星画像
2003年10月27日
130E
140E
40N
30N
高
1024hPa
高
1022hPa
1020hPa
1016hPa
帯状に連なった、
大きな移動性高気圧
秋が深まるに連れ、移動性高気圧は大きく成長し、広範囲に安定した秋晴れが続くことが多くなる。

衛星画像（P.136）の天気図

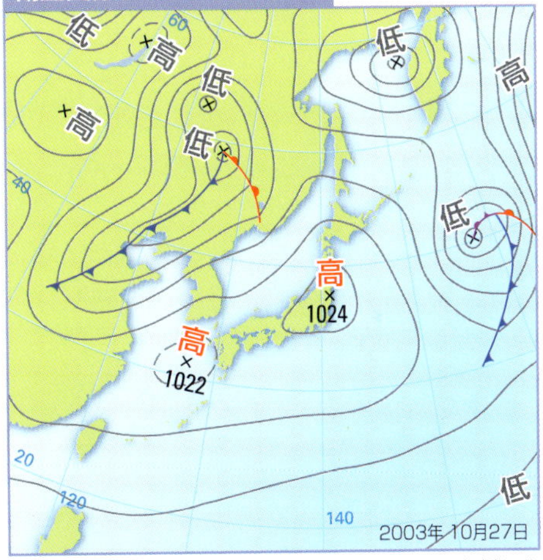

帯状に連なった大きな移動性高気圧におおわれ、九州から北海道まで穏やかな秋晴れとなった。

この日の天気の特徴

■一部で一時的な降雨があったものの、おおむね全国的な秋晴れとなった。このような日は、この日の前後で10日間続いた。

■東北では放射冷却による気温の低下により多くの観測地で初霜が観測された。また盛岡、山形では初氷も観測された。

●秋の移動性高気圧がもたらすもの

秋晴れは、海洋に囲まれた日本よりも、一足早く冷えはじめた大陸の気候を運んでくる移動性高気圧によるものである。

大きな移動性高気圧では、晴天になる範囲が広く、全国的な好天になる。また、東西に長く連なる帯状の移動性高気圧では、何日も晴天が続くことになる。

移動性高気圧におおわれた日は、夜間に放《ほう》射冷却《しゃれいきゃく》（➡P.51）で地表付近の気温が下がって、露や霜が降りたり、濃い霧が発生したりすることが多い。

秋の夜を飾るものといえば中秋《ちゅうしゅう》の名月。旧暦の十五夜（8月15日）は、新暦では9月半ばの秋雨のころで、実際に月見をできるのはまれだ。移動性高気圧におおわれた秋本番を迎えると、昼間も夜も空気は乾燥して空が澄み渡り、月見をするのにもよい季節である。

●秋晴れの特異日《とくいび》

1年のうちで決まった天気になりやすい日を「特異日」とよぶ。「晴れの特異日」としてよく知られるのは、11月3日の文化の日で、80%以上の確率で晴れになっている。

●11月3日晴れの特異日の的中度

年	1979	1980	1981	1982	1983	1984	1985	1986	1987	1988	1989	1990	1991	1992	1993	1994	1995	1996	1997	1998	1999	2000	2001	2002
的中度	○	○	×	○	○	○	○	○	×	○	○	△	○	○	○	△	○	○	○	○	○	○	×	○

（○的中　△半的中　×不的中）

※半的中は、晴れたが終日晴天が続かなかった日。

●いろいろな特異日

晴れの特異日

期日	おもな地域	天気図のパターン
1月 3日	太平洋側	冬型気圧配置
1月 6日	太平洋側	冬型気圧配置
1月19日	太平洋側	冬型気圧配置
4月 5日	全国	移動性高気圧
5月13日	全国	移動性高気圧
8月10日頃	全国	太平洋高気圧
10月16日頃	東北以南	移動性高気圧
10月23日頃	全国	移動性高気圧
11月 3日頃	全国	移動性高気圧
11月 8日頃	東北以南	移動性高気圧
12月 6日頃	太平洋側	冬型気圧配置

雨の特異日

期日	おもな地域	天気図のパターン
3月30日	関東以西	前線・低気圧
4月 8日	関東以西	前線・低気圧
6月28日頃	全国	梅雨前線
7月10日頃	沖縄以外	梅雨前線
9月15日頃	北海道以外	秋雨前線
10月13日頃	北海道以外	前線・台風
11月17日頃	北海道以外	前線・低気圧

その他の特異日

大型台風が来やすい日	9月17日、9月26日
東京で雪が降りやすい日	2月17日

秋《あき》冷《び》え

同じ「秋晴れ」の日でも、暖かい日と、冷え込む日がある

大きな移動性高気圧が全国をおおって秋晴れになる日でも、気温が上がって暖かくなるときと、なぜか気温が上がらず冷え込んでいる日とがある。日差しは同じでも、気温が違ってくるのはなぜだろうか。

これは、やってくる移動性高気圧の出身地の違いによるものだ。大陸の北のほうと南のほうとでは、気温がことなる。そのため、そこで発生する移動性高気圧も、ともなっている空気の温度がことなるのである。

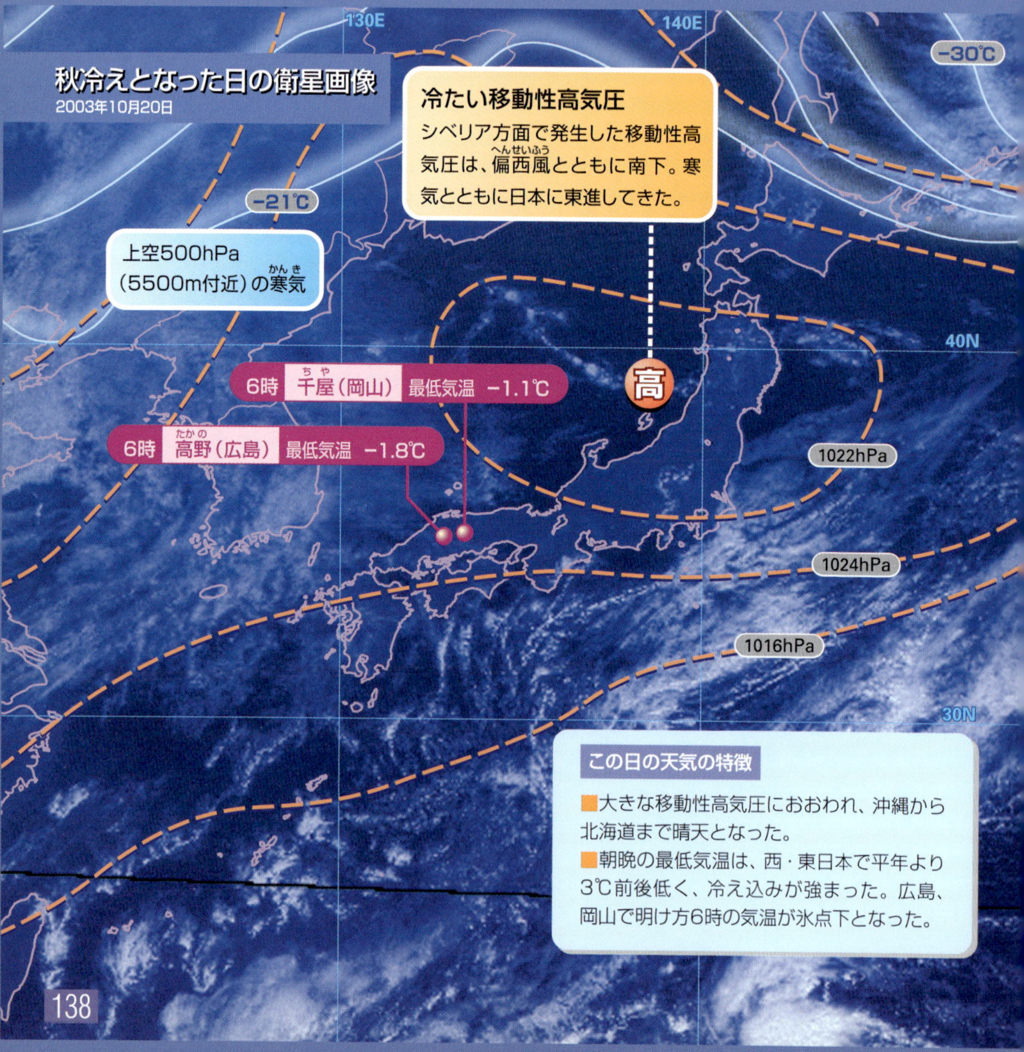
秋冷えとなった日の衛星画像
2003年10月20日
130E
140E
-30℃
-21℃
冷たい移動性高気圧
シベリア方面で発生した移動性高気圧は、偏西風《へんせいふう》とともに南下。寒気とともに日本に東進してきた。
上空500hPa（5500m付近）の寒気《かんき》
40N
高
6時　千屋《ちや》（岡山）　最低気温　−1.1℃
6時　高野《たかの》（広島）　最低気温　−1.8℃
1022hPa
1024hPa
1016hPa
30N
この日の天気の特徴
■大きな移動性高気圧におおわれ、沖縄から北海道まで晴天となった。
■朝晩の最低気温は、西・東日本で平年より3℃前後低く、冷え込みが強まった。広島、岡山で明け方6時の気温が氷点下となった。

●移動性高気圧の出身地

大陸南部の揚子江《ようすこう》（長江《ちょうこう》）方面で発生して東へまっすぐ進んでくる移動性高気圧は、比較的暖かい空気をともなっている。秋晴れの日差しも手伝って、気温は上がり、暖かな陽気となる。晩秋から初冬にこのような日があると、「小春日和《こはるびより》（➡P.168）」とよばれる。

一方、移動性高気圧が大陸の北のシベリア方面で発生して、南下するようにやってきた場合は様子が異なる。上空に寒気《かんき》をともなっており、これが高気圧から吹き出すので、秋晴れの日差しがあっても気温がなかなか上がらず秋冷えとなるのだ。

このように、移動性高気圧がもたらす気候について考えるときは、高気圧の大きさなどとともに、どこで発生したかにも注目することが必要だ。

●移動性高気圧のコース

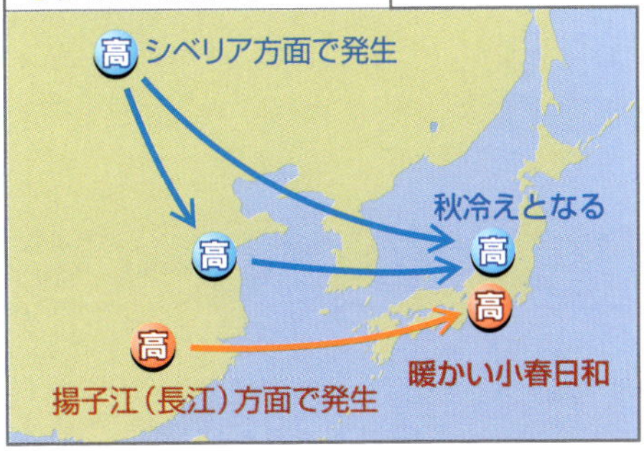

衛星画像（P.138）の天気図

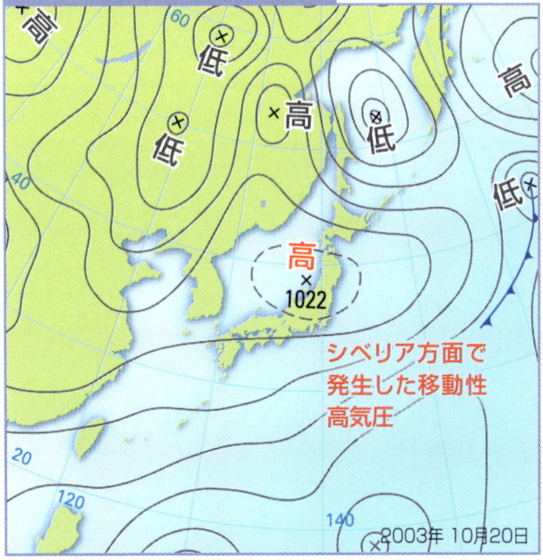

北日本に中心をもつ移動性高気圧におおわれ、沖縄から北海道まで晴天となった。

●偏西風《へんせいふう》の蛇行《だこう》と移動性高気圧の経路

高層の天気図を見ると、日本上空の偏西風を知ることができる。移動性高気圧や低気圧は、偏西風に流されるように移動していく。

偏西風は、右図のように東西に流れているとき（東西流型《とうざいりゅうがた》）もあるが、蛇行して日本上空で南北方向に近い流れのとき（南北《なんぼく》流型《りゅうがた》）もある。このような偏西風の形によって、移動性高気圧や低気圧の進む方向は影響を受けるのである。

南北流型では、偏西風が南側に張り出しているところに上空の寒気が南下しているので、地上での冷え込みを予測できる。冷たい移動性高気圧の南下においても、このような上空の寒気をともなっているのである。

●上空に吹く偏西風の型

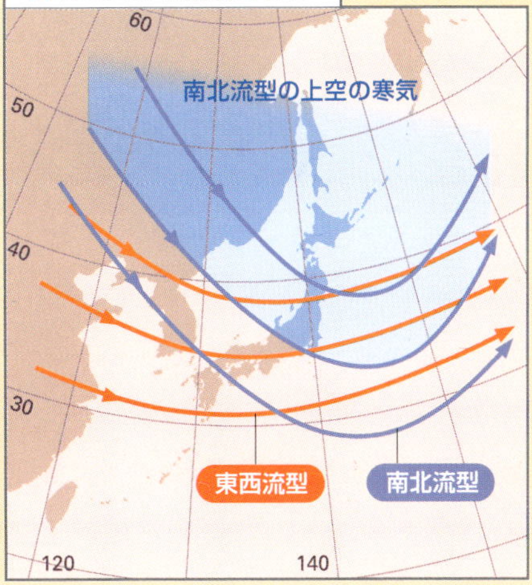

秋《あき》の青《あお》空《ぞら》

秋の空が澄んで見えるのは大気中の塵《ちり》や水滴が少ないため

　よく晴れて、刷毛《はけ》ではいたような巻雲《けんうん》が高く浮かぶ秋の空。秋の青空が澄んでいるのは、大きな移動性高気圧におおわれ、空気が乾燥して細かな水滴がないうえに、大気中に塵《ちり》が少ないためである。

大気圏（➡P.37）を横から見たところ。奥に月が見え、宇宙空間は黒く写っている。空気密度の高い大気圏下層で、空気自体が青く発光しているように見える。

Image courtesy of Earth Sciences and Image Analysis Laboratory, NASA Johnson Space Center.
写真番号:ISS008-E-8951 日付:2003年12月18日

小笠原《おがさわら》諸島母島《ははじま》より望む、海に沈む夕陽。

●空はなぜ青いのか

もし地球に大気がなければ、太陽がない方向の空からは光がやってこないので、空は真っ黒に見える。大気のない月面では実際に空は黒い。地球では、大気中の空気の分子《ぶんし》や塵《ちり》・水滴などが光をいろいろな方向に散乱《さんらん》するため、太陽がない方向の空も明るいのだ。

ところで、太陽光はプリズムを使うと虹色《にじいろ》に分かれる。これは、白い（色がない）太陽光は、実は波長《はちょう》のことなるいろいろな光が合わさったものだからだ。

太陽光に含まれるいろいろな波長の光のうち、空気を構成する小さな酸素分子《さんそぶんし》や窒素分《ちっそぶん》子《し》は、波長の短い光を強く散乱する性質がある。このため、波長の短い青色や紫色の光だけが散乱され、空は青く見えるのである。

また、もっと大きな粒子《りゅうし》である大気中の塵や水滴は、太陽光を全部散乱して空を白っぽく見せる。春先に空が白っぽいのはそのためである。秋晴れでは大気中の塵や水滴が少なく、抜けるような青さになるのだ。

●空気による太陽光の散乱

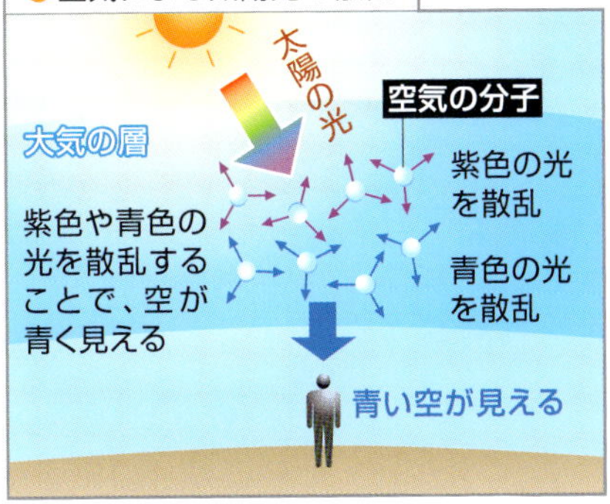

大気中の空気の分子や塵・水滴などの粒子は、太陽光をいろいろな方向に散乱する。酸素や窒素の分子が、まず上空で紫色の光を、次に青色の光を散乱させるため、空は青い。

●夕焼け空の場合

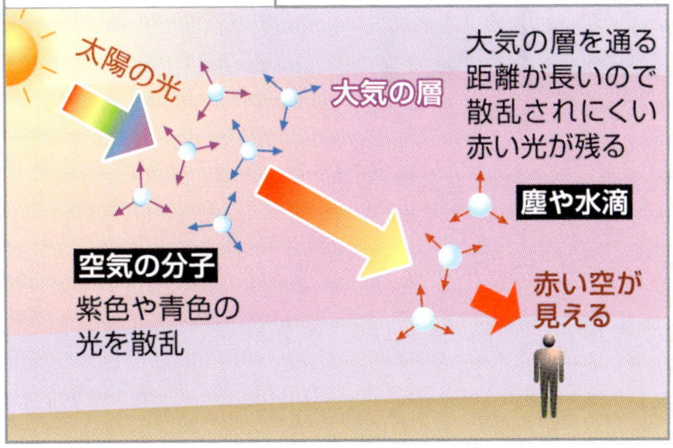

日没頃は、太陽光が大気中を長い距離通過してくるので、青色の光はすべて散乱されて、赤っぽい光だけが届く。この光が、地表近くの塵や水滴で散乱されて空が赤く見えるのだ。

紅《こう》葉《よう》前《ぜん》線《せん》

気温の低下とともに、列島を秋色に染めながら南下する

木の葉が鮮やかに色づく紅葉。その美しさは、われわれに秋の深まりを実感させてくれる代表的な風物詩である。

気象庁では生物季節観測（➡P.47）の対象として、カエデやイチョウの紅葉開始日を観測している。紅葉前線とは、各地の紅葉が始まる時期を地図上に結んでいったもの。一般的には北から南へと進むが、高地が続くところでは標高の高いところから平地へ向けて降りてくる。

●カエデの紅葉日（1971～2000年の平年値）

カエデの紅葉日は、観測の対象となる標準木の大部分の葉が赤色に変わった日をさす。
紅葉前線は10月中旬に北海道から始まり、わずか1か月後には九州に達する。
さらに南の沖縄では、紅葉の観測が行われていない。
また、中部の山岳地方では北海道とほぼ同時期に紅葉が始まる。

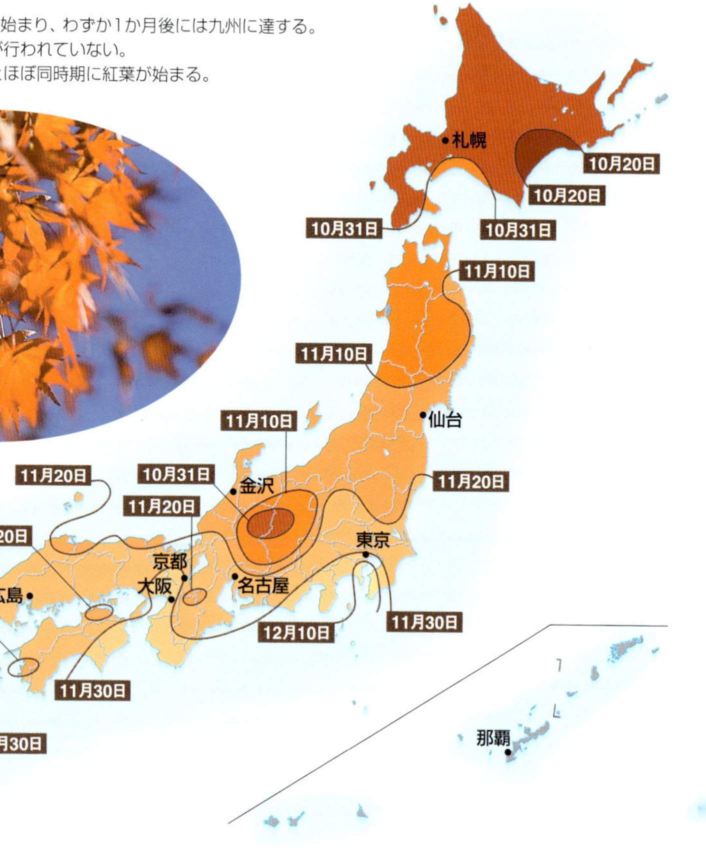

●紅葉のしくみ

紅葉は平均気温が10℃以下になると開始されるといわれている。秋が深まり気温が下がると、樹木は葉を落とす準備を始め、葉と枝の間に仕切りをつくる。そのため、葉の中でできた糖分《とうぶん》が枝のほうに運ばれなくなり、葉の中に残る。その糖分から赤い色素が生成され、葉が赤く染まる。これが、カエデなどの葉が赤く色づくしくみである。

また、イチョウなど葉が黄色くなる樹木は、秋に葉の動きが弱まり、光合成を行う緑色の成分が分解される。そのとき、今まで目立たなかった黄色い色素が浮き出して見えてきて、葉が黄色に染まるのである。

●イチョウの黄葉日（1971～2000年の平年値）

イチョウの黄葉日とは､標準木の大部分の葉が黄色に変わった最初の日のこと。黄葉前線は10月下旬に北海道、東北の広い範囲で始まる。その後、わずか1か月あまりで九州南部にまで達する。沖縄では黄葉の観測が行われていない。イチョウは黄葉日のほか、発芽日（春）と落葉日（秋）の観測が行われている。

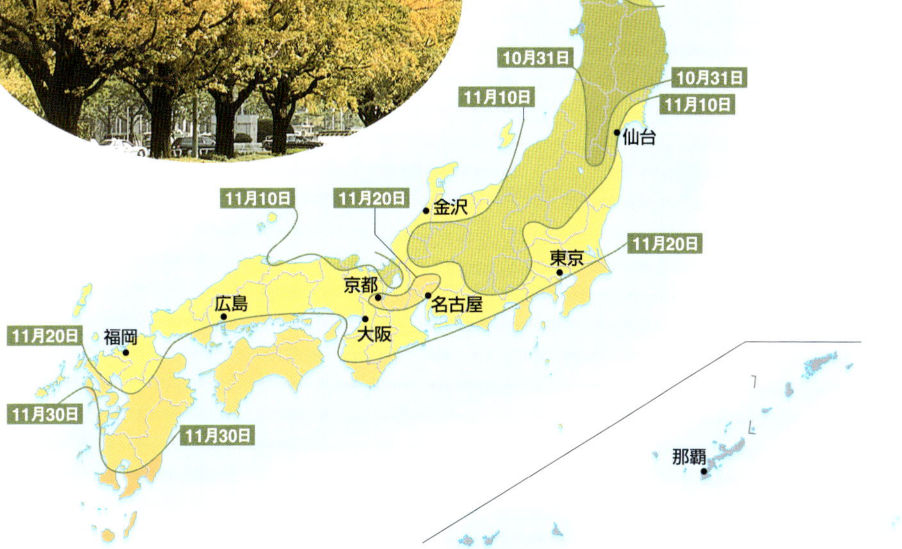

初《はつ》冠《かん》雪《せつ》

高い山の頂上が雪におおわれ 一足早い季節の変化を告げる

平地はまだ秋でも、山の冬はずっと早くやってくる。平地が15℃のとき、2500m以上の高度では、すでに気温は氷点下だ。秋の半ばには多くの山々で、初雪が降るのである。

初めて山頂に雪が積もっているのが観測される「初冠雪」の平年日は、北海道の大雪山《だいせつざん》（9月24日）が最も早く、次いで富士山《ふじさん》（9月27日）。そして10月になると日本各地で続々と初冠雪が報告される。

北海道旭岳《あさひだけ》に初冠雪《はつかんせつ》があった日の衛星画像
2003年 9月21日

北アルプス立山《たてやま》近くの蓮華岳《れんげだけ》の初冠雪。

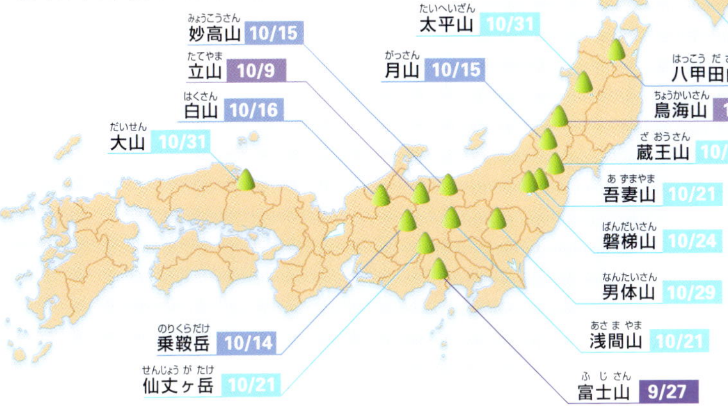

●全国初冠雪マップ
おもな日本の山岳における初冠雪の平年日（1971～2000年）

●上空の寒気《かんき》の南下がもたらす

夏を過ぎてから初めて山頂付近での積雪を、ふもとから観測したときを「初冠雪」という。山頂での初雪は、積雪にまでいたらないことも多いので、初雪の2～3週間後に冠雪が観測されることが多い。

秋の山に初冠雪をもたらすのは、シベリア方面から南下してくる上空の寒気《かんき》である。低気圧の通過にともなって、上空の寒気が南下してくると、平地では雨でも、高山では雪になる。低気圧の通過後も上空の寒気は残っているので、高山では雪が続くこともある。

山の気温は、100m上昇するごとに平均で0.6℃ずつ低下していく。2500mの山では15℃の気温差があるので、山の冬は、平地より2～3か月早くやってくるということになる。

富士山では、夏でも山頂の気温は低く雪が降ることも珍しくはない。冬の名残雪《なごりゆき》が7月10日頃まであり、初雪の平年日は9月12日頃である。

衛星画像（P.144）の天気図

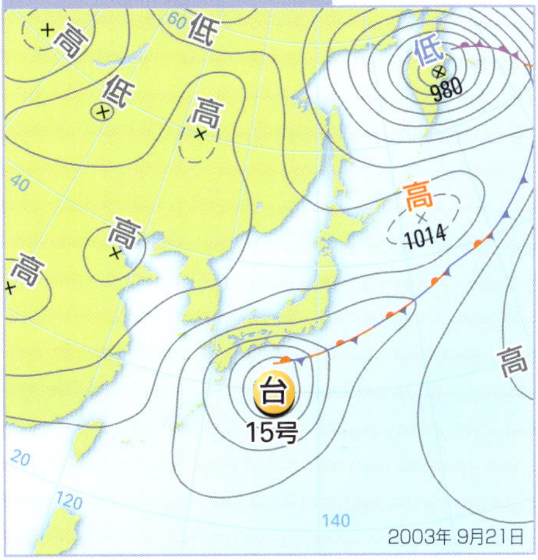

台風15号が太平洋沿岸を北東に進み、四国～東北南部は大雨となった。

この日の天気の特徴

■東北北部から北海道にかけては秋晴れの一日となったが、上空に寒気が入り込み、北海道の大雪山（旭岳）で初冠雪。

木《こ》枯《が》らし

秋から冬への移り変わりに吹く、冷たい北風

晩秋になると、木の葉を枯らすような冷たい北よりの強い風が吹く日があらわれてくる。この風を太平洋側で「木枯らし」といい、晩秋になって初めての木枯らしを「木枯《こが》らし1号《ごう》」という。東京や大阪の木枯らし1号は、立冬《りっとう》の頃（11/7頃）である。

一時的な冬型になり、寒気《かんき》が南下して、晴天にもかかわらず気温が下がるが、再び移動性高気圧におおわれて、過ごしやすい秋晴れが戻ってくる。

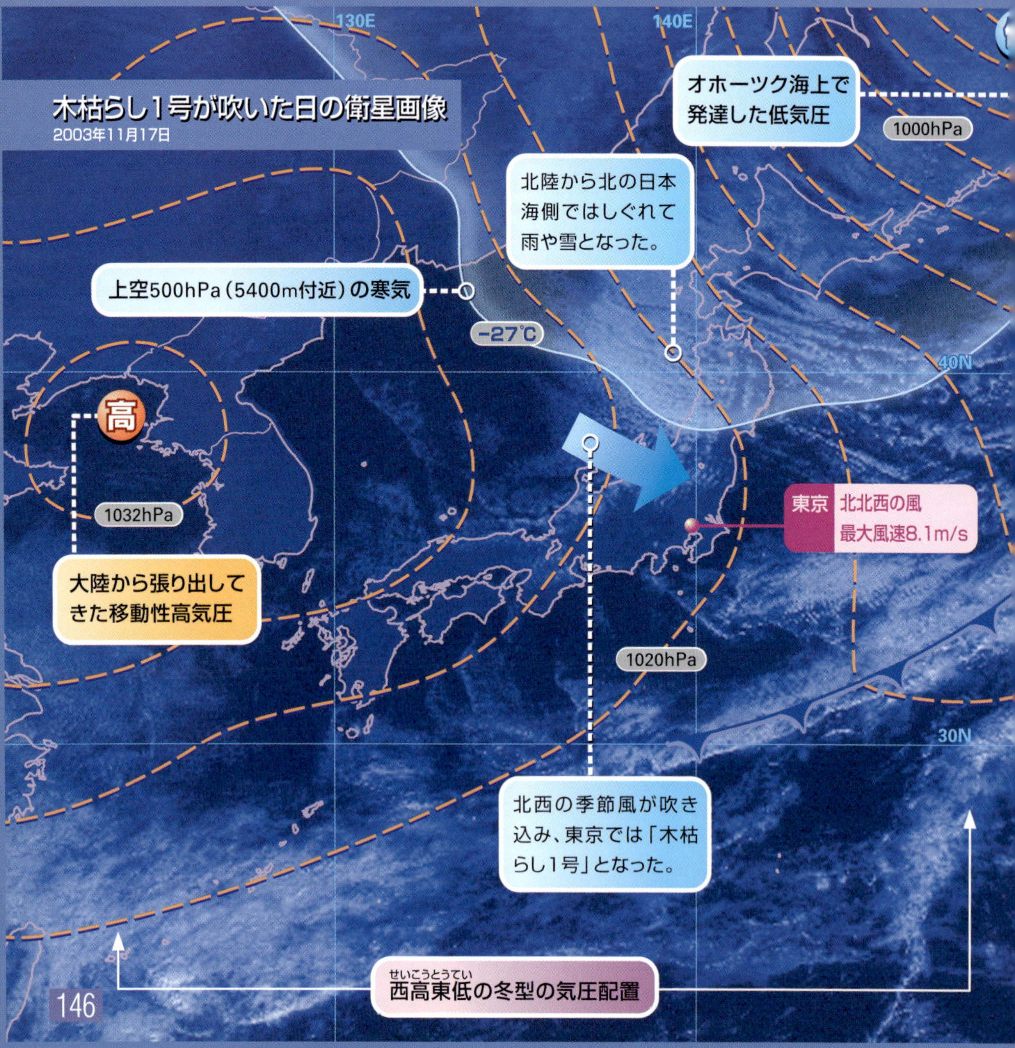

●「木枯らし1号」をもたらす天気図の移り変わり

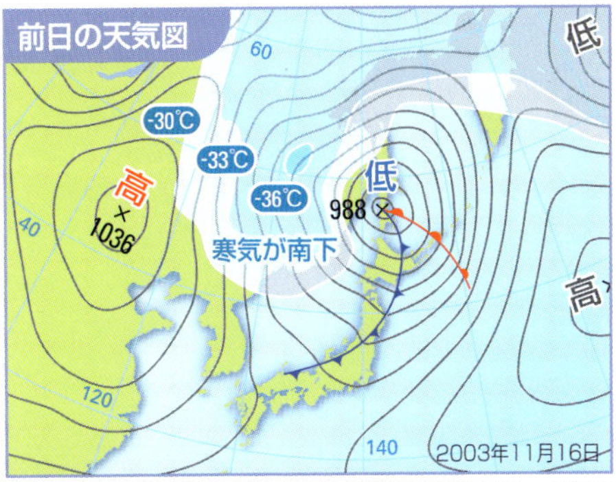

低気圧が日本を通過して、北日本の東海上にぬける。低気圧の西側には寒気《かんき》が南下してきている。

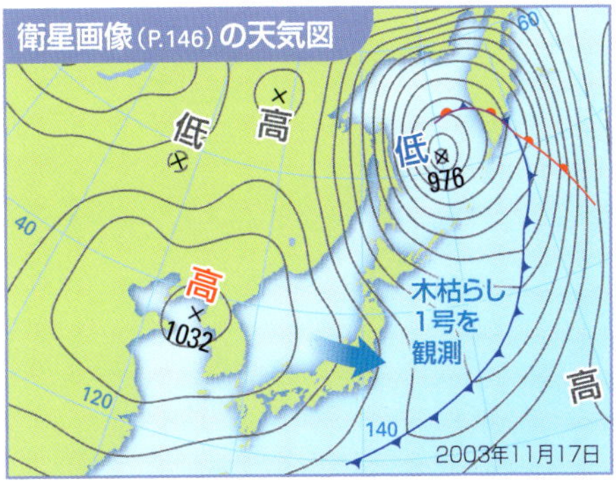

低気圧が発達。同時に、西から移動性高気圧が張り出してきて、西高東低《せいこうとうてい》の冬型の気圧配置になり、太平洋側では木枯らし1号となった。

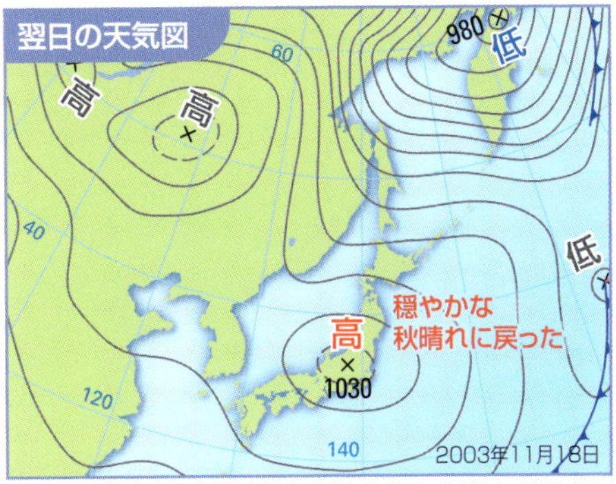

西の移動性高気圧はしだいに日本全体をおおい、穏やかな秋晴れに戻った。

●木枯らし1号

秋の低気圧が日本を通過したあと、北日本の東海上で発達することがある。このとき、西から張り出してきた移動性高気圧との間で、等圧線が南北に混み合って走る気圧配置になる。これは、冬の季節風をもたらす「西《せい》高東低《こうとうてい》」の気圧配置のはしりであり、北よりの風が強くなる。このとき、上空の寒気が南下してきているので、気温が急に低下するのも特徴だ。

このようにして吹く、その秋最初の冷たい北よりの風が「木枯らし1号」である。「木枯らし1号」とされるのは、次のような条件がそろったときである。

●「木枯らし1号」の条件

- 「西高東低」の冬型の気圧配置
- 北～西北西の風
- 最大風速8m/s以上の風

西にある高気圧は移動性であるため、次第に日本全体をおおって、風の弱い秋晴れの天気に戻る。気温もいったんは回復するのが普通だが、このような寒気の南下をくり返すうちに、次第に冬に向かっていくのである。

●時雨《しぐれ》

晩秋から初冬にかけて、日本海側で降ったりやんだりする冷たい雨になることがある。このような、雨を「時雨」とよぶ。

時雨になるのは、「木枯らし1号」のような冬の季節風のはしりによって、日本海の暖かい海面から対流性で団塊状《だんかいじょう》の雲が生じ、次々に通るためである。

この日の天気の特徴

■日本付近は冬型の気圧配置。冷たい北よりの風が吹き、日本海の所々で時雨となった。
■北海道は、この冬初めて平野部でも積雪。

初霜《はつしも》・初氷《はつごおり》

気温の低下と放射冷却によって起きる現象

晩秋を迎えると、冷たい移動性高気圧におおわれて風のない夜に、放射冷《ほうしゃれい》却《きゃく》（➡P.51）が強まって「初霜」や「初氷」といった現象が起きる。

初霜や初氷の時期は意外に早く、気温が氷点下になる以前に迎えるのが普通だ。気象情報の「気温」は地表から1.5mの高さで測定すると定められている。しかし、放射冷却では地表面から冷え込んでいくので、気温が氷点下でなくても、地表近くの温度が氷点下になっているのである。

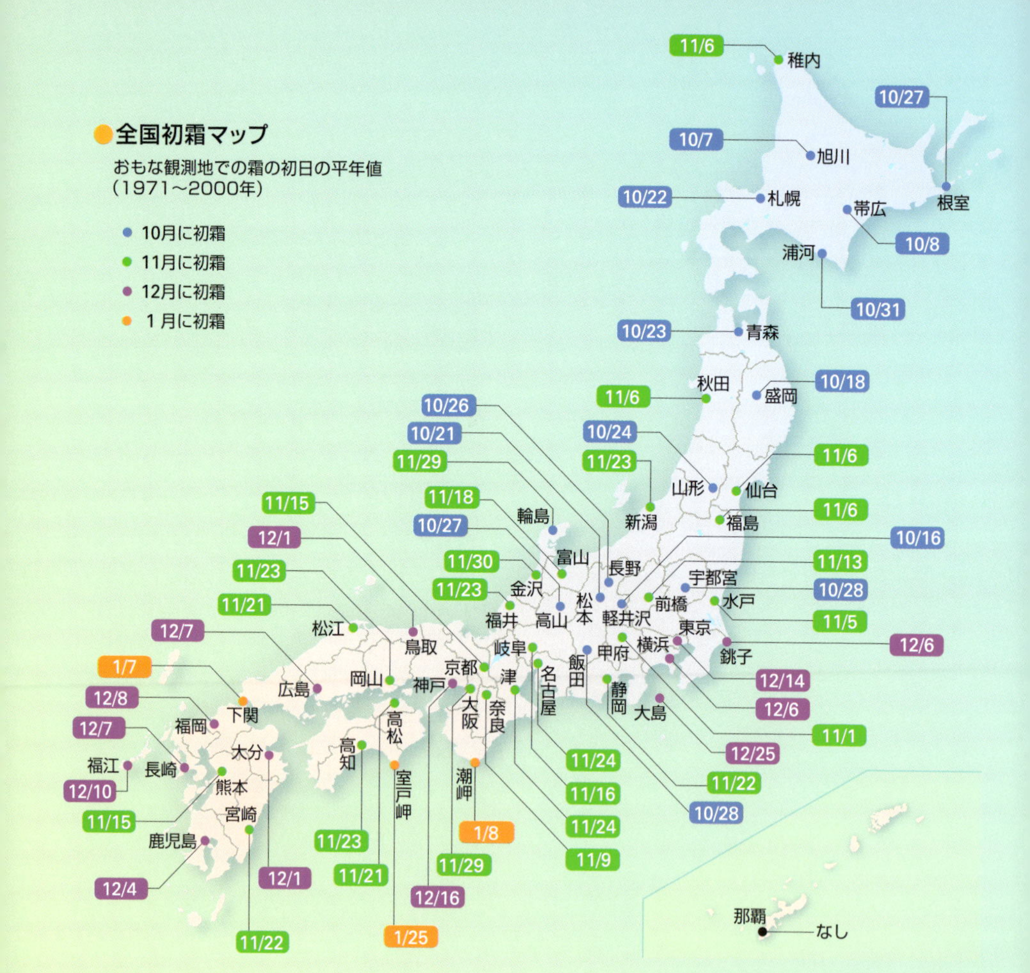

褐色の落葉も、まだ緑色の下草も、ザラメのような霜をびっしりと身にまとった。福島県伊南村《いなむら》の10月。

●初霜

気温の低下により、空気中に気体としていられなくなった水蒸気が、氷の微少な結晶《けっしょう》として地面や植物などの表面に付着したものが霜である。うろこ状、針《はり》状、羽毛《うもう》状、扇《おうぎ》状など多彩な形がある。冷え切った自動車のフロントガラスについた霜を車内からルーペで観察すると、実際に形がわかることがある。

初霜が降りるときは、気温は3℃以下であることが多い。このとき、放射冷却で冷えた地表すれすれのところでは、すでに氷点下であり、霜ができる条件になっているのである。

●初氷

初氷ができる原因も、放射冷却による地表面の冷え込みである。ただし、初氷は、初霜よりも少し遅い時期になるようだ。

初霜と初氷が同時のこともあるが、初霜より1週間ほどあとになることが多い。寒冷な移動性高気圧がやってきて初霜になったあと、1つか2つ、次の寒冷な移動性高気圧がやってきたときは、もう少し気温が低下しているからだ。

初霜から初氷へと現象が進むことは、秋から冬へと向かう道標《みちしるべ》のようである。

●霜柱《しもばしら》

地中の水分が毛細管《もうさいかん》現象*により地表に上昇しながら凍ったものが霜柱である。霜は空気中の水蒸気がもとになっており、霜と霜柱はできかたが違うのである。

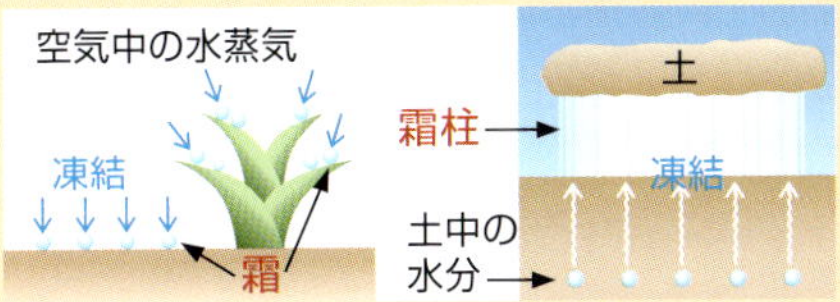

＊毛細管現象…液体の表面張力によって、細い管内（ここでは土の粒子のすきま）の液面が、管外よりも高くなる現象。毛管現象ともいう。

霧《きり》の季節《きせつ》

秋から初冬にかけては霧が多く発生するが、霧にもさまざまな種類がある

「霧」は秋に多く見られ、秋の季語にもなっている。しかし、海や山の霧は夏に発生しやすく、また冬に発生する川霧《かわぎり》もある。霧にはいろいろな種類があるのだ。秋に発生しやすいのは、移動性高気圧におおわれたとき放射冷却《ほうしゃれいきゃく》によって発生する「放射霧《ほうしゃぎり》」である。

風の弱い盆地では、特に放射霧が発生しやすく、盆地の底全体に溜《た》まって、山の上から見ると、同じ土地とは思えない幻想的な風景になる。

秋の栃木県日光戦場ヶ原。冷え込んだ盆地状の草原で、朝によく見られる放射霧。太陽が昇るとともに消えていく。

●霧とは

「小さな水滴が空中に漂っているもの」という意味では、霧も雲も同じである。雲が地面に接していれば霧であるといえる。霧の薄いものを「もや」といい、視程が1kmあるかどうかで分けられる。

しかし、霧と雲とではできるしくみがことなり、やはり別のものだ。また、下の図のように、霧にもいろいろなでき方があり、発生しやすい状況はさまざまだ。

放射霧《ほうしゃぎり》　放射冷却によって地表付近の空気が冷やされることで発生する。特に盆地で発生しやすい。

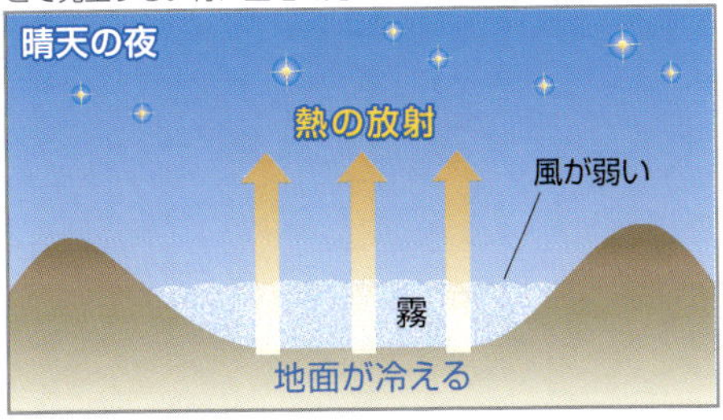

蒸《じょう》気《き》霧《ぎり》　暖かい水面から蒸発した水蒸気が、冷たい空気に冷やされて、湯気のような霧になる。冬に発生しやすい。

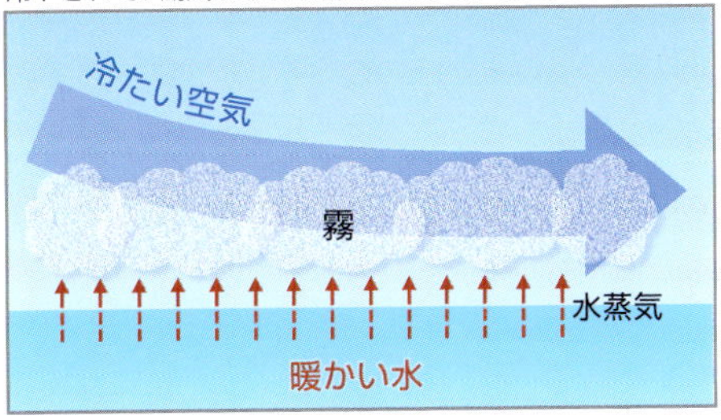

前線霧《ぜんせんぎり》　前線において、暖気の中で発生した暖かい雨粒が、下の寒気の中を落下していくときに発生する。

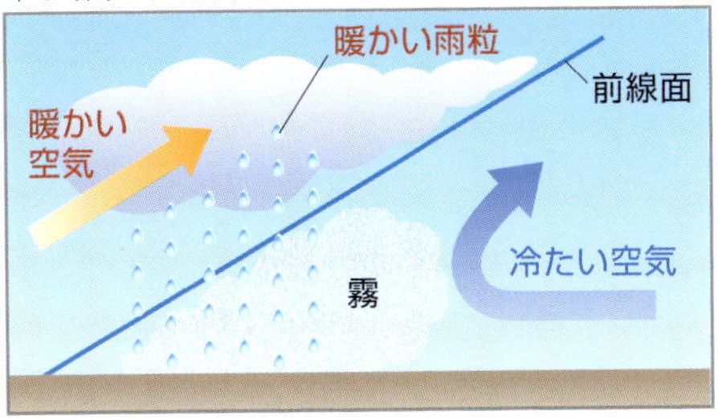

●逆《ぎゃく》転《てん》層《そう》

放射冷却（➡P.51）が起こると、地表付近の気温がその上空の気温よりも低いという状態が生じる。普通は上空ほど気温は低いので、これを逆転層という。

放射霧が発生しているときは、同時に逆転層になっているといえる。また、霧の発生にいたらなくても、逆転層ができていると、煙突の煙がある高さまでしか上がらず横に広がる現象が見られる。

移流霧《いりゅうぎり》　暖かく湿った空気が冷たい海面上へ流れ込んで発生する。夏に北海道から三陸沖《さんりくおき》で発生する海霧《かいむ》など。

滑昇霧《かっしょうぎり》　山の斜面に沿って上昇した空気が膨張《ぼうちょう》して冷えることで発生する。

混合霧《こんごうぎり》　2つの温度の違う空気が合流したとき発生する。水温の違う2つの川の合流点で発生しやすい。

渡《わた》り鳥《どり》

気象条件を読み、気流を利用して何千kmも飛ぶ渡り鳥

日本に飛来する渡り鳥は、大別すると夏鳥《なつどり》、冬鳥《ふゆどり》、旅鳥《たびどり》（春と秋）の3つのグループに分けられ、それぞれの季節ごとに、繁殖や越冬などを目的として渡ってくる。

秋や春は、北方の繁殖地と南方の越冬地を往復する旅鳥が日本に立ち寄る時期。干《ひ》潟《がた》や湿地などの渡り鳥が飛来する場所では、数多くの種類の鳥たちを見ることができる。

秋に群れをなして日本に飛来するマガン。繁殖地のシベリアから、片道およそ4000kmにもおよぶ長旅である。

旅鳥《たびどり》

夏に日本より北方の地域で繁殖し、冬は日本より南方の地で過ごす鳥。その春と秋それぞれの渡りの途中に、日本を経由する。

アカアシシギ

オオソリハシシギ

メダイチドリ

他にキョウジョウシギ、キアシシギ、チュウシャクシギ、トウネン、エゾビタキなど

夏鳥《なつどり》

春から初夏にかけて、南方の東南アジアなどの越冬地から日本へ渡ってくる。夏の間、日本で繁殖し、秋になると再び南の越冬地へ渡っていく。

キビタキ

オオルリ

アマサギ

他にツバメ、カッコウ、アカショウビン、コアジサシ、アカモズ、コノハズクなど

列島の島づたいに飛来する渡り鳥

冬鳥《ふゆどり》

秋から冬にかけて、北方のシベリアなどの繁殖地から日本に渡ってくる。冬季は繁殖地が極寒となるため、日本で冬を過ごし、春になると北の繁殖地へ戻る。

オオハクチョウ

マナヅル

マガン

他にナベヅル、オナガガモ、ユリカモメ、カシラダカ、アトリ、ツグミ、マヒワなど

●気流を利用しながら渡るナベヅル

ナベヅルは夏にロシア東部で繁殖し、秋に中国、朝鮮半島を通って日本の九州や山口県にやってくる。その秋の渡りでは、大陸から吹きはじめた季節風に乗って、一気に対馬《つしま》海峡を越えて九州に渡るようだ。一方、北に戻る春の渡りでは、山や海に発生する上昇気流を探しながら、小刻みに朝鮮半島へ向かうといわれている。

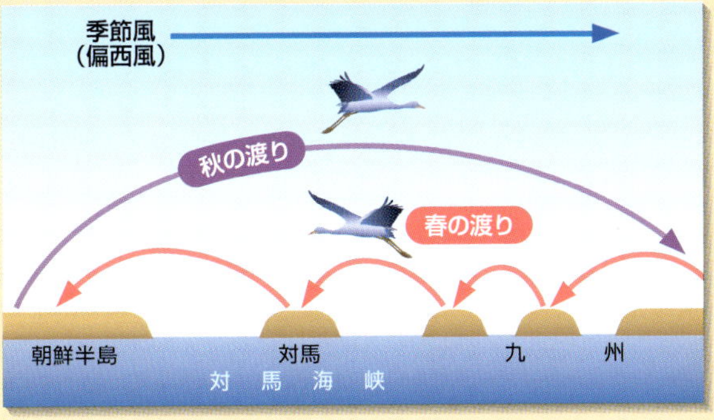

雲《くも》図《ず》鑑《かん》③～下《か》層《そう》雲《うん》Ⅰ

雲の基本形を、形と発生する高さによって10種に分類したのが「10種雲形《しゅうんけい》」である。高度2km以下のところに発生するのが下層雲で、氷晶《ひょうしょう》と水滴が混じりあってできている。ここでは主に層状に広がるものをあげる。

層《そう》積《せき》雲《うん》 Stratocumulus

名称（英名）　層積雲（Stratocumulus）
記号　Sc
高さ　下層／地面付近～2km
別名　くもり雲、うね雲

白または灰色の、厚く層をなした雲で、水滴でできている。団塊状やうねのような形に並ぶ。全天をおおうことが多いが、切れ切れに青空が見える。高積雲に似ているがあらわれる高度が低い。

層《そう》雲《うん》
Stratus

名称（英名）	層雲（Stratus）
記号	St
高さ	下層／地面付近〜2km
別名	霧雲

低いところに層状に発生する灰色の雲。山などで地表に接すると、霧とよばれる。強い雨を降らせることはないが、霧雨、細氷《さいひょう》、雪を降らせることがある。ときに不規則なまだら模様であらわれることもある。

飛行機雲

寒冷で湿った大気中を飛行している航空機のあとに、尾を引くように発生する雲が飛行機雲だ。ジェットエンジンの排気ガスに含まれる水蒸気が急に冷やされて、水滴（雲粒）に変化するのである（図①）。また、排気ガス中の塵《ちり》が凝結核になることで、水蒸気が水滴になることを助けている。

飛行機雲ができる理由はもう一つある。水蒸気で過飽和になった空気の中を飛行したとき、空気が急に圧縮・膨張したり（図②）、気流の渦の中で局所的に上昇気流が生じたりする（図③）ことによって雲が生じるのである。

いずれも対流圏上部で発生するが、まわりの空気の湿度が高いと雲はいつまでも消えずに長い軌跡を描き、低いとすぐに消えていくので、飛行機雲によって上空の状態をある程度知ることができる。

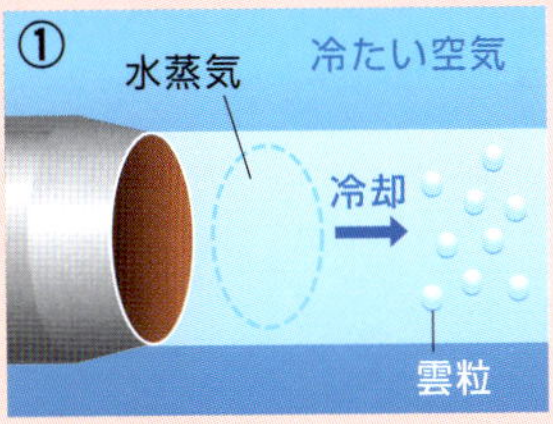

①排気中の水蒸気が冷えて雲粒に変化する。

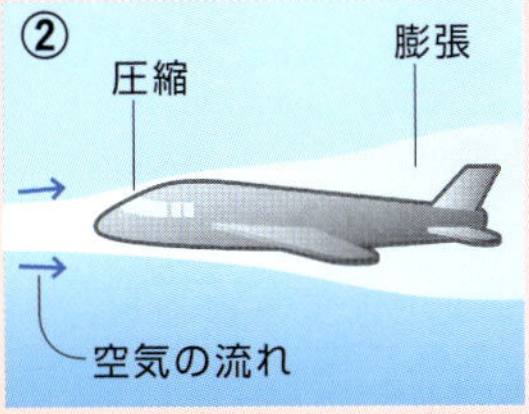

②空気が圧縮されたあと急に膨張して雲ができる。

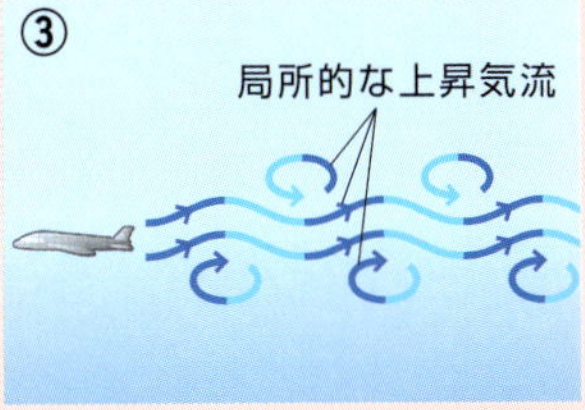

③気流の渦によって上昇気流が生じて雲ができる。

気象歳時記 秋

秋の語源は「あかる」「あかき」といい、稲が明るく黄金色に実り、植物が赤く色づく時期のことをいう。歳時記では、立秋《りっしゅう》（8/8頃）から立冬《りっとう》（11/7頃）の前日までを秋とする。穀物が豊かに実り、空は高く澄み、木々は紅葉して色づく。また、秋は月の季節とされ、月明かりや虫の音を楽しむ夜に風趣《ふうしゅ》がある。

山《やま》粧《よそお》う

滝になる水湛《たた》へたり山粧ふ

裸馬《らば》

晩秋に、全山が紅葉や黄葉でいろどられたさまをいう。紅葉で山々がおのずから粧うと感ずる擬人化の季語である。季語では四季折々の山の姿をそれぞれ、春は「山笑う」、夏は「山滴《したた》る」、秋は「山粧う」、冬は「山眠る」と表現している。元は『臥遊録《がゆうろく》』という漢詩の「春山淡冶《たんや》にして笑ふが如《ごと》く、夏山蒼翠《そうすい》にして滴るが如く、秋山明浄《めいじょう》にして粧うが如く、冬山惨淡《さんたん》として眠るが如し」から季題になったという。

秋の季語

季節感や美意識など、日本人のこまやかな感情を短い文言の中に凝縮したものが季語だ。俳句の世界では、季節感をやや先取りするくらいの感覚で詠《よ》むのがよいとされる。

二《に》百《ひゃく》十《とお》日《か》

この頃は稲の開花期で、農家の人たちはこの日が無事に過ぎることを願った。暴風雨の襲来を警戒する日として、厄日《やくび》としている所も多い。

風少しならして二百十日かな　紅葉《こうよう》

鰯《いわし》雲《ぐも》　鱗《うろこ》雲《ぐも》　鯖《さば》雲《ぐも》

空一面に小さな雲片が斑紋《はんもん》をなして広がり、もう秋だとの思いでこれを仰ぐ人は多い。鰯の群れや魚鱗、鯖の背にある斑紋のように見えるので、鰯雲、鱗雲、鯖雲などという。

鰯雲昼のまゝなる月夜かな　花蓑《はなみの》

白《しら》露《つゆ》　露《つゆ》の玉《たま》

風のない晴れた夜、放射冷却によって、空気中の水蒸気が水の玉となって地物を濡らす。しかし秋のうちは日が昇れば気温も高くなり、草むらの露もうそのように乾いてしまう。そこから、人の世のはかないことの意を露になぞらえて詠《よ》んだものも多い。

白露や茨《いばら》の刺《とげ》に一つづゝ　蕪村《ぶそん》

夜《よ》寒《さむ》　宵《よい》寒《ざむ》

秋は日が暮れると､ひたひたと寒さが忍びよってくる。夜なべをしていても手先が冷えてくるほどである。寒夜《かんや》というと冬の夜の寒さをいうが、寒気《かんき》がそれほど厳しくなくても、秋の夜寒のほうが哀感を伴う。

犬が来て水のむ音の夜寒かな　子規《しき》

名《めい》月《げつ》　雨《う》月《げつ》

陰暦8月15日の中秋《ちゅうしゅう》の名月のこと。一年中で最も明るく澄んで美しい月とされ、季節のものを供えて月をまつる。また、雨が降って名月が見られないことを雨月といい、月を惜しむ気持ちが一層わびしさを募らせる。

名月や杉に更《ふ》けるたり東大寺　漱石《そうせき》

星《ほし》月《づく》夜《よ》

月のない夜、秋は空が澄んでいるので、満天の星の明かりがまるで月夜のように明るく輝く。その趣を星月夜といい、その光り澄む星を秋の星という。

われの星燃えてをるなり星月夜　虚子《きょし》

観天望気～天気のことわざ

「遠くの山がはっきり見えると晴れる」

遠くの山まではっきりと見通せるときの気象状態は、低気圧が通り過ぎて移動性高気圧におおわれ始めたときだ。このようなときは、2～3日は晴れていることが多くなる。特に秋は空気中の水蒸気の量が少なく、ホコリやチリなども少ないため、遠くまで見通すことができる。春はホコリやチリが多く、夏は水蒸気の量が多いため見えにくく、冬は雪が降りやすい地域では遠くの山を見ることができない。

「カラスが巣に急ぐと雨」

カラスはエサを求めて早朝ねぐらを飛び立ち、夕方、日暮れ前にねぐらに帰る。鳥は暗くなると視力が落ちて行動が制約されるので、暗くなる前に巣に帰ろうとするのだ。通常、雨が降る直前は厚い雲におおわれて暗くなる。それが夕方であれば、いつもより早く暗くなる。カラスを含めほとんどの鳥は、体を濡らしてしまう雨を嫌うので、雨を察知して早く帰ろうとするのだろう。

長《なが》浜《はま》町《ちょう》の 肱《ひじ》川《かわ》あらし

愛媛県大洲市長浜町。ここは毎年秋から春にかけて、霧と冷気をともなった白い風「肱川あらし」がうなりを上げて吹き抜けていく町として知られる。

愛媛県大洲《おおず》市長浜《ながはま》町
★秋の深まる11月頃から、翌年の春3月頃まで、月に5～6回発生する。昼と夜の気温差が大きい晴天の早朝がねらい目。

11月から翌年3月頃までの晴天の日。日中に伊予灘《いよなだ》から流れ込んだ暖かい海風は、夜間になると冷やされて内陸の盆地で大量の霧を発生させる。そして盆地でできた霧は、気温が最も低くなる早朝、今度は河口を目指して川を下り、山脚が急に狭まる河口近くさしかかると、霧の流れは勢いを増し、「ゴォーゴォー」とうなりを上げながら海上へ吹き出すのだ。これが「肱川あらし」である。

昔から長浜町では、肱川あらしの様子で沖の天気を占ってきた。冬季、あらしがなかったり早くに止んでしまった日は、沖では北西の風が強いので海に出るのを見合わせるという。

川の上流や大洲《おおず》盆地で発生した霧は、山々に囲まれた肱川を伝い、写真左手から右手の河口へと吹き出す。気温差による霧の発生は珍しいものではないが、このように強い風に運ばれるものは世界でもあまり例がないという。

～秋の見どころ

八《はち》幡《まん》平《たい》の紅　葉

東北・八幡平では、早くも9月下旬頃から紅葉が始まる。頂上付近を赤く染めた紅葉の絨毯《じゅうたん》は、約2～3週間かけてゆっくり麓《ふもと》へとおりてくる。

松川渓谷（八幡平市松尾）。八幡平から流れ出す松川沿いは、ブナ、ナラ、カエデなどの落葉広葉樹が多く、紅葉の名所だ。

万葉集の昔から、日本人の心をとらえて離さなかった紅葉。それが鮮やかな色になるためには、昼夜の温度差、適度の湿気、紫外線などの条件が欠かせない。山間部近くの渓流の紅葉が美しいのはそのためだ。

岩手と秋田の両県にまたがる八幡平一帯は、全山が赤や黄、オレンジに染め上げられ、スケールの大きな紅葉風景が楽しめる名所として人気が高い。

岩手県八幡平《はちまんたい》市松尾《まつお》
☆9月中旬～10月中旬頃が見頃。10月末から冬期の間は、通行止めとなる道もあるため事前に確認が必要。

文学のなかの気象④

気象と地形を詩情に昇華させた『雪国《ゆきぐに》』

国境の長いトンネルを抜けると
雪国であった。

この有名な一節で始まる小説『雪国』が、のちに日本初のノーベル文学賞作家になる川端《かわばた》康成《やすなり》によって書かれたのは1930年代半ばのこと。川端はまだ、30代の新進作家であった。今や「古典」ともいうべきこの名作もまた、発表当時は、極めて新しい小説だった。

それは、1931年（昭和6）に開通したばかりの上越線清水《しみず》トンネルを、作品に盛り込み、そのトンネルの長い「時間」を通り抜けることで、突如《とつじょ》として目の前に別世界があらわれるという「空間」の飛躍を、的確に表現したことである。

日本列島が南北に長く、狭い面積のわりに自然や気象が変化に富むことは、日本人なら常識として知っている。しかし、『雪国』冒頭の一節は、そうした常識を踏まえつつも、道中の変化や風俗の描写に重きを置いてきた伝統的な紀行文とは異なる実感的表現であった。

トンネルまでは気配もなかったのに、暗いトンネルを抜け出たとたん出現した、日本一の豪雪地帯。その実感を的確に表現したとき、新しい詩情も誕生したといえよう。

新潟県、昔の越後国《えちごのくに》が、古来より雪深い地として知られたことは、江戸時代の同国出身者、鈴木牧之《すずきぼくし》（1770～1842）が『北越雪譜《ほくえつせっぷ》』に記している。近代以降の都市部の積雪最深記録においても、福井や富山などが200cm台であるのに対して、高田《たかだ》（現・上越市）の377cmは飛びぬけて深い（1945年2月26日）。1日の最大降雪記録も新潟県で、1946年1月17日中《なか》頸城《くびき》郡妙高村《みょうこうむら》関山の210cm*とされている。

川端は新潟県に何度か足を運んでいるが、最初に訪れたのは1934年（昭和9）の夏であったという。緑なす「山国」で過ごした体験があったからこそ、同じ大地が白一色の別世界に変貌した衝撃を描くことが可能だったともいえよう。衝撃は、雪国ならではの生活の営みへの凝視につながった。

雪のなかで糸をつくり、雪のなかで織り、雪の水に洗い、雪の上に晒《さら》す。績《う》み始めてから織り終るまで、すべては雪のなかであった。雪ありて縮《ちぢみ》あり、雪は縮の親というべしと、昔の人も本に書いている。

昔の人とは、先に揚げた鈴木牧之をさす。今日、小説の舞台が「トンネル」を過ぎて間もない湯沢《ゆざわ》温泉であることは、よく知られている。だが川端は、越後国＝新潟県を作品化するにあたり、同地の自然条件とそれがもたらした風物・民俗に充分意を配りながらも、ことさら事実性を強調しなかった。

読者が「雪国新潟」のどこと、具体的にわかる表現を用いながら、ある程度の匿名性《とくめいせい》が与えられることによって、酷寒《こっかん》で、冬季は周囲から閉ざされた「雪国」という設定がいっそう輝く。薄幸のヒロイン駒子《こまこ》の生き方も、美しく凝結した氷のように浮かびあがるのである。そこに、名作『雪国』の価値がある。

＊JR（当時の国鉄）の観測による。気象官署観測所の最大日降雪記録は、富山県真川の180cm（1947年）。

冬の章

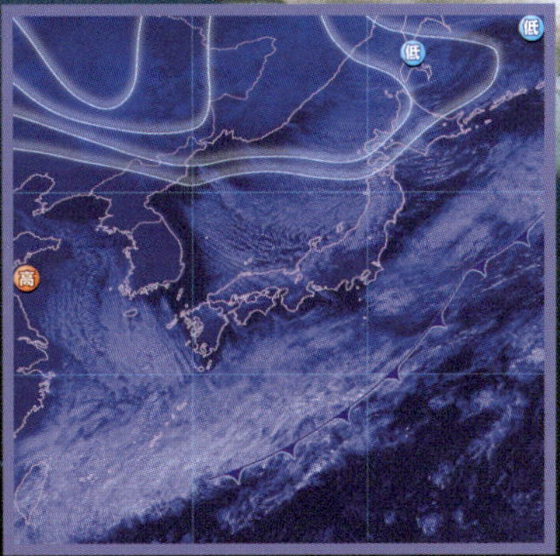

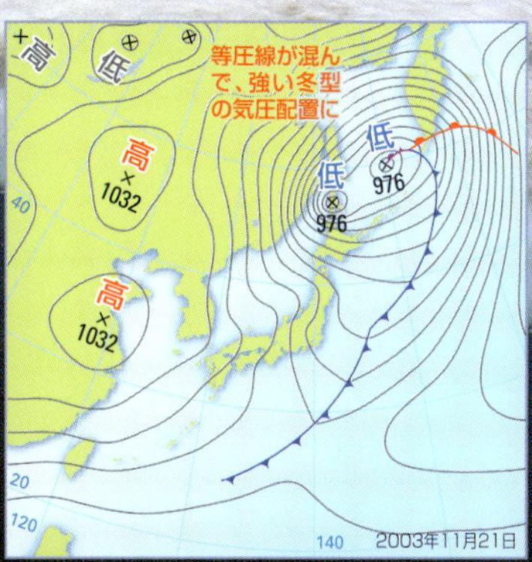

初雪が降った日の衛星画像（➡P.170）と天気図（➡P.171）

二十四節気《にじゅうしせっき》と冬《ふゆ》の気象《きしょう》

二十四節気 ／ 雑節

（暦《こよみ》のうえで1年を24分し季節を示した言葉）　（二十四節気以外で季節の変化のめやすとする日）

12月	7日頃	大雪《たいせつ》	立冬《りっとう》後30日。本格的な冬の到来を感じ始める頃で、日本海側や北国では平地でも雪が降り始める。
	22日頃	冬至《とうじ》	北半球では太陽が最も低くなり、夜がいちばん長い日。暦《こよみ》のうえでは冬の真ん中にあたり、この日を境に日脚《ひあし》はのび始めるが、実際にはこの頃から寒さがいちだんと厳しくなってくる。
1月	5日頃	小寒《しょうかん》／寒《かん》の入《い》り	冬至の後15日。この日は「寒の入り」ともいい、小寒から節分までのおよそ1か月を「寒」または「寒《かん》の内《うち》」という。いよいよ寒さも厳しくなり、北国では連日雪が続く頃。
	20日頃	大寒《だいかん》	1年でもっとも寒い時期。各地の年間最低気温も、この頃から立《りっ》春《しゅん》までの間に観測されることが多い。日の光はまだ弱々しいながらも、しだいに昼が少し長くなったように感じられ、大寒が明けると立春である。そろそろ寒中にウメの便りも聞かれる頃。
2月	3日頃	節分《せつぶん》／寒明《かんあ》け	季節の変わり目。立春・立夏《りっか》・立秋《りっしゅう》・立冬の前日がそれぞれ節分だが、一般に「節分」といえば立春の前の日を指す。寒の明ける日でもある。
	4日頃	立春《りっしゅん》	この日から立夏の前日までが暦のうえでの春。二十四節気の最初の節であり、八十八夜《はちじゅうはちや》、二百十日《にひゃくとおか》など、すべて立春の日から数える。まだ寒さの厳しい時期だが、じょじょに日脚ものびて、太陽の明るさが感じられる頃。
	19日頃	雨水《うすい》	雪は雨に変わり、氷も融《と》けて水になる。春の気配に草木の芽が出始めるという意味だが、雪国の雪はいまだ深く、太平洋側に大雪が降るのもこの頃。しかし春一番が吹き、各地でウメの香りもし始める時期で、農耕の準備を始めるめやすとなる日でもある。

冬は夜が長くなり、しだいに寒さに閉ざされてゆくなか、年の変わり目を迎える。「二十四節気《にじゅうしせっき》」は中国で生まれた季節のめやすで、1年を24分し、それぞれの季節にふさわしい名がつけられた。

天気のめやす

3日　◉大阪イロハカエデ紅葉
6日　冬型で太平洋側では晴天率が高い

8日　◉福岡初霜
13日　◉福岡初雪
14日　◉東京初霜

26日　全国的に年末寒波となりやすい
◉大阪初雪

2日　◉東京初雪
3日　冬型で太平洋側では晴天率が高い

6日　冬型で太平洋側では晴天率が高い

19日　◉沖縄カンヒザクラ開花
冬型で太平洋側では晴天率が高い

29日　◉東京ウメ開花

4日　◉福岡ウメ開花

9日　◉大阪ウメ開花

20日　◉沖縄ウグイス初鳴《しょめい》

26日　◉東京春一番
28日　◉仙台ウメ開花

気象・天気図の特徴

西高東低《せいこうとうてい》（12〜1月）

冷たいシベリア高気圧から北西の季節風が吹き込み、日本海側では降雪、太平洋側では乾燥した晴天に。

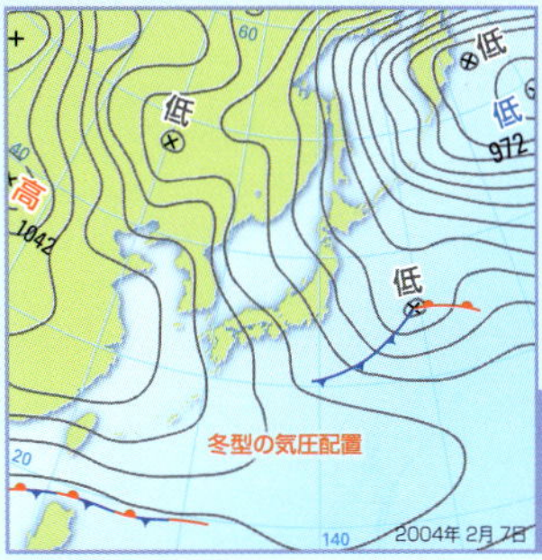

P.164
P.166

大雪の季節

日本海上空に強い寒気《かんき》が入ると、海岸や平野部にも大雪をもたらす。

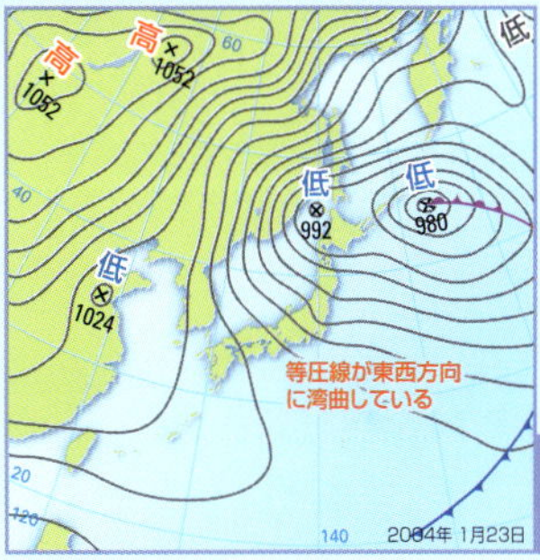

P.176

■**二十四節気・雑節について**　「二十四節気」とともに「雑節」も色を変えて示した。雑節は、より細かな季節の変化をつかむために日本でつくられた。

■**天気のめやすについて**　季節ごとの特異日《とくいび》（統計的に、ある気象状態が前後の日に比べてとくに多くあらわれやすい日）を示した。また◉で示したものは、季節変化のめやすとなる事象を毎年の平均日で示している。気象庁資料、気象年鑑より。

冬《ふゆ》の季節風《きせつふう》

冷えきったシベリアの寒気《かんき》が日本を越えて太平洋まで吹き出す

冬のシベリアは日射量が少なく、地表面は放射冷却《ほうしゃれいきゃく》で－50℃にまで低下し、シベリア寒気団《かんきだん》（➡P.18）をつくりだす。成長した寒気団は、寒気の一部を日本海に流し出し、北西方向からの冷たく乾燥した強い風を、冬の季節風として日本列島に吹きつける。

気象衛星画像にくっきりと見られる「筋状《すじじょう》の雲《くも》」は、冬の季節風と日本海の暖流がつくり出す雲であり、日本の冬の象徴である。

●冬の季節風の「筋状《すじじょう》の雲《くも》」

気象衛星画像に見られる「筋状の雲」は、一見、巻雲《けんうん》（➡P.60）のようだが、実際は発達中の積雲《せきうん》や積乱雲《せきらんうん》（➡P.188）の列である。

日本海には暖流の対馬《つしま》海流が流れ込んでおり、比較的暖かい。ここに冷たく乾燥した季節風が吹きつけてくると、海面から盛んに水蒸気が蒸発し、また、空気が下から暖められて上昇気流が起こり、積雲や積乱雲が発達する。雲が筋状に並ぶのは、上昇気流が生じるところ（雲がある）と、上昇した気流が下降するところ（雲がない）が交互に並ぶからだ。

日本海で発生した雲は、日本海側に雪をもたらすが、日本の脊梁《せきりょう》山脈*にさえぎられて、関東などの太平洋側はよく晴れている。これはこの画像からも一目瞭然《いちもくりょうぜん》だ。

＊脊梁山脈…本州を縦走する背骨のような大山脈で、分水嶺《ぶんすいれい》となっている。奥羽《おうう》、越後《えちご》、飛騨《ひだ》、木曽《きそ》、赤石《あかし》山脈など。

衛星画像（P.164）の天気図

この日の天気の特徴

■日本海に見える筋状の雲は、日本海に雪をもたらす積雲や積乱雲の列。関東など太平洋側ではよく晴れている。筋状の雲は九州にまでかかって、九州の一部の地方にも雪を降らせている。

■日本列島を横断した季節風は、太平洋に出てから沖合で再び筋状の雲を生じさせる。季節風は日本のはるか沖合で太平洋の暖かな気団にぶつかり、前線を生じさせている。

西《せい》高《こう》東《とう》低《てい》

冬の季節風をもたらすのは「西高東低」の冬型気圧配置

冷たく重い空気からできているシベリア気《き》団《だん》(➡P.18)は、大きな高気圧をつくっており、これをシベリア高気圧という。日本の東海上で低気圧が発達すると、日本付近は「西高東低」の冬型気圧配置になる。

天気図を見ると、等圧線がほぼ南北に走り間隔が狭い。このようなときは、北西～北の強い風が吹くと思ってよい。この風が冬の季節風(➡P.164)である。

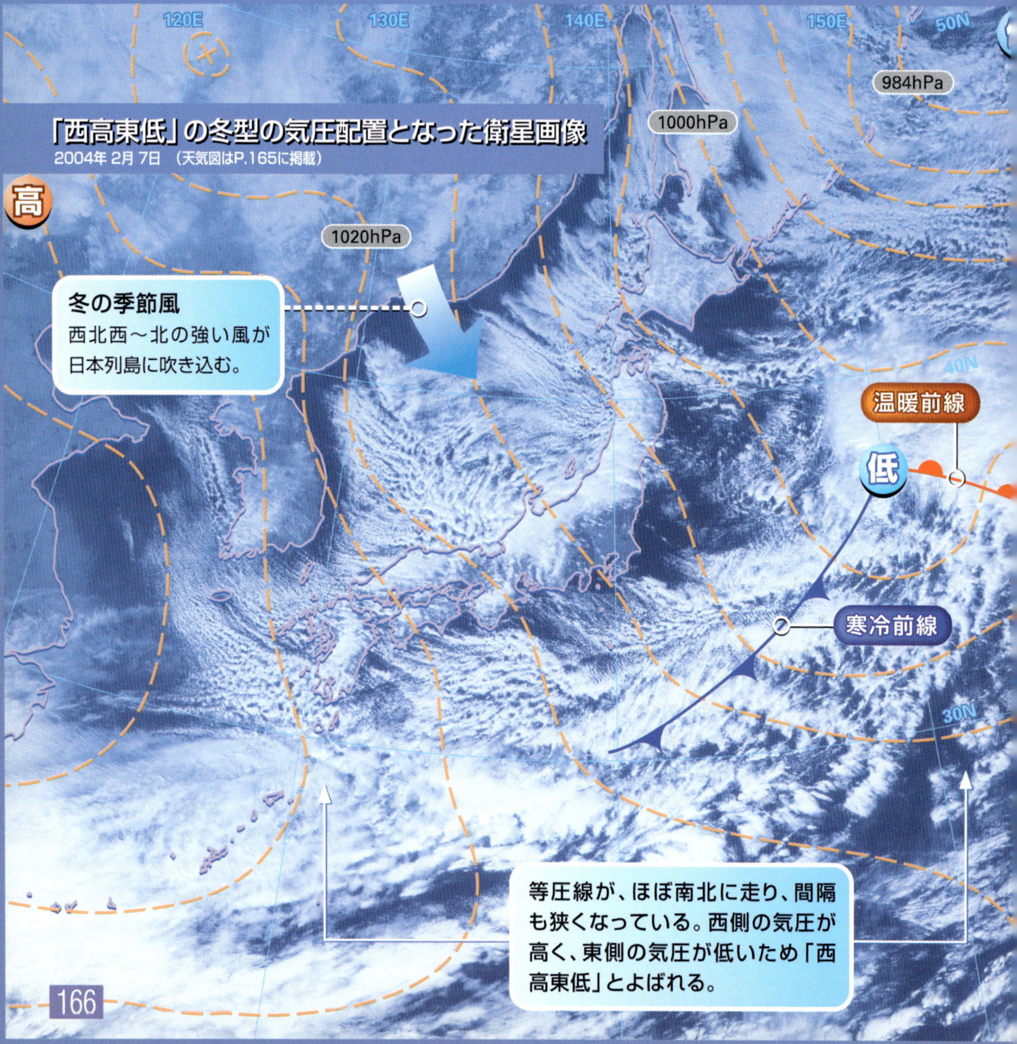
120E
130E
140E
150E
50N
40N
30N
984hPa
1000hPa
1020hPa
高
冬の季節風
西北西～北の強い風が日本列島に吹き込む。
温暖前線
低
寒冷前線
等圧線が、ほぼ南北に走り、間隔も狭くなっている。西側の気圧が高く、東側の気圧が低いため「西高東低」とよばれる。

「西高東低」の冬型の気圧配置となった衛星画像
2004年 2月 7日 (天気図はP.165に掲載)

●冬型気圧配置と北西の季節風

大陸は暖まりやすく冷めやすいのに比べ、海洋の温度はそれほど大きく変化しない。その結果、大陸と海洋とでは夏と冬の温度が逆転して、その結果風向きが大きく変化する。この風は、季節風またはモンスーンとよばれる。ユーラシア大陸と太平洋・インド洋の間に吹くアジアモンスーンは世界最大規模で、日本における冬の季節風もその一部である。

冬の天気図を見ると、日本付近の等圧線はほぼ南北に走っている。気圧は西側が高く東側が低く、西から東に風を向かわせる力がはたらいている。しかし、地球は自転しているため、「コリオリの力（➡P.19）」により風向きは進行方向右に曲げられ、結果として風向きはほぼ北西になる。このため、冬の季節風は北西の季節風とよばれることも多い。

●「おろし」と季節風

全国の各地には、特徴的な風に名前がついている。特に、山から吹き下りてくる風は「おろし」、谷から吹き出し海に向かう風は「だし」とよばれていることが多い。

これらのなかには、冬の季節風にその土地特有の名前がついたものもある。例えば、筑波《つくば》おろし、赤城《あかぎ》おろし、六甲《ろっこう》おろしなどは、冬の季節風が日本海側に雪を降らせたあと、山脈を越えて太平洋側に非常に乾燥した冷たい風として吹き下ろしたものである。関東平野では空《から》っ風ともよばれる。

これらの季節風の吹き下ろしは、山を越えてくるためフェーン現象（➡P.33）が起こって気温が上昇している。しかし、もともとの気温が氷点下10℃以下にもなる低温のため、吹き下ろす風は冷たいままである。また、フェーン現象により、吹き下ろす風は非常に乾燥している。

●日本のおもな局地風

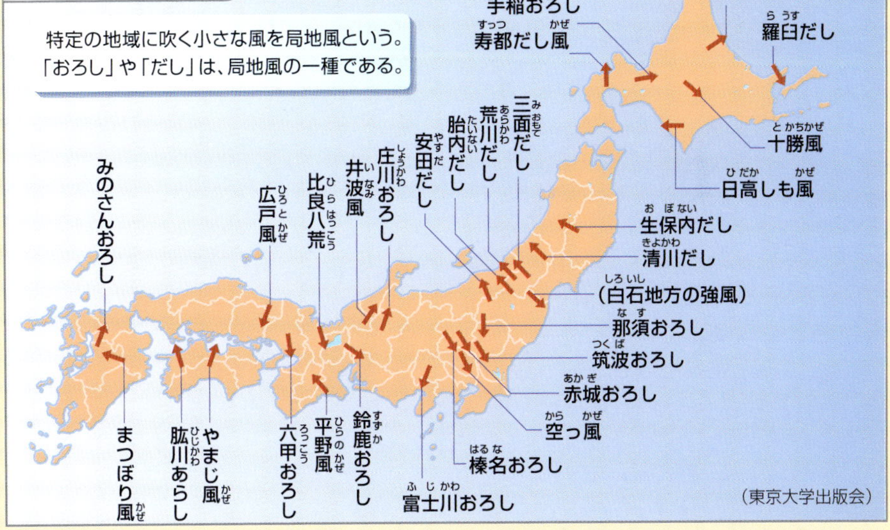

（東京大学出版会）

小《こ》春《はる》日《び》和《より》と冬《ふゆ》日《び》和《より》

冬の初めに思いがけなく現れるぽかぽか陽気

晩秋から初冬の11～12月上旬にかけて、寒さが次第に厳しく感じられつつあるころ、思いがけなく風の弱いぽかぽか陽気になることがある。このような天候を「小春日和」という。「小春」とは、陰暦の10月の別称である。

季節が進むと、暖かい好天は「冬日和」ともよばれる。

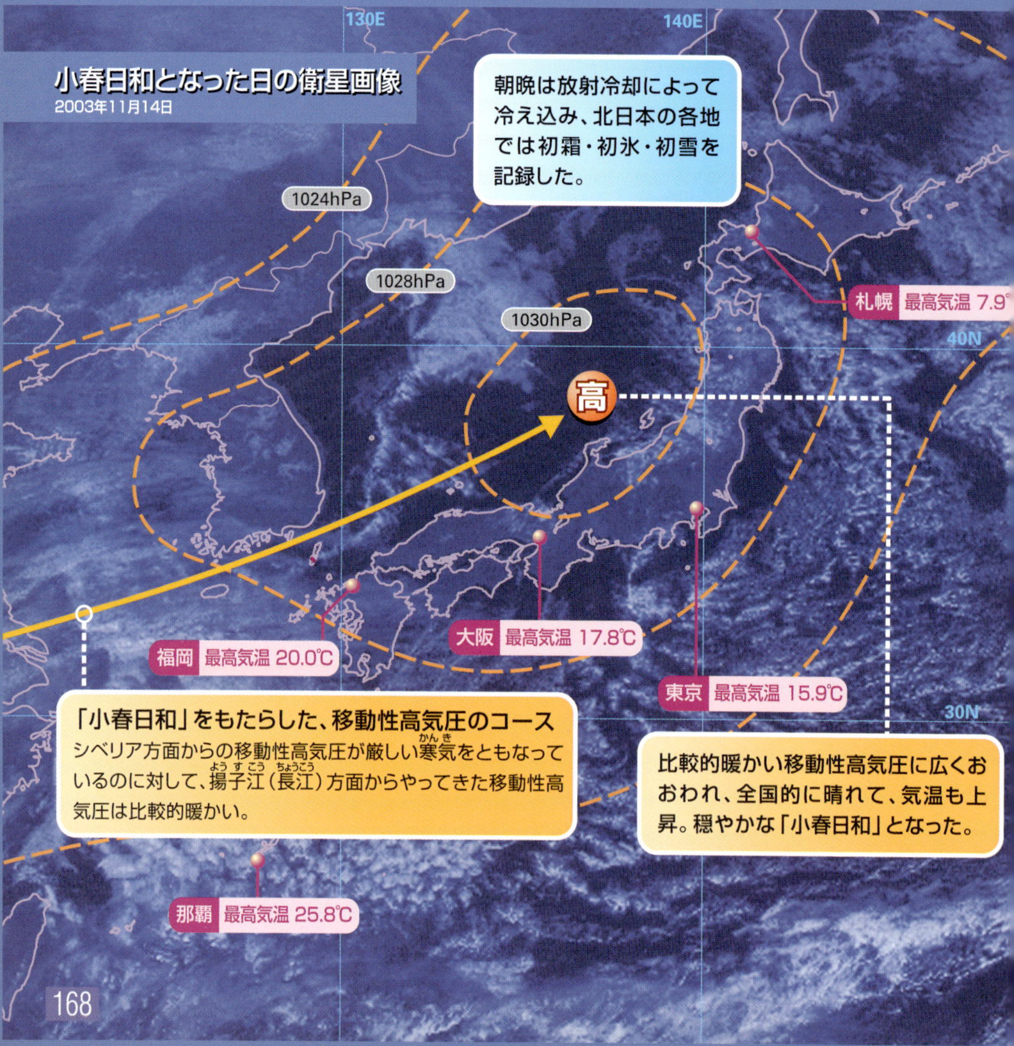

130E
140E
40N
30N
1024hPa
1028hPa
1030hPa
高
朝晩は放射冷却によって冷え込み、北日本の各地では初霜・初氷・初雪を記録した。
札幌 最高気温 7.9°
大阪 最高気温 17.8℃
福岡 最高気温 20.0℃
東京 最高気温 15.9℃
那覇 最高気温 25.8℃
「小春日和」をもたらした、移動性高気圧のコース
シベリア方面からの移動性高気圧が厳しい寒気《かんき》をともなっているのに対して、揚子江《ようすこう》（長江《ちょうこう》）方面からやってきた移動性高気圧は比較的暖かい。
比較的暖かい移動性高気圧に広くおおわれ、全国的に晴れて、気温も上昇。穏やかな「小春日和」となった。

小春日和となった日の衛星画像
2003年11月14日

●小春日和・冬日和の2つのタイプ

冬の西高東低《せいこうとうてい》の気圧配置のもとでは、一般に強い北西の季節風が吹いて寒い。

しかし、同じ西高東低の気圧配置でも、ときおり日本付近の等圧線の間隔がゆるんで、風が弱くなる日があらわれることがある。このような日には、季節風が強い日に比べて、日なたなどで過ごすとぽかぽかと暖かく感じられる。また、等圧線の間隔がゆるんだときは、寒気《かんき》も北へ退いていることが多く、実際の気温も高めになることがある。これが1つめのタイプである。

もう1つのタイプは、大陸から比較的暖かな移動性高気圧がやってきて、日本をおおったときである、特に移動性高気圧が西から東へと進むコースをとったときは、シベリアの厳しい寒気をともなっていない暖かな移動性高気圧であり、気温も上がって、まさに春のようなぽかぽか陽気になる。

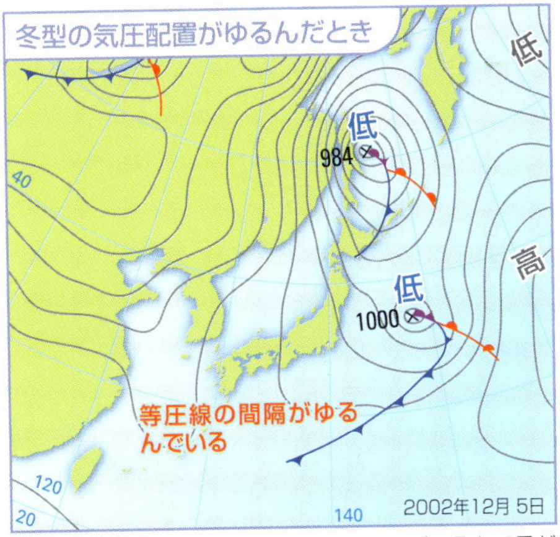

冬型の気圧配置ではあるが、等圧線の間隔がゆるんで風が弱まったため、小春日和となった。

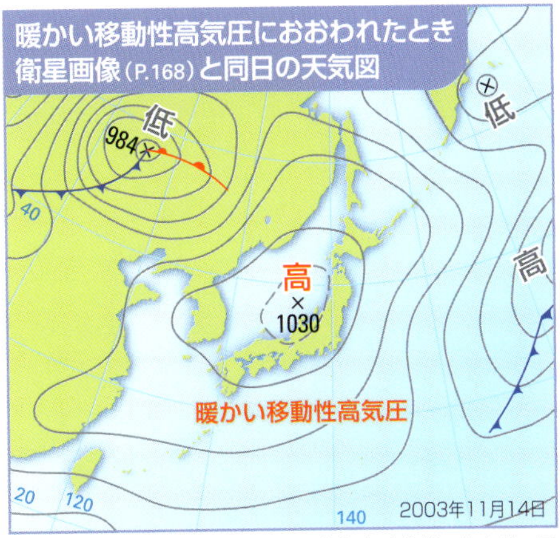

暖かな移動性高気圧が東進し、日本を広くおおったため、風が穏やかで気温も上昇し、小春日和となった。

●世界の「ぽかぽか陽気」の名称

寒さが厳しくなる頃にあらわれるぽかぽか陽気の日は、日本の「小春日和」だけでなく、世界のあちこちでいろいろなよばれかたをしている。アメリカでは「インディアン・サマー Indian Summer」、ドイツでは「老婦人の夏 der Altweibersommer」という。

「夏」という表現になっているのは、その地域では夏が過ごしやすい季節をあらわすからである。

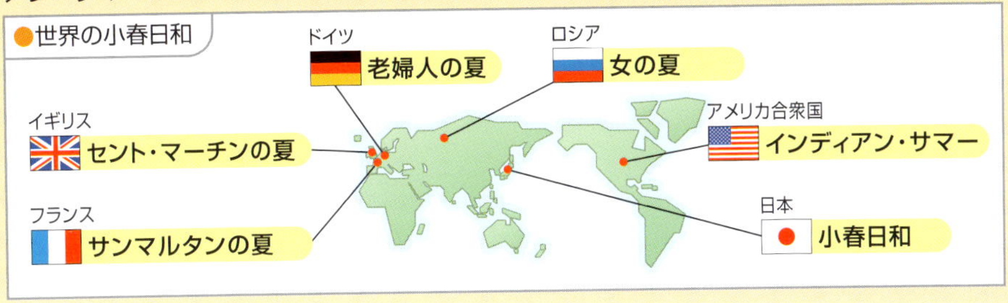

初《はつ》雪《ゆき》

初雪の到来は、北海道、北日本、日本海側の順に続く

日本の雨の多くは「冷たい雨」(➡P.74)であり、上空の雪が、地上に落ちてくる過程で融《と》けたものだ。晩秋に寒《かん》気《き》が南下して気温が下がると、それまで雨だったものが雪に変わる。

初雪の平年値は、北海道が最も早く、次いで北日本、日本海側の地方と続く。沖縄を除くと、関東や東海は最も初雪が遅い地方である。北九州では、冬の季節風が強まると雪になるので、意外と初雪は早い。

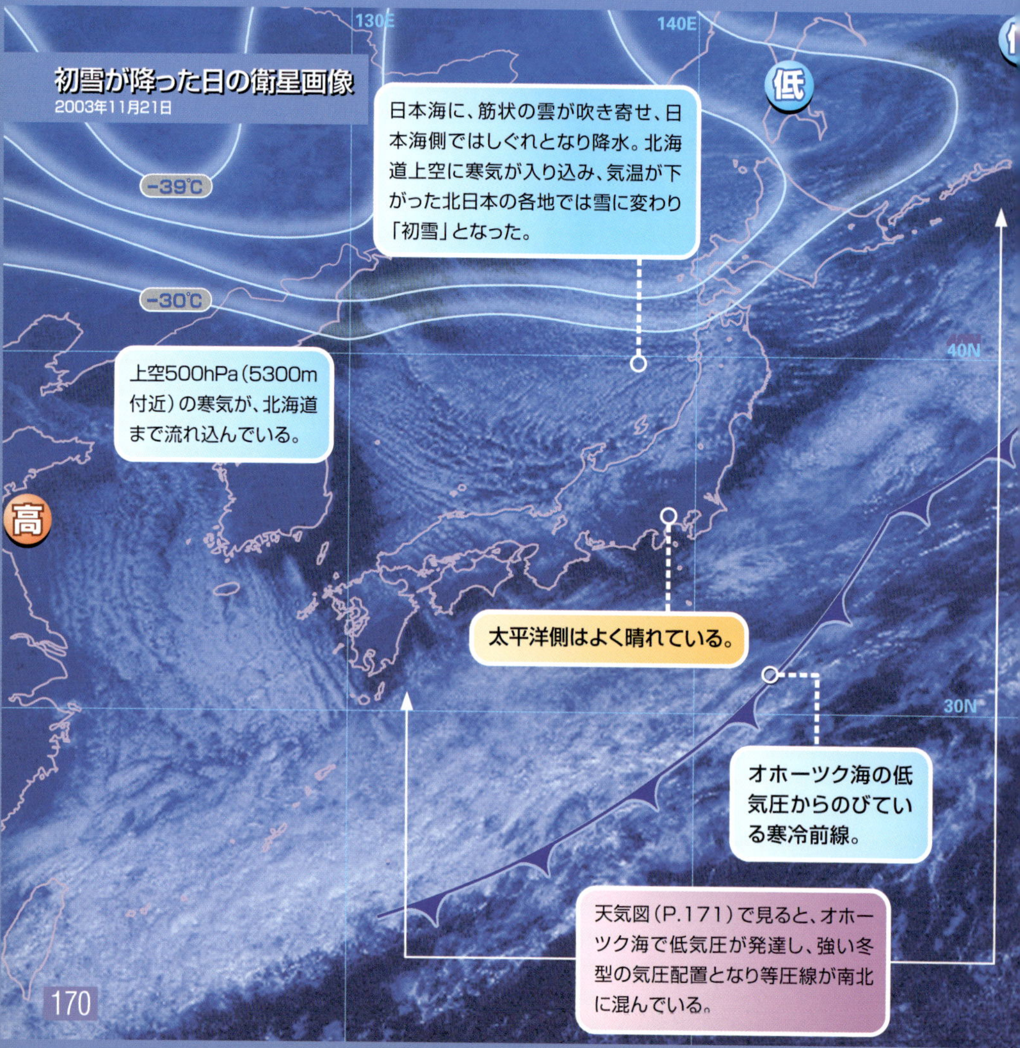
130E
140E
40N
30N
低
高
−39℃
−30℃
日本海に、筋状の雲が吹き寄せ、日本海側ではしぐれとなり降水。北海道上空に寒気が入り込み、気温が下がった北日本の各地では雪に変わり「初雪」となった。
上空500hPa(5300m付近)の寒気が、北海道まで流れ込んでいる。
太平洋側はよく晴れている。
オホーツク海の低気圧からのびている寒冷前線。
天気図(P.171)で見ると、オホーツク海で低気圧が発達し、強い冬型の気圧配置となり等圧線が南北に混んでいる。

初雪が降った日の衛星画像
2003年11月21日

衛星画像(P.170)の天気図

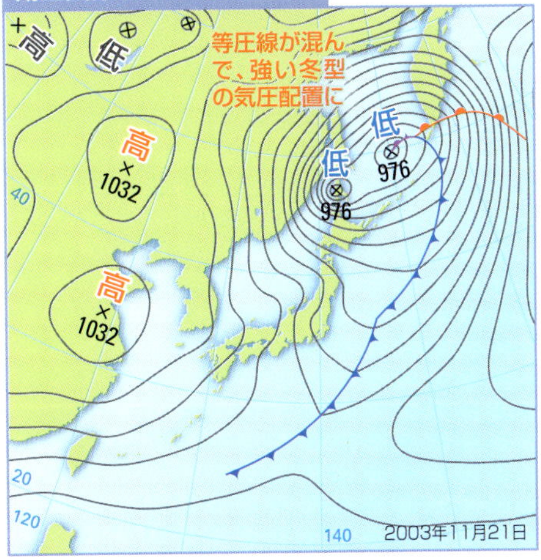

北日本や本州日本海側では、日中でも気温が下がり続け、北海道では0℃を下回った。

この日の天気の特徴

- オホーツク海で低気圧が発達し、北日本の日本海側は暴風をともなう初雪となった。
- 寒気が流れ込み、9時の札幌上空500hPa(5300m付近)で−34.9℃。

●日本海側の初雪

晩秋に太平洋側で木枯らしが吹く頃、日本海側では、季節風が日本海を渡ってくるときにつくる雨雲でしぐれており、降ったりやんだりの雨が続く。しかし、寒気が南下して気温が下がると、しぐれは雪に変わる。

日本海側の豪雪地帯で初雪になるのは、平年値で11月中旬から下旬である。

●北海道の初雪

北海道で雪が降り始めるのは、平年値で10月下旬であり本州に比べるとずっと早い。

北海道の雪は、2通りの降りかたがある。冬の季節風によって日本海に発生した雪雲によるものが1つ。もう1つは、低気圧の通過によるものである。

このうち、北海道に初雪をもたらすのは、主に北日本を通過する低気圧によるものだ。本州で雨をもたらす秋の低気圧でも、北海道ではすでに雪になるのである。

●全国初雪マップ

おもな観測地での、降雪の初日の平年値(1971～2000年)

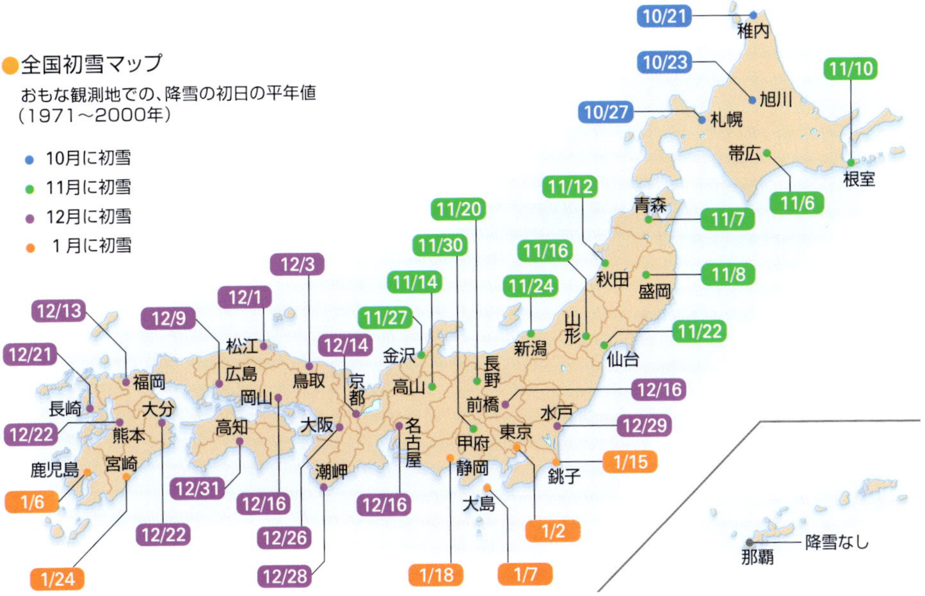

雪《ゆき》のできかた

雪の結晶は、温度と水蒸気量で形が決まる

雲の中でできた氷の結晶が、融《と》けずに地上に落ちてきたものが雪だ。この雪の結晶は、花のような形だったり、宝石のような形だったりとさまざまな形状をしている。なぜこのような形状の変化があらわれるのだろうか。それは結晶が形成される空中の温度や水蒸気量によって決定される。つまり雪の結晶を見れば、その結晶ができた空の気象状態が推測できるのである。

●雪の結晶のダイアグラム

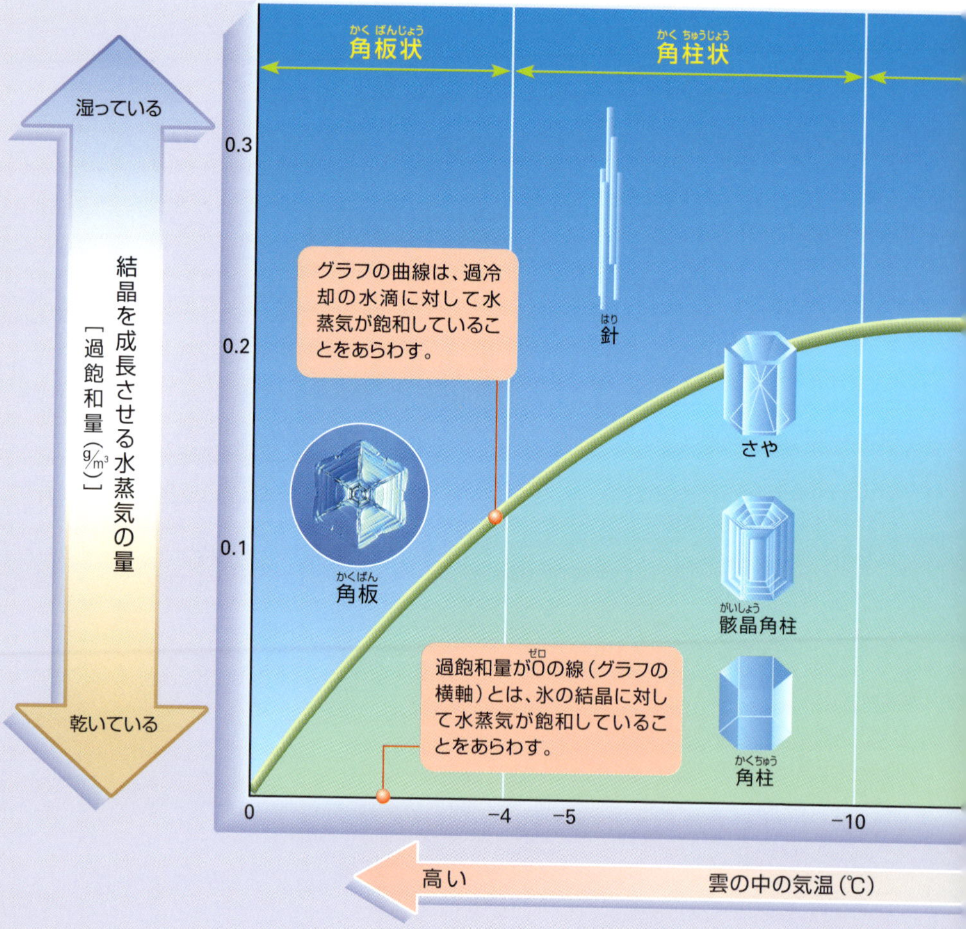

●雪の結晶の形

雪の結晶は、0℃以下の温度で、水蒸気から直接結晶となる「昇華《しょうか》」という変化でできる。低温の雲は、しばしば飽和量以上の水蒸気を含み、これを「過飽和《かほうわ》」の状態という。この過飽和の雲の中で、飽和量を超えた水蒸気量（過飽和量）に応じて昇華が起こり、雪の結晶ができるのだ。また、雲粒として混在する0℃以下（過冷却《かれいきゃく》）の水滴が、水蒸気の供給源として影響している。中谷宇吉郎《なかやうきちろう》博士は世界の研究者に先駆け、人工雪の実験からこのしくみを解き明かした。

結晶の形は多様であり、80種類以上の形に分類される。結晶がどんな形になるかは、過飽和量の大きさと気温の2つの条件であり、図のような「雪の結晶ダイアグラム」としてあらわされる。

ダイアグラムに示した結晶の形は基本的なもので、実際の自然条件では、雪が地上に落ちてくるまでの過程で、過飽和量や温度の条件が変化しながら結晶が成長していく。雪の代表的なイメージを持つ「樹枝状《じゅしじょう》」の結晶は、空気が湿っていて－10～－20℃くらいの温度のとき成長する。

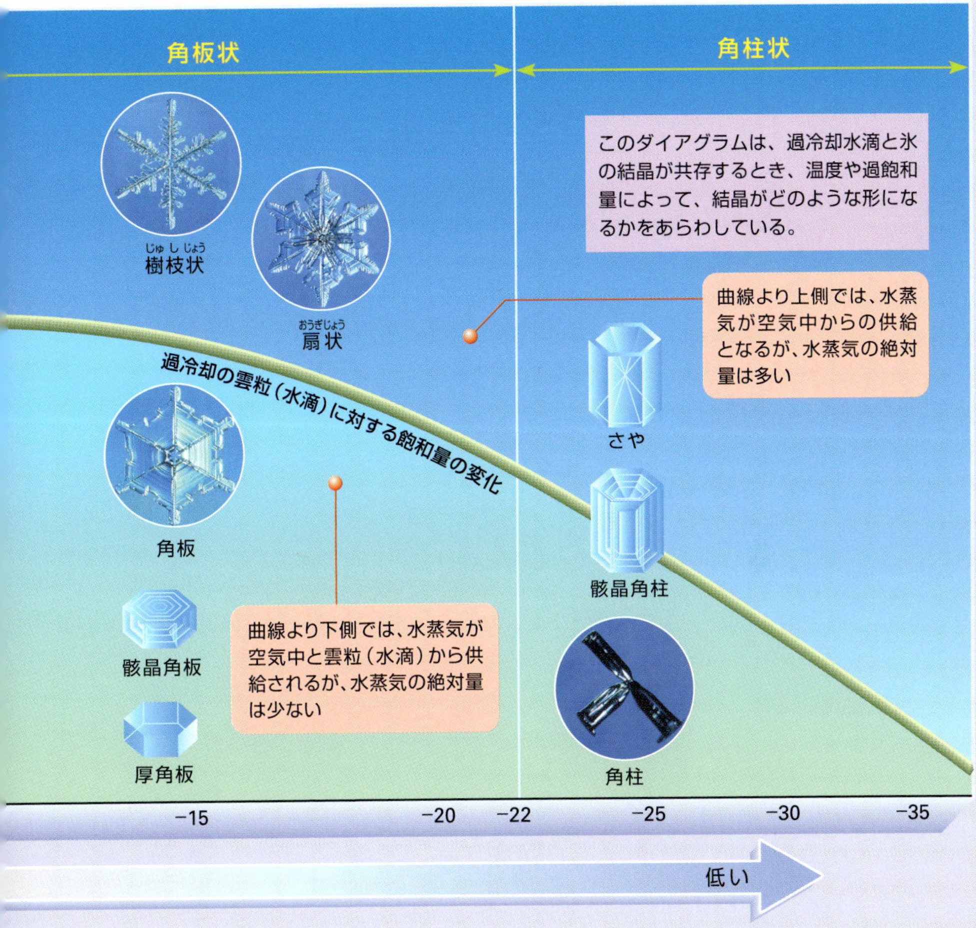

角板状
角柱状
樹枝状《じゅしじょう》
扇状《おうぎじょう》
このダイアグラムは、過冷却水滴と氷の結晶が共存するとき、温度や過飽和量によって、結晶がどのような形になるかをあらわしている。
曲線より上側では、水蒸気が空気中からの供給となるが、水蒸気の絶対量は多い
過冷却の雲粒（水滴）に対する飽和量の変化
さや
角板
骸晶角柱
骸晶角板
曲線より下側では、水蒸気が空気中と雲粒（水滴）から供給されるが、水蒸気の絶対量は少ない
厚角板
角柱
－15
－20
－22
－25
－30
－35
低い

山《やま》雪《ゆき》型《がた》～日《に》本《ほん》海《かい》側《がわ》の雪《ゆき》①

山沿いや山間部で大雪や吹雪になるパターン

日本海側に大雪が降るとき、海岸沿いではさほどではないが、山沿いや山間部で大雪や吹雪になることがあり「山雪」とよばれる。日本海側の大雪には、「山雪」と「里雪《さとゆき》（➡P.176）」の2つのパターンがある。

山雪になるときは、等圧線が南北に混んで走り、「山雪型」の気圧配置になっているのが特徴である。

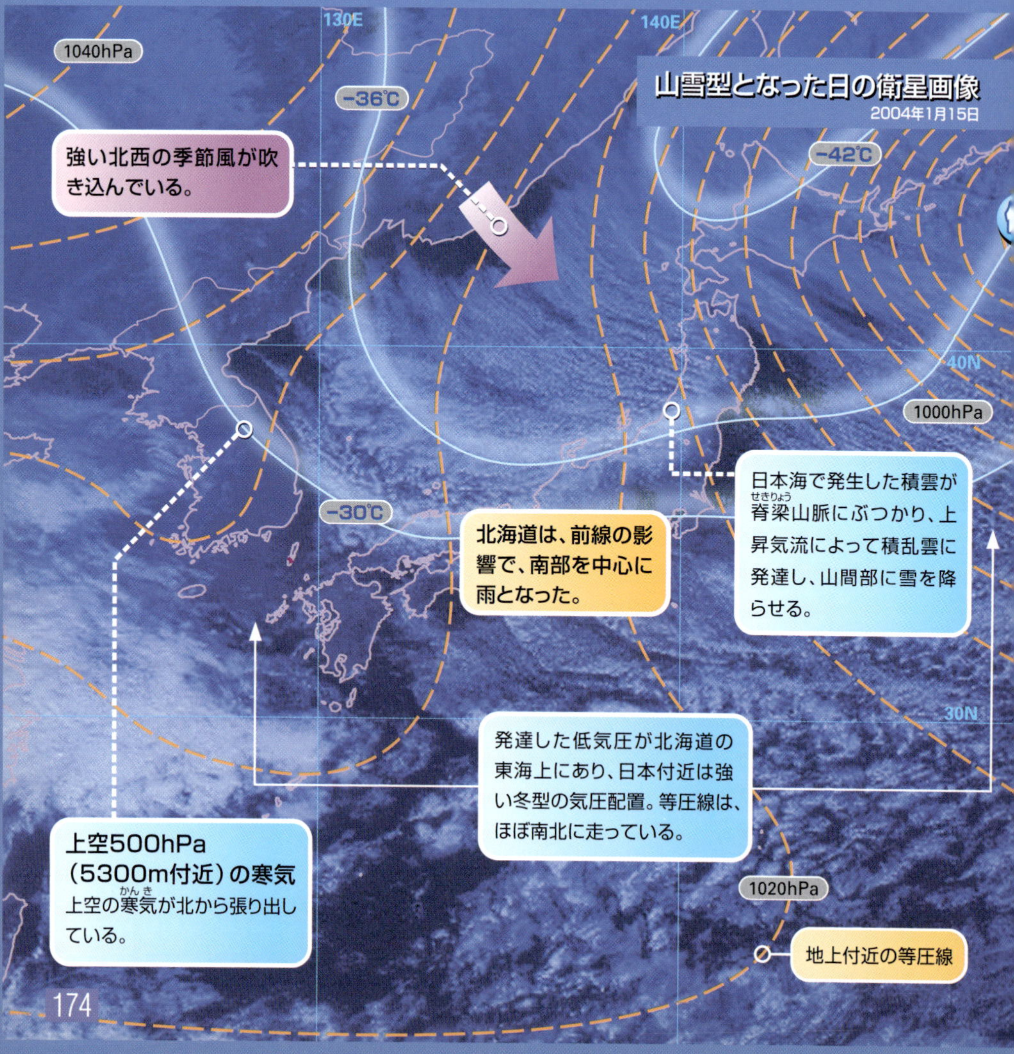
130E
140E
1040hPa
−36℃
−42℃
強い北西の季節風が吹き込んでいる。
40N
1000hPa
−30℃
北海道は、前線の影響で、南部を中心に雨となった。
日本海で発生した積雲が脊梁《せきりょう》山脈にぶつかり、上昇気流によって積乱雲に発達し、山間部に雪を降らせる。
30N
発達した低気圧が北海道の東海上にあり、日本付近は強い冬型の気圧配置。等圧線は、ほぼ南北に走っている。
上空500hPa（5300m付近）の寒気
上空の寒気《かんき》が北から張り出している。
1020hPa
地上付近の等圧線
山雪型となった日の衛星画像
2004年1月15日

●山雪の降るしくみ

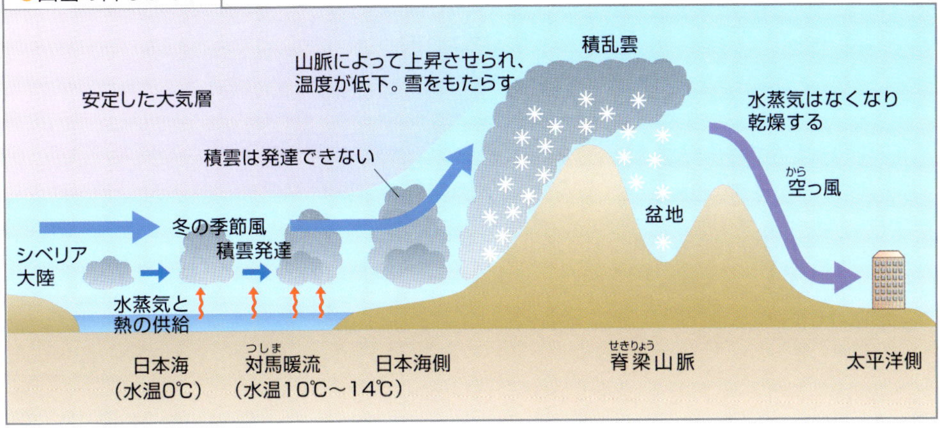

衛星画像(P.174)の天気図

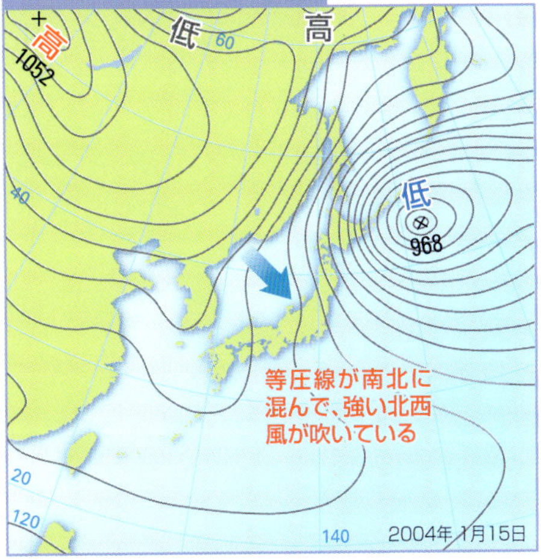

台風なみに発達した低気圧が北海道の東海上にあり、日本付近は強い冬型の気圧配置となっている。

この日の天気の特徴

■北海道の東海上にある低気圧は動きが遅く、北日本を中心に強い冬型が続いている。
■北海道と日本海側は暴風雪。北海道では暴風雪・大雪・高波などによる交通機関欠航・運休が相次ぎ、停電や断水も発生した。
■関東以西の太平洋側は乾燥した晴天。

●山雪型

天気図の等圧線が南北に走り、密になっている山雪型では、季節風が強い。

季節風は、日本海上で対馬《つしま》海流の暖かな海面から水蒸気の供給を受け、積雲《せきうん》や積乱雲《せきらんうん》を生じさせながら日本海沿岸までやってくる。このとき、上空の強い寒気《かんき》は日本海北部や北日本までしか南下していないことが多く、雲は大雪を降らせるほどには発達していない。しかし、季節風は日本の脊梁《せきりょう》山脈*にぶつかって強制的に上昇させられ、運んできた雲を発達した積乱雲に成長させる。

積乱雲の発達は山沿いで起こるため、山沿いや山間部で大雪になるのである。大雪になるときは雷が轟《とどろ》き、この雷は「雪起《ゆきお》こし」とよばれている。

越後山脈の山沿いにある新潟県でも有数の豪雪地小千谷《おぢや》市。

＊脊梁山脈…本州を縦走する背骨のような大山脈で、分水嶺《ぶんすいれい》となっている。奥羽《おうう》、越後《えちご》、飛騨《ひだ》、木曽《きそ》、赤石《あかし》山脈など。

里《さと》雪《ゆき》型《がた》〜日《に》本《ほん》海《かい》側《がわ》の雪《ゆき》②

沿岸部でドカ雪になるパターン

日本海側に大雪を降らせる2つ目のパターンは、「里雪型」とよばれる。日本海上空に強い寒気《かんき》があり、海上で積乱雲《せきらんうん》が発達し、沿岸部に局地的なドカ雪をもたらす。季節風は山雪型に比べて弱い。

里雪型では、天気図の等圧線が湾曲《わんきょく》しており、等圧線が東西に走っていたり、日本海に小さな低気圧ができていたりするのが特徴である。

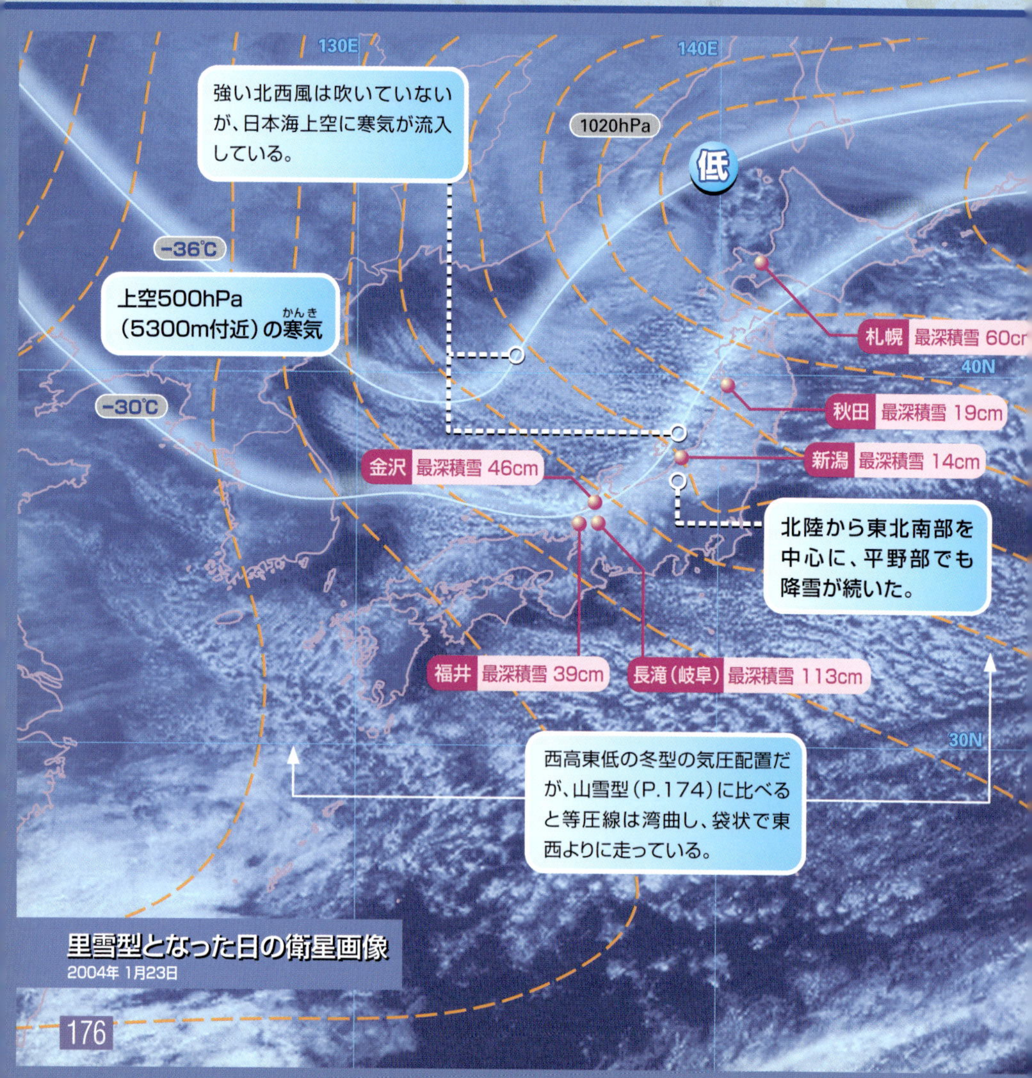

130E
140E
40N
30N
1020hPa
低
−36℃
−30℃
強い北西風は吹いていないが、日本海上空に寒気が流入している。
上空500hPa (5300m付近)の寒気《かんき》
札幌 最深積雪 60c
秋田 最深積雪 19cm
新潟 最深積雪 14cm
金沢 最深積雪 46cm
福井 最深積雪 39cm
長滝(岐阜) 最深積雪 113cm
北陸から東北南部を中心に、平野部でも降雪が続いた。
西高東低の冬型の気圧配置だが、山雪型(P.174)に比べると等圧線は湾曲し、袋状で東西よりに走っている。

里雪型となった日の衛星画像
2004年 1月23日

●里雪の降るしくみ

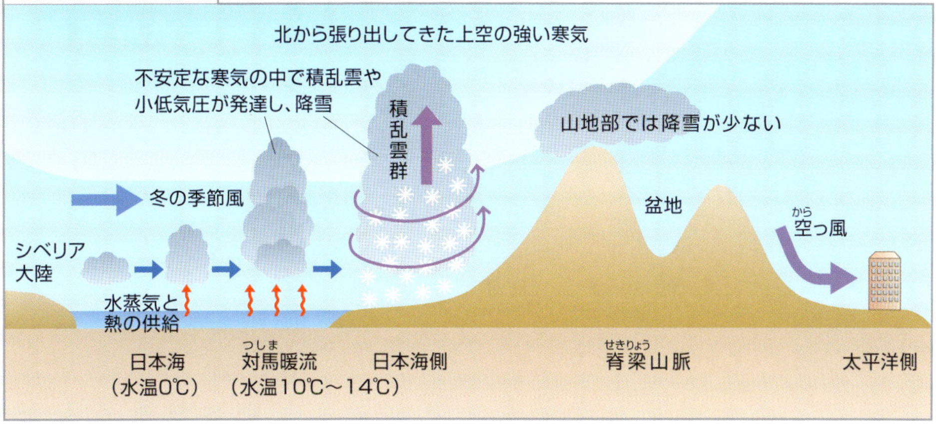

衛星画像（P.176）の天気図

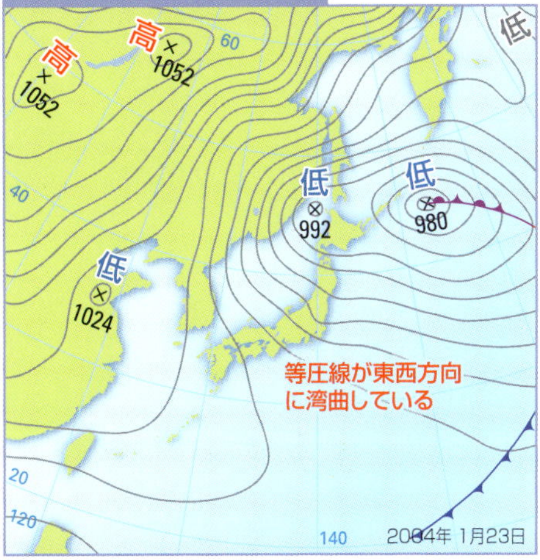

西高東低の冬型の気圧配置だが、等圧線の走向が東西よりになっている。

●里雪型

里雪型では、日本海上空に強い寒気がある。上空の気温が低いほど日本海の暖かな海面から生じた上昇気流は強い浮力を受けて激しくなり、発達した積乱雲をつくる。上空の寒気と海面近くの暖気《だんき》が入れ替わるようにして、大気が激しくかき回されるのだ。

積乱雲は海上ですでに発達して上陸してくるので、沿岸部を中心とした大雪になる。日本海に天気図にはあらわれない小型で強い低気圧を生じさせていることもあり、これが上陸してくると、いつどこに大雪を降らせるか予想が難しい。また、人口密集地に大雪をもたらすので、山雪よりも被害が大きくなる。里雪の場合も大雪になるときは「雪《ゆき》起《お》こし」の雷が轟《とどろ》く。

この日の天気の特徴

■石川県輪島上空500hPa（5300m付近）に－30℃以下の寒気が入り、日本海の海上で雪雲が発生。発達しながら陸上に侵入し、ドカ雪となった。

■南西諸島を除いて、ほぼ全国的に最低気温が氷点下となった。和歌山県の那智《なち》の滝も凍結。

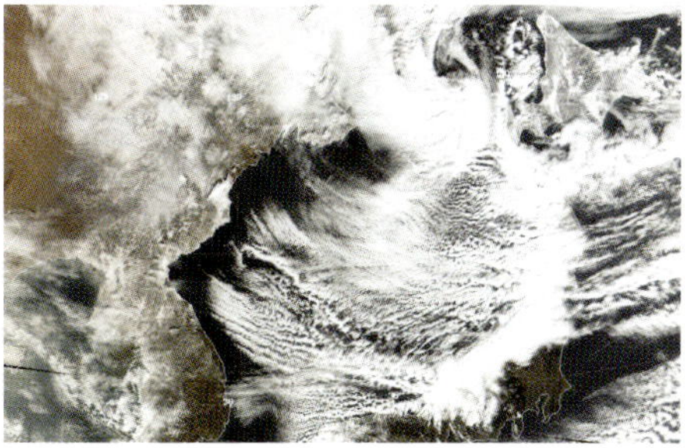

NASAの衛星がとらえた里雪型の雲（P.176と同日）。
MODIS Land Rapid Response Team, NASA/GSFC　2004年1月23日

寒波《かんぱ》

高層天気図でわかる上空の強い寒気《かんき》の南下

寒気団《かんきだん》の強弱を知るには、上空5000mの気温がめやすになる。氷点下35℃や40℃の寒気が日本の上空に入ってくると、日本海側で大雪になり、雪の降らない太平洋側でも一段と冷え込む。

寒波に襲われているとき、高層天気図（500hPa）をみると、等高線が南に張り出している部分（トラフという）が日本付近にかかっているのに気がつく。これは、上空の寒気の南下と密接な関係があるのだ。

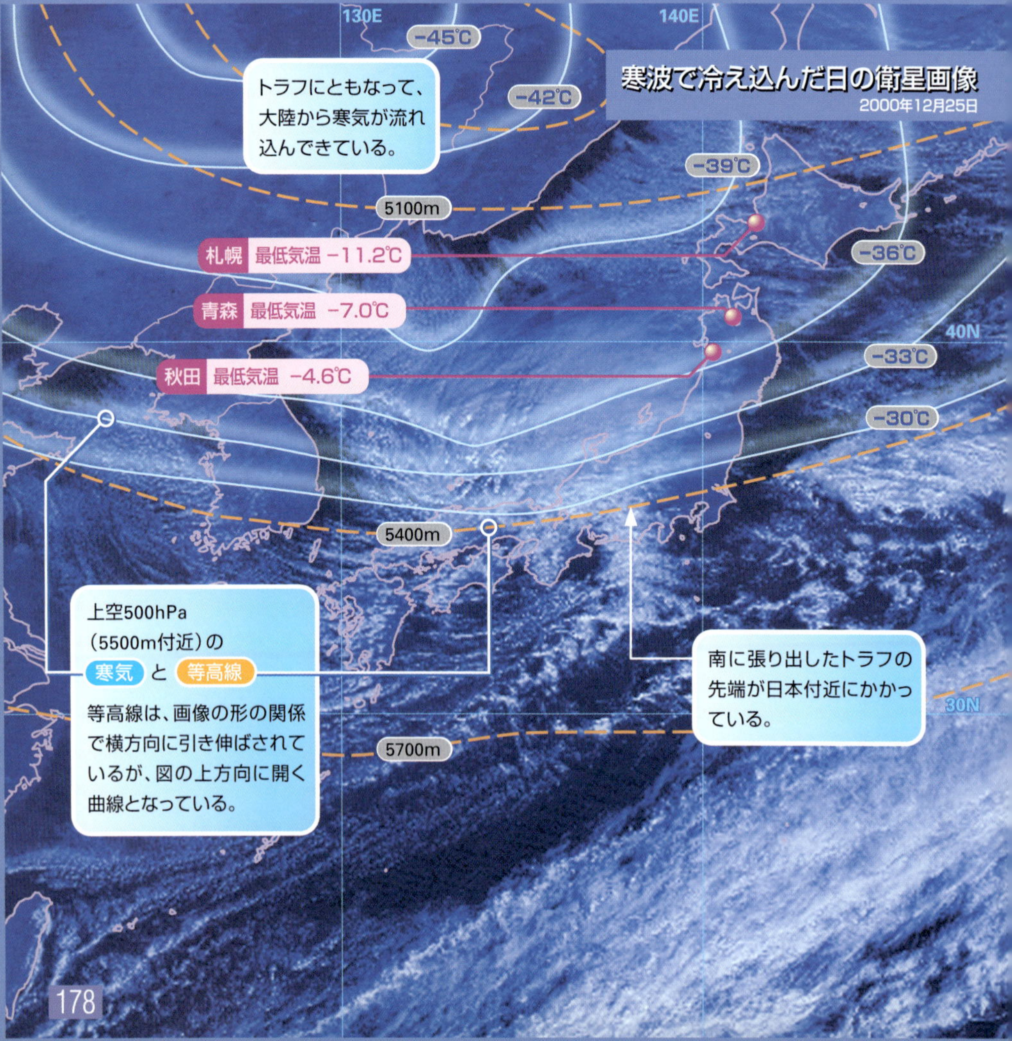

●寒冬《かんとう》の年〜V字型トラフ

高層天気図を見たとき、等高線が南に蛇行《だこう》して張り出している部分をトラフ（窪《くぼ》みの意味）という。トラフは一般的に低温な空気をともなっており、高緯度にある極地方の寒気の流れが蛇行して、南下してきたと考えるとよい。

蛇行が大きいときのトラフはV字型トラフとよばれる。寒波に襲われる寒冬《かんとう》の年は、日本付近にV字型トラフがかかっていたり、トラフからちぎれた寒気の渦《うず》（寒冷《かんれい》渦《か》）があるのが特徴だ。

この日の天気の特徴

■この衛星画像には、高層天気図（500hPa）の情報を重ね合わせている。高層天気図は同じ気圧の面（この場合500hPa）がある高さをメートルで示している。上空の気圧のトラフに沿って、北から寒気が南下。

■地上では低気圧が山陰沖から関東北部を通過し、各地で大荒れ。名古屋、高松、前橋などで初雪となった。

●V字型トラフと地上の天気

寒波は、北日本を発達しながら通過する低気圧の背後から押し寄せ、寒冷前線の通過後に一段と気温を下げ季節風を強める。

これは、トラフの東側では低気圧が発達しやすいために起こっている現象である。

また、V字型トラフが日本付近にかかると、上空の強い寒気のため大気が不安定となり、寒気内に小さな低気圧ができて大雪をもたらすことがある。日本海上空に寒気が来たときの里雪《さとゆき》（➡P.176）もその1つだ。

●高層天気図のトラフとリッジ

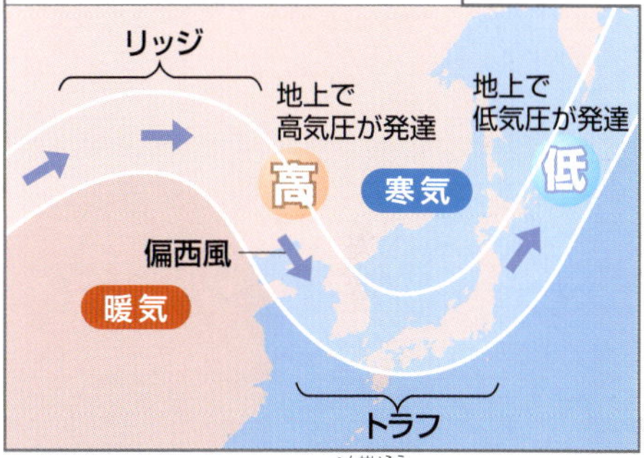

日本上空では、等高線に沿って偏西風《へんせいふう》が吹いている。この偏西風の向きに地上天気図の低気圧や移動性高気圧は移動する。また、トラフやリッジは、形を変えながらゆっくり東側へ動いている。

●年間真冬日日数ベスト10

都道府県庁所在地の平年値（1961〜2000年）

1日の最低気温が0℃未満のときを冬日という。また、1日の最高気温が0℃未満のときを真冬日という。

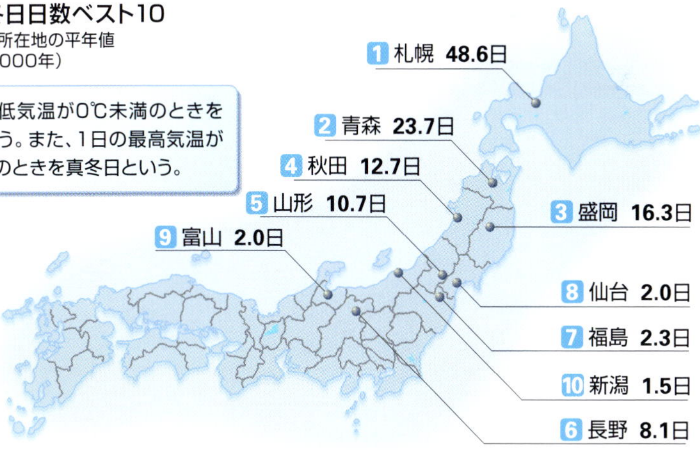

北海道《ほっかいどう》の冬《ふゆ》

北海道でしか見られない冬の自然現象

北海道では、最高気温が0℃に届かない真冬日《まふゆび》（➡P.179）が年間に延べ1～2か月もある。最低気温の日本観測史上の記録は、旭川《あさひかわ》で氷点下41℃という超低温である。

このような自然条件では、他の地では見られない気象現象が見られるようになる。ダイヤモンドダスト、サン・ピラーといった美しい現象は、極寒《ごっかん》の地に耐える者にしか見ることのできない大自然の贈り物だ。

太陽の周辺と地面に、ダイヤモンドダストによる輝きが見られる。氷点下15℃の、北海道大雪山《だいせつざん》旭岳《あさひだけ》中腹。

沈みかけた太陽の上にのびた光の柱、サン・ピラー。北海道上川郡《かみかわぐん》美《び》瑛町《えいちょう》

●ダイヤモンドダストと氷霧《こおりぎり》

気温が氷点下20℃というような低温下では、空気中の水蒸気が小さな氷の結晶になってゆっくり落下する現象が起こる。視程が1km以下の場合は氷霧といい、1km以上のときは細氷《さいひょう》という。

細氷は、太陽光があたるときらきらと美しく光るので、ダイヤモンドダストとよばれる。

●サン・ピラー（太陽柱）

ダイヤモンドダストが見られるとき、さらにサン・ピラーとよばれる、より珍しい現象が見られることがある。夕日や朝日の太陽から、柱のような光が上下にのびて、輝いて見えるのである。

これは、ダイヤモンドダストの氷の結晶が平板な形をしていることや地面に垂直に落ちていることなど、いろいろな条件が重なって起こるので、非常に珍しい現象である。

●北海道と東京の気候の違い

	旭　川	東　京
日最低気温0℃未満の日（平年値）	157.7日	10.2日
日最高気温0℃未満の日（平年値）	78.5日	0日
1月の日最高気温（月別平年値）	−4.0℃	9.8℃
8月の日最高気温（月別平年値）	26.3℃	30.8℃
1月の日最低気温（月別平年値）	−12.6℃	2.1℃
8月の日最低気温（月別平年値）	16.7℃	24.2℃
気温の最高記録	36.0℃ (1989年)	39.1℃ (1994年)
気温の最低記録	−41.0℃ (1902年)	−9.2℃ (1876年)
積雪の最深記録	138 cm (1987年)	46 cm (1883年)
霜の初日（平年値）	10/ 7	12/14
霜の終日（平年値）	5 /16	2 /26
雪の初日（平年値）	10/23	1 / 2
雪の終日（平年値）	4 /30	3 /11
ソメイヨシノの開花日（平年値）	5 / 7	3 /28

流《りゅう》氷《ひょう》

北海道のオホーツク海沿岸で見られる流氷は、アムール川河口生まれ

冬の約3か月間接岸する流氷によって、北海道のオホーツク海沿岸は、見渡す限り白一色の氷の世界になる。流氷は互いにぶつかり合い、せめぎ合う不思議な音を静かに響かせる。

流氷がオホーツク沖合に姿をあらわす「流氷初日」は、1月中旬ごろ。2月には沿岸をおおい、一部は日本海や太平洋にも流れ出す。流氷の量が視界の半分になる「海《うみ》明《あ》け」の3月まで、海は閉ざされるのである。

水平線の果てまで流氷が埋めつくす。北海道網《あ》走《ばしり》市。

アムール川の河口から、樺太の北をまわり込むように南下している白い部分が流氷。

Jacques Descloitres, MODIS Land Rapid Response Team, NASA/GSFC
2002年1月14日　写真番号12855

●オホーツク海の流氷ができるしくみ

海面が寒気《かんき》で冷やされたとき、海水は深いところと対流を起こすので、容易には水温が下がらずなかなか凍らない。オホーツク海では、次のようにして流氷が生み出されている。

シベリア大陸のアムール川から淡水がオホーツク海へ流入すると、淡水は海水よりも軽いため、河口には塩分の少ない水の層が海面に薄くできる。

この淡水は、寒気で冷やされても海水より重くなることがなく、海の深いところとの対流が起きない。こうして冷やされた表面の淡水の層はすみやかに氷となっていく。氷が海流や季節風で移動すると、河口から供給される淡水が次々と氷となり海面をおおっていく。この氷が成長しながらさらに漂って北海道の沿岸にまで達するのである。

霧《む》氷《ひょう》

「樹霜《じゅそう》」「樹氷《じゅひょう》」は「霧氷」の一種 過冷却水滴《かれいきゃくすいてき》や水蒸気がつくり出す

冬の山中では美しい景色が見られる。冬山を歩くことのない人も、スキー場でリフトに乗って山々を眺めるとき、葉を落とした樹木の枝の隅々まで美しく氷がついている「樹霜」の様子に目を見張ることがあるだろう。

さらに、山頂付近では、樹木に「樹氷」がついて雪像のようになった「モンスター」が見られる場合もある。これらは、過冷却水滴や空気中の水蒸気と風がつくり出す自然の芸術品「霧氷」の一種だ。

奥羽《おうう》山脈の山形県と宮城県にまたがる蔵王《ざおう》連峰で見られる樹氷。「(アイス)モンスター」ともよばれる。

●霧氷とは

雲に含まれる過冷却水滴は、雲の中で雪を成長させるもとである（➡P.74）。雲や霧がかかる冬の山中では、過冷却水滴が樹木などの地上物にぶつかって、氷に変化するという現象が起きる。このようにして次々に過冷却水滴が凍りついていき、風上側に成長していったものが「樹氷」や「粗氷《そひょう》」である。

樹氷は、氷が白く不透明なので、雪が凍りついたように見えるが、粗氷は透明である。

霧氷にはもうひとつ種類があり、「樹霜」という。水蒸気で過飽和になった空気から、直接氷の結晶が木の枝などの地上物について成長する現象で、雪の結晶（➡P.172）と同様に、条件によっていろいろな形の結晶ができる。

冬の晴れて冷え込んだ朝、枝についた氷の結晶が成長して樹霜となった。東京都西多摩郡《にしたまぐん》奥多摩町《おくたままち》。

冬《ふゆ》の気象《きしょう》と健康《けんこう》

厳しい寒さが、思わぬ大病をも引き起こす

気温が冷え込み、空気が乾燥する冬は、インフルエンザをはじめとする季節病の発症が特に多い季節である。厳しい冷え込みが体の機能に負担をかけ、心臓病《しんぞうびょう》や脳卒中《のうそっちゅう》など思わぬ大病を引き起こすことさえある。日々の気象状況の変化に注意をはらい、しっかりとした予防策を講じたい。

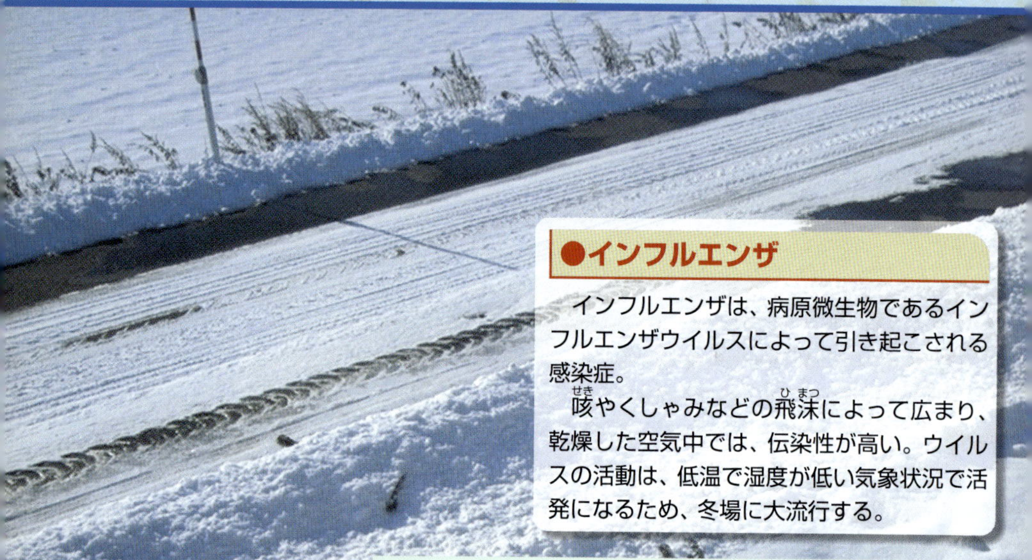

●インフルエンザ

インフルエンザは、病原微生物であるインフルエンザウイルスによって引き起こされる感染症。

咳《せき》やくしゃみなどの飛沫《ひまつ》によって広まり、乾燥した空気中では、伝染性が高い。ウイルスの活動は、低温で湿度が低い気象状況で活発になるため、冬場に大流行する。

●インフルエンザ発症の傾向と気象（東京都、2002·2003年）

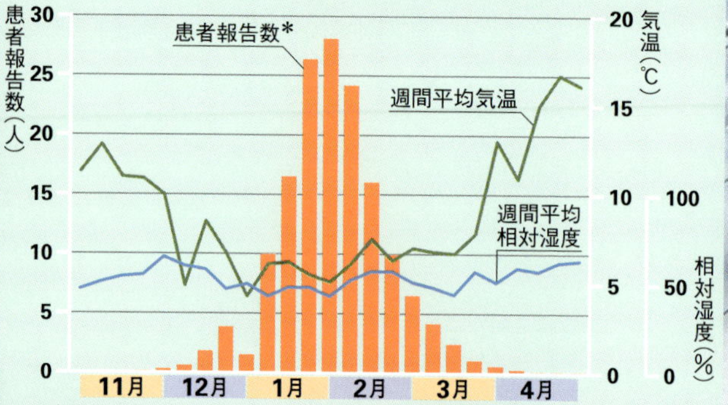

*東京都が選定した都内178か所の医療機関から報告された患者数。

（東京都感染症情報センター）

●血圧の変化と心臓病《しんぞうびょう》、脳卒中《のうそっちゅう》

暖かい室内から寒い屋外へ出たときのように、体が急に寒さにさらされると、血管が収縮を引き起こし、血液の循環に悪影響を与えたり、血圧を上昇させる。その結果、血栓《けっせん》が生じやすくなり、心臓や脳の血液が詰まる(脳梗塞《のうこうそく》、心筋梗塞《しんきんこうそく》)、血圧の急な高まりにより脳の血管が破れる(脳内出血)など、心臓《しんぞう》病《びょう》や脳卒中《のうそっちゅう》を発症するケースが多くなる。

●神経痛、リウマチ

神経痛やリウマチの人は、冬や梅雨《つゆ》のように急激に気温が低くなる時期になると、痛みが出やすくなる。多くの冬の季節病と同じく、体が冷え、血液の循環が悪くなるのが原因である。

また、気圧や湿度の変化も影響し、天気が崩れ、湿度が高くなったり、気圧が下がった気象状況になると痛みが出ることが多い。

●月別の心筋梗塞による死亡者数(2002年)

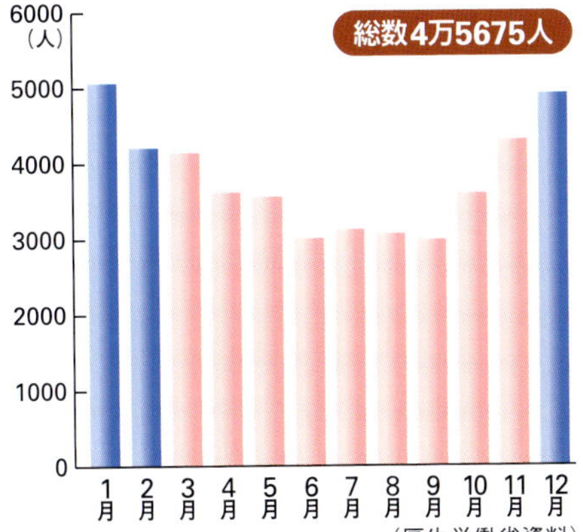

(厚生労働省資料)

●慢性関節リウマチの痛みが出やすい季節

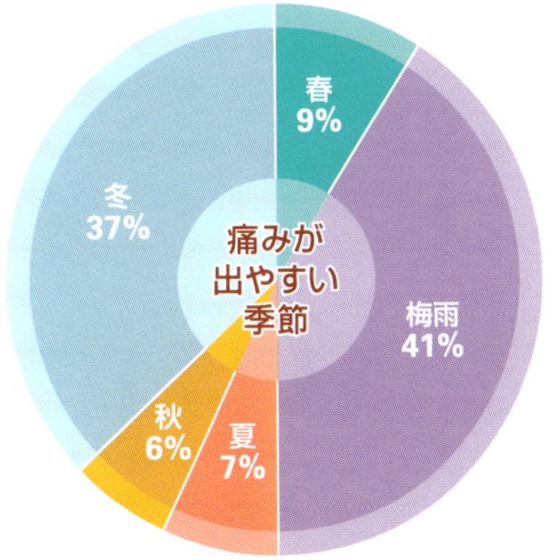

(『からだの科学』日本評論社)

●月別の脳梗塞による死亡者数(2002年)

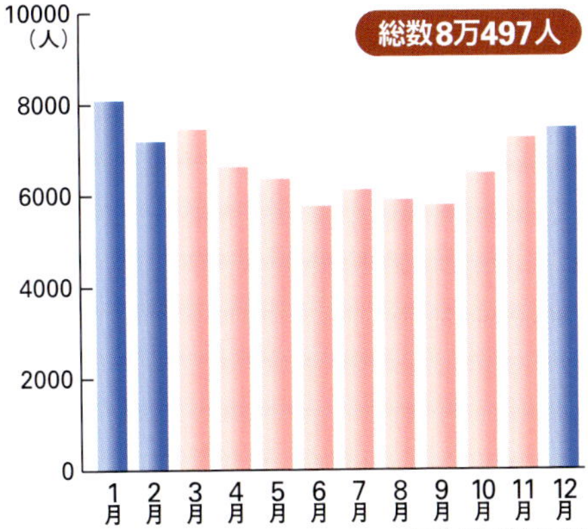

(厚生労働省資料)

●気象病と季節病

「雨の日には古傷が痛む」などとよく言われるが、実際、お天気と健康状態には密接な関係があり、天候の変化が原因となって発病する病気の種類は多い。

気象病とは、気温や湿度、気圧など気象状況が短時間のうちに変動するのにともなって発症、症状の悪化が起こる病気のこと。典型的な例としては、気管支ぜんそくや神経痛などがあげられる。

一方、季節病とは一定の季節になると多発する病気のことで、春のスギ花粉症(➡P.58)や夏の冷房病(➡P.109)、冬のインフルエンザ(➡P.186)などが代表例。

雲《くも》図《ず》鑑《かん》④～下《か》層《そう》雲《うん》Ⅱ

雲の基本形を、形と発生する高さによって10種に分類したのが「10種《しゅ》雲《うん》形《けい》」である。高度2km以下のところに発生するのが下層雲で、氷晶《ひょうしょう》と水滴が混じりあってできている。ここではおもに対流活動にともなうものをあげる。

名称（英名）　積雲（Cumulus）

記号　Cu

高さ　下層／雲底は下層（地面付近～2km）にあるが、雲頂は中・上層にまで達していることもある。

別名　わた雲

雲底が平らで、上面はカリフラワーのような形。晴れた日中に、孤立してあらわれる。日射や地形などによる上昇気流によって発生する。山のように隆起した大きな積雲を雄大積雲《ゆうだいせきうん》、積雲の一部がちぎれて風に流されているものを片積雲《へんせきうん》という。

積《せき》雲《うん》
Cumulus

積乱雲《せきらんうん》
Cumulonimbus

名称（英名）	積乱雲（Cumulonimbus）
記号	Cb
高さ	下層／雲底は下層（地面付近～2km）にあるが、雲頂は中・上層にまで達していることが多い。
別名	入道雲、雷雲

積雲がさらに発達したもので、巨大な塔のように高く盛り上がる。上部には氷晶ができ、巻雲《けんうん》のように繊維《せんい》状となり、かなとこ型に広がる。雷雨をともなうことも多く、ときに雹《ひょう》を降らせることもある。

円弧《えんこ》を描く雲の列

Image courtesy　NASA/GSFC/LaRC/JPL,MISR Team
2002年3月11日　写真番号18013

西大西洋上にて、NASA/Terra衛星より撮影。

これらの雲は積乱雲の発達過程でできた1シーンと考えられている。中央の規模の大きい雲の一群が積乱雲であり、終局段階に近い状態。

暖かい上昇気流がもとでできる積乱雲だが、成長期を過ぎ、降雨が激しくなると、雲下部の空気は降水によって冷やされ、下降気流を生み出す。この冷たい気流が海面上を押し広がっていく時、その前面で寒冷前線と同様に、前線に沿って積雲を円弧状につくり出しているものとみられている。

気象歳時記 冬

冬の語源は「冷《ふ》ゆ」であろうといわれる。歳時記では、立冬《りっとう》（11/7頃）から、立春《りっしゅん》（2/4頃）の前日までを冬とするが、実際の気象が本格的な寒さになるのは1月に入ってから。「冬帝《とうてい》」は冬の漢名。寒冷で万物《ばんぶつ》が枯れつくし、花のないこの季節、風情のある味わいは雪である。

風花《かざはな》

山国《やまぐに》の　風花さへも　荒《あら》けなく

虚子《きょし》

空は晴れているのに、風にのって雪片が舞うこと。遠方の山岳付近に風雪がおき、それが上層の強風にのって風下に飛来する現象。風雅な名だが、きわめて寒い日に咲く花である。

冬の季語

季節感や美意識など、日本人のこまやかな感情を短い文言の中に凝縮したものが季語だ。俳句の世界では、季節感をやや先取りするくらいの感覚で詠《よ》むのがよいとされる。

時雨《しぐれ》

晩秋や冬に、ぱらぱら降る小雨《こさめ》のこと。山地近くでよく見られ、「時雨移り」といって、山や森を移っていくこともある。そんな雨の閑寂《かんじゃく》さが愛されたためか、この頃の季感を盛り上げる語として、古来多くの人に好まれてきた。

初しぐれ猿も小蓑《こみの》をほしげなり　芭蕉《ばしょう》

日《ひ》脚《あし》伸《の》ぶ

冬至《とうじ》が過ぎれば、一日一日と少しずつ日照時間がのびていくが、それをはっきりと覚えるようになるのは1月も半ば過ぎである。寒中《かんちゅう》とはいっても、ふと春近づく思いを抱く。

客去りて日脚伸びたる応接間　一山《いちざん》

氷柱《つらら》　垂氷《たるひ》

軒のしずくが凍って、棒のように垂れ下がっているもの。雪国で、庇《ひさし》から何本もの氷柱が下がり陽光にきらきら輝いているさまは美しい。垂氷は古風な言い方。

御仏《みほとけ》の御鼻《みはな》の先へつららかな　一茶《いっさ》

寒《かん》の入《い》り　寒中《かんちゅう》

小寒《しょうかん》（1/6頃）の日が寒の入り。この日から節分までの約30日が寒中。寒に入ってから4日目を寒四郎《かんしろう》、9日目を寒九《かんく》といい、寒九の雨は豊年の前兆といわれる。

うす壁にづんずと寒が入《いり》にけり　一茶《いっさ》

綿虫《わたむし》　雪虫《ゆきむし》

北海道や東北地方で、雪の降り出す季節に現れる小さな昆虫。アブラムシの仲間で、体表に白い分泌物《ぶんぴつぶつ》をつけて群れ飛ぶさまが、綿くずのようにも、雪が舞うようにも見える。

綿虫や子を呼びに出て雲深き　種茅《たねじ》

空《から》っ風《かぜ》　北颪《きたおろし》

冬の乾燥しきった寒い北風のこと。日本海側に雪を降らした北西の季節風が、山脈を越えて太平洋側に乾いた風を吹きおろしてくるもので、昔から上州の空っ風は有名。

から風の吹きからしたる水田《みずた》かな　桃隣《とうりん》

観天望気〜天気のことわざ

「山に三度雪が降ると麓《ふもと》でも雪が降る」

山頂付近は気温が低いため、麓より早く雪が降る。2000m級の山になると、山頂と麓の気温差は10℃から15℃になり、麓に比べると1か月から2か月ほど早く冬がやってくることになる。秋が深まり冬型の気圧配置になると、山に初めて雪が降る。2回、3回と降る頃には初冬を迎え、麓でも雪が降りやすくなる。山頂付近の冠雪《かんせつ》は、麓の人々に冬の到来が近いことを知らせ、冬の準備に取りかかるめやすとなる。

「冬の雷は雪起こし、春の雷は雪明け」

雪国では冬の雷を雪起こしといい、大雪の前触れとなることが多い。シベリアから寒気団がくると、下層は日本海に暖められて大気全体が不安定になる。その結果、上下の空気が激しく入れ替わり、上昇気流が発生して積乱雲《せきらんうん》ができ、雷が鳴ったり、雪が激しく降ったりする。また春は寒冷前線が通るときに雷が鳴り、雪が強く降ることがある。前線が通り抜けたあとは雪が止み、この雪が冬の最後の雪となることが多い。

瓢湖《ひょうこ》の

オオハクチョウ

コォーコォーと鳴き交わしながら大空を舞う純白の鳥、ハクチョウ。10月上旬、湖に彼らがその優雅な姿を現すと、北国の人々は冬の訪れが近いことを知る。

新潟県阿賀野《あがの》市

★夏の間シベリアで産卵、子育てをするハクチョウは、秋になるとエサを求めて樺太《からふと》（サハリン）方面から北海道に集結。10月初旬からさらに南下して瓢湖に渡ってくる。日本で冬を過ごして、3月中旬頃から再びシベリアに帰る。

毎年10月初旬から3月下旬まで、約5000羽のハクチョウが飛来する新潟県の瓢湖。人造湖であるこの湖にハクチョウが来るようになったのは、1954年（昭和29）、日本で最初に野生のハクチョウの餌付けに成功してからである。現在は一般の人でも餌をあげることができ、毎年多くの観光客でにぎわう。周囲1230mの瓢湖に、数千羽ものハクチョウが湖面をうずめる光景は壮観で、まさに秋から冬の風物詩といえよう。

見頃は早朝か夕方。早朝、冷たく澄んだ空気にハクチョウの白さが映えて美しい。また、夕陽を背に受け、静かに憩《いこ》う姿も胸にしみるにちがいない。

〜冬の見どころ

袋田《ふくろだ》の滝の 氷《ひょう》瀑《ばく》

那智《なち》の滝、華厳《けごん》の滝と並び、日本三名瀑《めいばく》の一つに数えられている「袋田の滝」。わけてもこの滝を有名にしているのが、冬の豪壮な氷瀑である。

茨城県久慈《くじ》郡大子町《だいごまち》
★滝の氷瀑が見頃となる1月下旬〜2月初旬頃、久慈川では「シガ」という水面にシャーベット状の氷が流れる珍しい現象が見られることもある。

茨城県久慈川《くじがわ》の支流にある袋田の滝は、高さ120m、幅73mの大きさを誇る。大岩壁を四段に落下することや、四季に一度ずつ訪れなければ本当の滝の美しさはわからないことから、別名「四度《よんど》の滝《たき》」ともよばれている。

この滝が氷結するのは、例年1月下旬から2月初旬頃。滝に注ぐ滝川《たきがわ》が、放射冷却や冷気の影響を受けて、滝の端から徐々に氷結し、巨大な氷瀑となる。

ピッケル片手のアイスクライマーが、氷瀑の絶壁にチャレンジする姿は、袋田の滝ではおなじみの冬の光景だったが、近年は温暖化の影響で氷結が薄くなり、アイスクライマーの姿も少なくなった。

日《に》本《ほん》の気《き》象《しょう》記《き》録《ろく》

降水量、気温など、気象に関する記録を紹介

ここでは気温や降水量、積雪量など、日本のさまざまな気象記録を掲載する。最高気温の記録40.8℃(山形)は、風呂の適温といわれる温度とほぼ同じくらいの暑さである。また、最大1時間降水量の記録150㎜(足摺岬《あしずりみさき》)は、1時間で10m四方あたりドラム缶75本分の雨が降った計算になる。

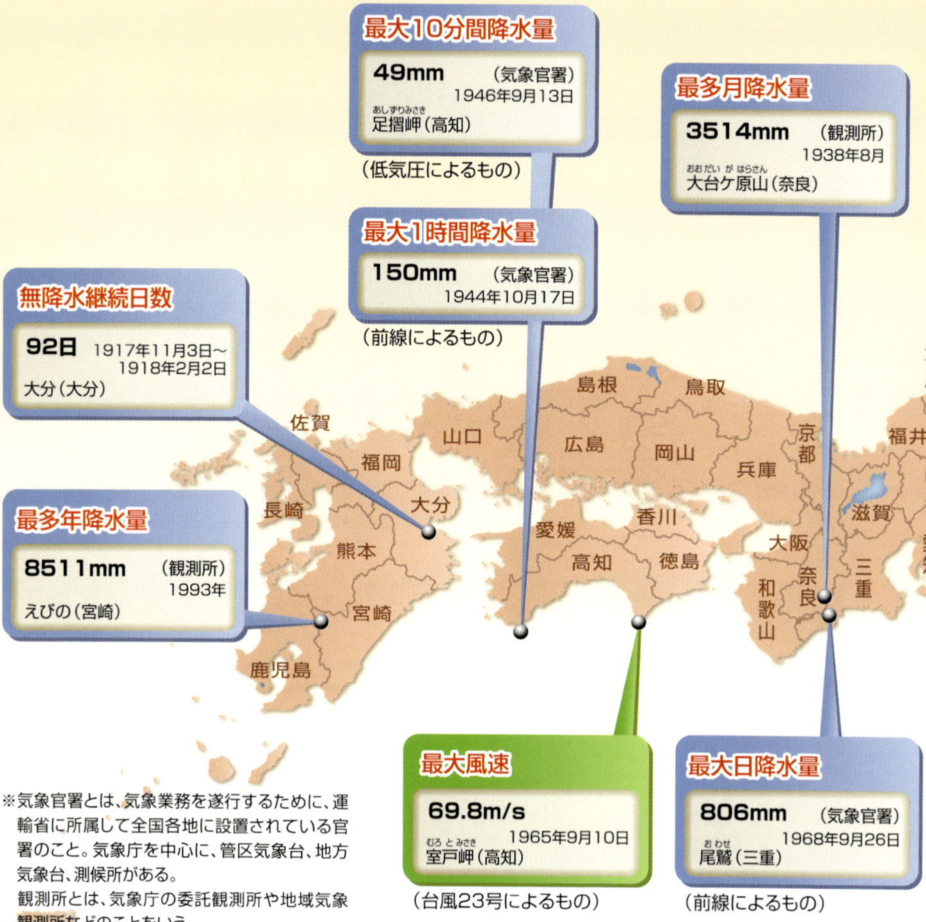

※気象官署とは、気象業務を遂行するために、運輸省に所属して全国各地に設置されている官署のこと。気象庁を中心に、管区気象台、地方気象台、測候所がある。
観測所とは、気象庁の委託観測所や地域気象観測所などのことをいう。

（気象年鑑より）

＊JR（当時の国鉄）の観測による最大日降雪深さの最大値は、1946年1月17日に関山（新潟）で記録した210cm。
＊＊JR（当時の国鉄）の観測による最深積雪の最大値は、1945年2月14日に森宮野原（長野）で記録した785cm。
＊＊＊海面気圧とは、観測された気圧値を海抜《かいばつ》0mの海面上の気圧値に補正したもの。

文学のなかの気象［番外］
映画のなかで描かれた気象

『ツイスター』(1996／米)

竜巻《たつまき》は日本でも起きる気象現象だが、アメリカ合衆国中西部では毎年800以上も発生し、同国の映画作品にも何度か登場している。

近年では、『ツイスター』(1996年)。アメリカで竜巻を“tornado《トルネード》”というが、そのねじるように迫ってくる現象から、“twister《ツイスター》”ともよぶらしい。凄《すさ》まじい砂塵《さじん》、巻き込まれる家畜など、ハリウッドお得意のCG画像が展開される。研究者が竜巻に立ち向かうという物語はシンプルだが、こうした設定が成立するほど、この国ではその猛威が恐れられているのである。

舞台となったオクラホマ州では、映画公開後の1999年、秒速で140mを超える超弩級《ちょうどきゅう》の竜巻が発生、30人以上の死者も出している。

なお、映画で主人公が操る竜巻観測機は、「ドロシー」と命名されており、映画好きをにやりとさせる。もちろん、『オズの魔法使い』の主人公の名である。

『オズの魔《ま》法《ほう》使《つかい》』(1939／米)

元来「オズ」の物語は、1900年刊行の児童文学。何度か映画化されたが、16歳のジュディ・ガーランドがドロシーを演じた1939年版が最高傑作である。子役としてアカデミー特別賞を受賞、この作品の成功で彼女は大スターへの階段を駆け上った。

そのドロシーと愛犬トトを巻き込んで、アメリカ中西部カンザスの農場から「オズ」へと連れていくきっかけが、なんと竜巻なのである。

『ハリケーン』(1937／米)

さて、かつてのアメリカの名監督といえば、『駅馬車』をはじめ数多くの西部劇で知られたジョン・フォードにも、『ハリケーン』(1937年)というスペクタクル映画がある。

舞台は南太平洋。タヒチ島などで知られるフランス領ポリネシアの島々を背景に、現地の女性を愛する一等航海士、過失から傷害と殺人を犯す彼の逆境を救うフランス人神父との友情などを描いている。主人公が逮捕の危険を冒してまで、暴風雨の来襲を小島の人々に知らせに行く場面がクライマックスである。

CG技術などない時代、ハリウッドに超大型プールを築き、巨大扇風機10数台をフル回転させて人口の暴風を作って撮影した。その大迫力は、長く興行界の語り草になったという。題名の“Hurricane《ハリケーン》”とは、もともとは北大西洋西部の熱帯低気圧のこと。発生場所がことなるが、日本でいう台風と性質は同じである。

『颶《たい》風《ふう》』(1940／米)

『ハリケーン』のヒロインを演じた女優はドロシー・ラムーア。偶然ながらまたもや「ドロシー」登場である。黒髪とみずみずしい容姿で20世紀前半に活躍した。さらに、3年後には『タイフーン』という、やはり気象現象を扱った映画のヒロインになっている。

“Typhoon《タイフーン》”とは太平洋の熱帯低気圧を意味する英語で、公開時の邦題は『颶風《たいふう》』である。当時日本では、熱帯低気圧＝「台風」と決まった言葉はなかった。英語「タイフーン」の音にあてて訳語「颶風」が生まれたのは定説だが(その後「台風」に改まる)、この映画の影響があったのかどうかは不明である。

世界の章

中国とモンゴルにかけて広がるゴビ砂漠。この砂漠の南部で巨大な砂嵐が発生しているようす。ゴビ砂漠は、日本にも飛来してくる黄砂の発生源のひとつ。

Image courtesy of Earth Sciences and Image Analysis Laboratory, NASA Johnson Space Center. 1994年11月　写真番号STS066-95-95

大《たい》気《き》の大《だい》循《じゅん》環《かん》

大気を動かす、地球規模のしくみ

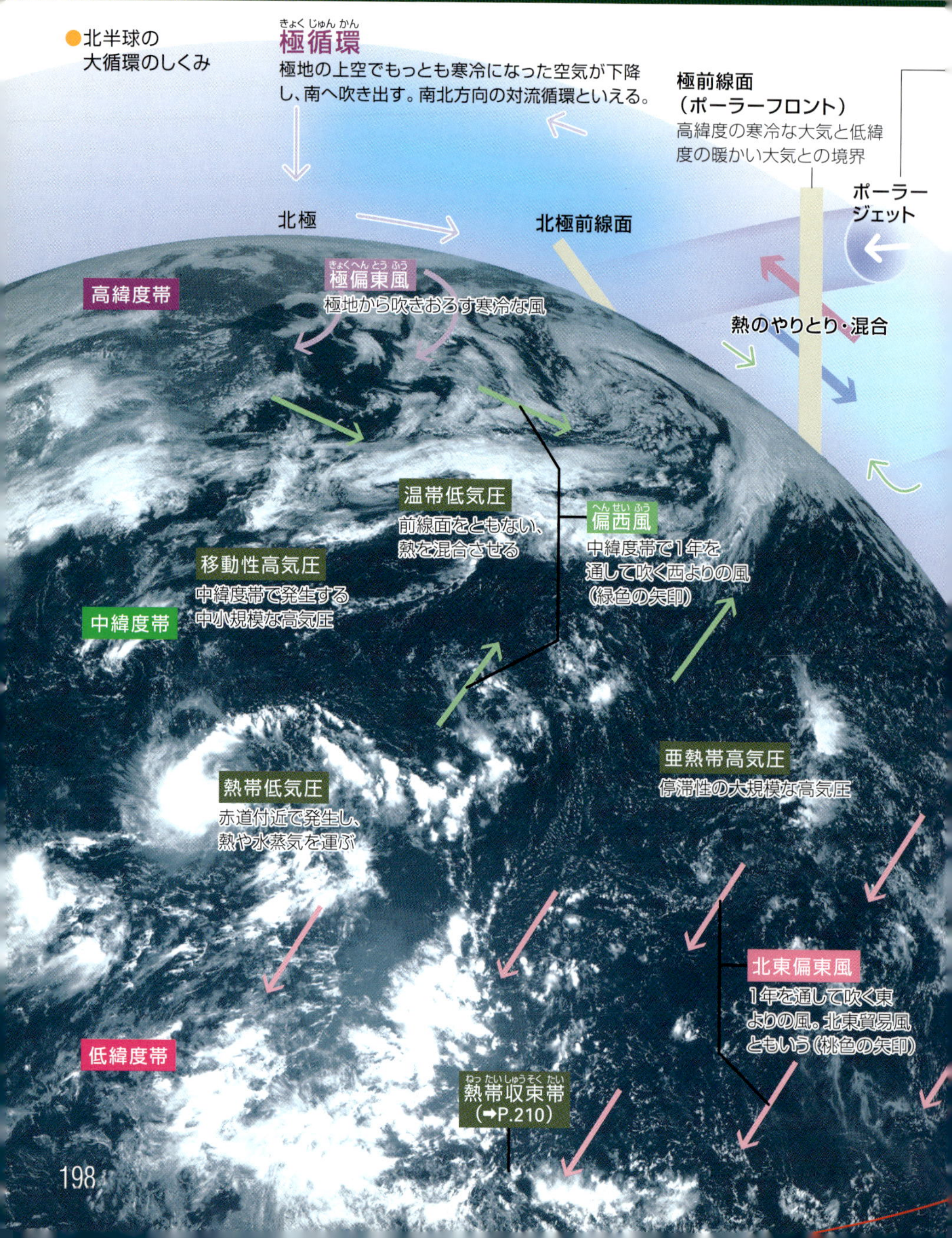

●北半球の
大循環のしくみ
極《きょく》循《じゅん》環《かん》
極地の上空でもっとも寒冷になった空気が下降
し、南へ吹き出す。南北方向の対流循環といえる。
極前線面
（ポーラーフロント）
高緯度の寒冷な大気と低緯
度の暖かい大気との境界
ポーラー
ジェット
北極
北極前線面
高緯度帯
極《きょく》偏《へん》東《とう》風《ふう》
極地から吹きおろす寒冷な風
熱のやりとり・混合
温帯低気圧
前線面をともない、
熱を混合させる
偏《へん》西《せい》風《ふう》
中緯度帯で1年を
通して吹く西よりの風
（緑色の矢印）
移動性高気圧
中緯度帯で発生する
中小規模な高気圧
中緯度帯
亜熱帯高気圧
停滞性の大規模な高気圧
熱帯低気圧
赤道付近で発生し、
熱や水蒸気を運ぶ
北東偏東風
1年を通して吹く東
よりの風。北東貿易風
ともいう（桃色の矢印）
低緯度帯
熱《ねっ》帯《たい》収《しゅう》束《そく》帯《たい》
（➡P.210）

太陽からの日射は赤道付近がもっとも強く受け気温が高く、北極・南極でもっとも低い。大気と海洋はこの温度の不均一をならそうと、熱を伝導または移動することになる。この地球規模でおこる大気の運動を「大気の大循環」という。

ポーラージェット

上空で偏西風が強くなっている流れ。ジェット気流のひとつ。極前線面近くにみられ、波動しながら地球を取り巻いている。

フェレル循環

中緯度帯の循環をいう。東西方向の風が強いが、低気圧、高気圧、前線面などのしくみを介して、熱を南から北へ伝えている。

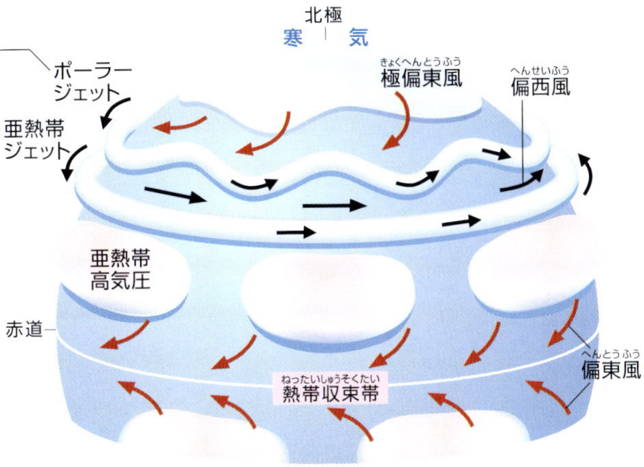

● 地球を取り巻く大規模な風
赤い矢印は地表付近で吹く風、黒い矢印は上空で吹く風を示す。

亜熱帯ジェット
ハドレー循環の北縁に生じるジェット気流のひとつ。

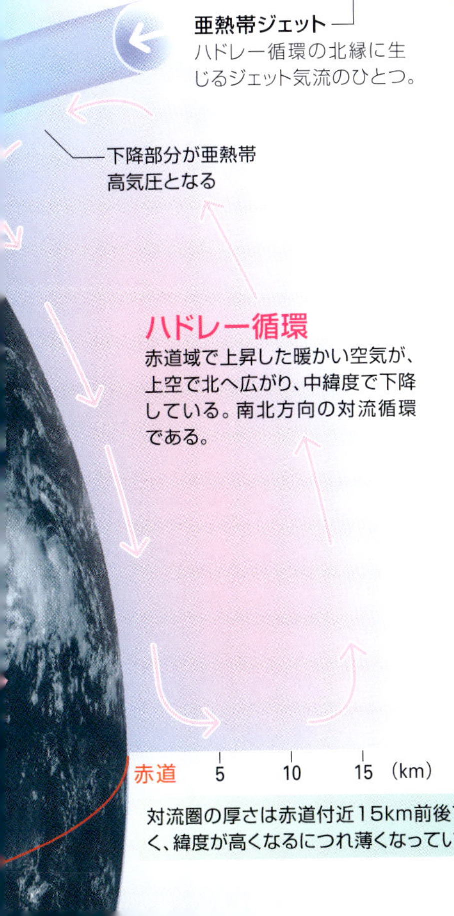

ハドレー循環

赤道域で上昇した暖かい空気が、上空で北へ広がり、中緯度で下降している。南北方向の対流循環である。

対流圏の厚さは赤道付近15km前後で最も厚く、緯度が高くなるにつれ薄くなっている。

大気の大循環は赤道付近の低緯度帯、日本の位置する中緯度帯、そして極を含む高緯度帯でことなる大きな運動をしている。左図と上図は北半球の夏に起こる大循環のモデル図である。

低緯度帯では、ハドレー循環とよばれる、巨大な熱対流のしくみをもった運動が起こっている。極循環とよばれる高緯度帯の運動も、上空の冷たい寒気が吹きおろす熱対流の一種である。

これらにはさまれた中緯度帯では、暖かい空気と冷たい空気がぶつかり合い、前線帯（極前線面という）をつくり、この前線付近に温帯低気圧などを発生させる。

低気圧は渦をつくりながら温度差のある空気を混ぜ合わせ、結果的に熱を高緯度に伝えることになる。この中緯度で起こるしくみを、フェレル循環という。中緯度帯全体を偏西風が吹き、上空にはジェット気流が地球を取り巻くように吹いている。

世《せ》界《かい》の気《き》候《こう》帯《たい》

日本と同じ温帯気候は意外にせまい

●ケッペンの分類に基づいた気候区分図
（FAO資料による）

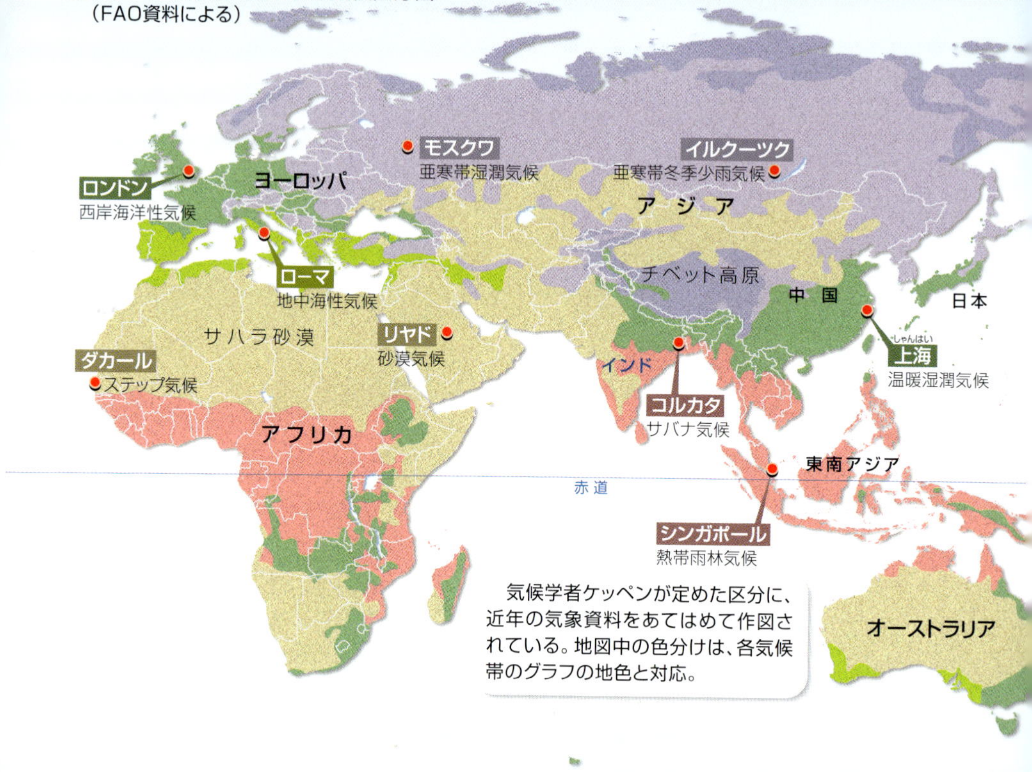

気候学者ケッペンが定めた区分に、近年の気象資料をあてはめて作図されている。地図中の色分けは、各気候帯のグラフの地色と対応。

●熱帯気候　最寒月18℃以上

熱帯雨林気候　熱帯雨林気候　サバナ気候

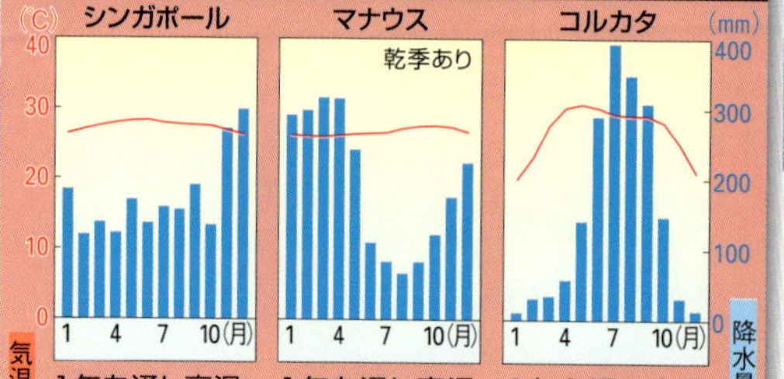

シンガポール	マナウス	コルカタ
1年を通し高温 多雨	1年を通し高温 弱い乾季がある	1年を通し高温 乾季がある

●乾燥気候　乾燥で樹木が育たない

砂漠気候　ステップ気候

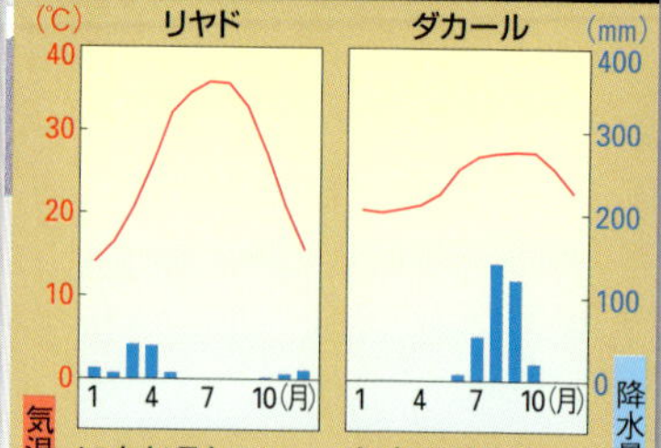

リヤド	ダカール
いちじるしい 乾燥	多少の降水を ともなう

気温と降水量の季節的変化を元に、大まかに気候のタイプを区分している。地図の投影法の影響もあるが、内陸部に広がる乾燥気候と北半球の亜寒帯気候が広く、過ごしやすいとされる温帯は比較的せまい。

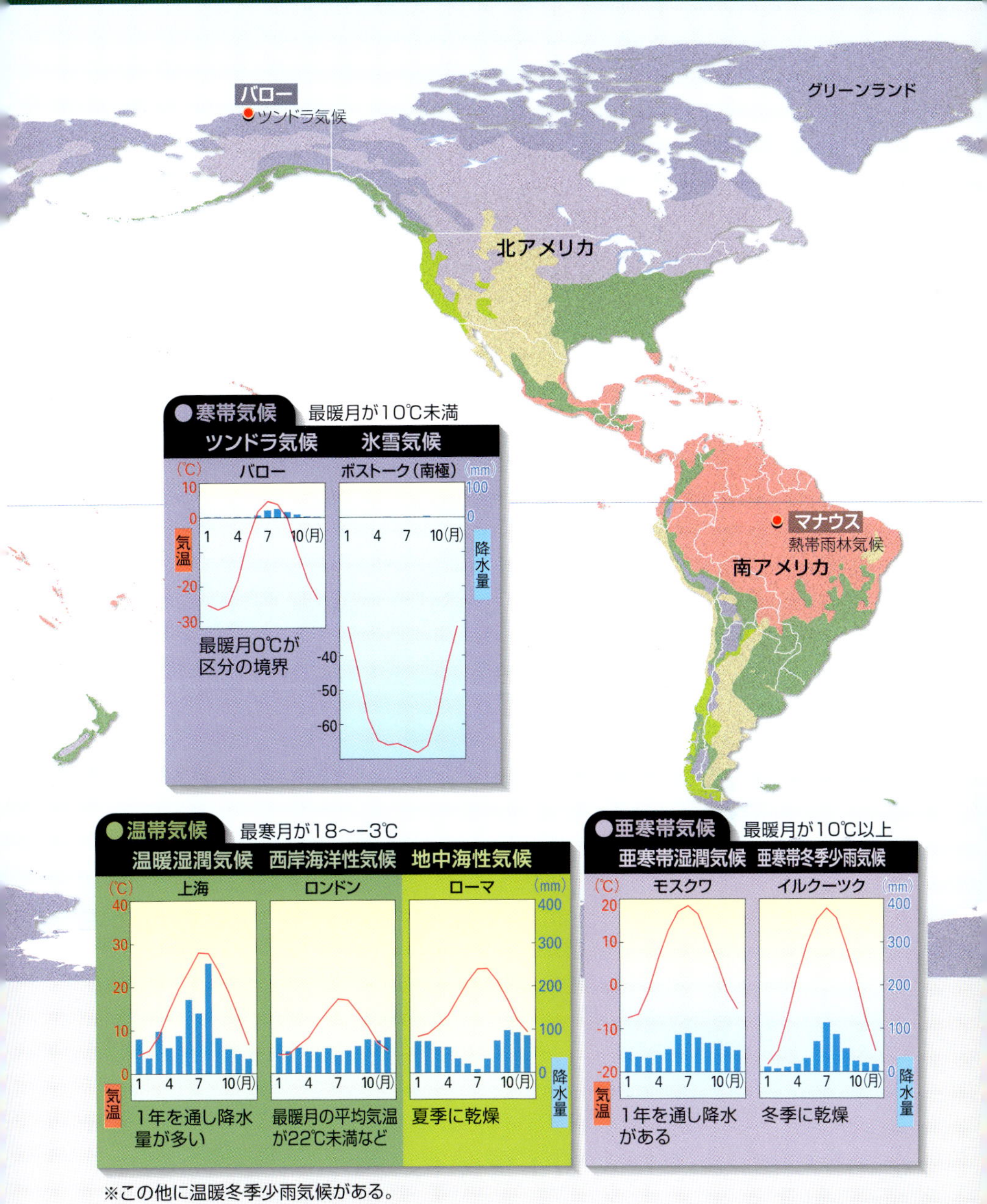

※この他に温暖冬季少雨気候がある。

世界《せかい》の気象《きしょう》記録《きろく》

1年間で6階建てのビルが水没するほどの雨量！

　最多年間降水量を記録したチェラプンジ（インド）周辺は、アジアモンスーンがヒマラヤ山脈にぶつかる場所で、夏の雨季に大量の雨が降る。最少年間降水量を記録したアスワン（エジプト）は、アフリカ・サハラ砂漠東部に位置する。

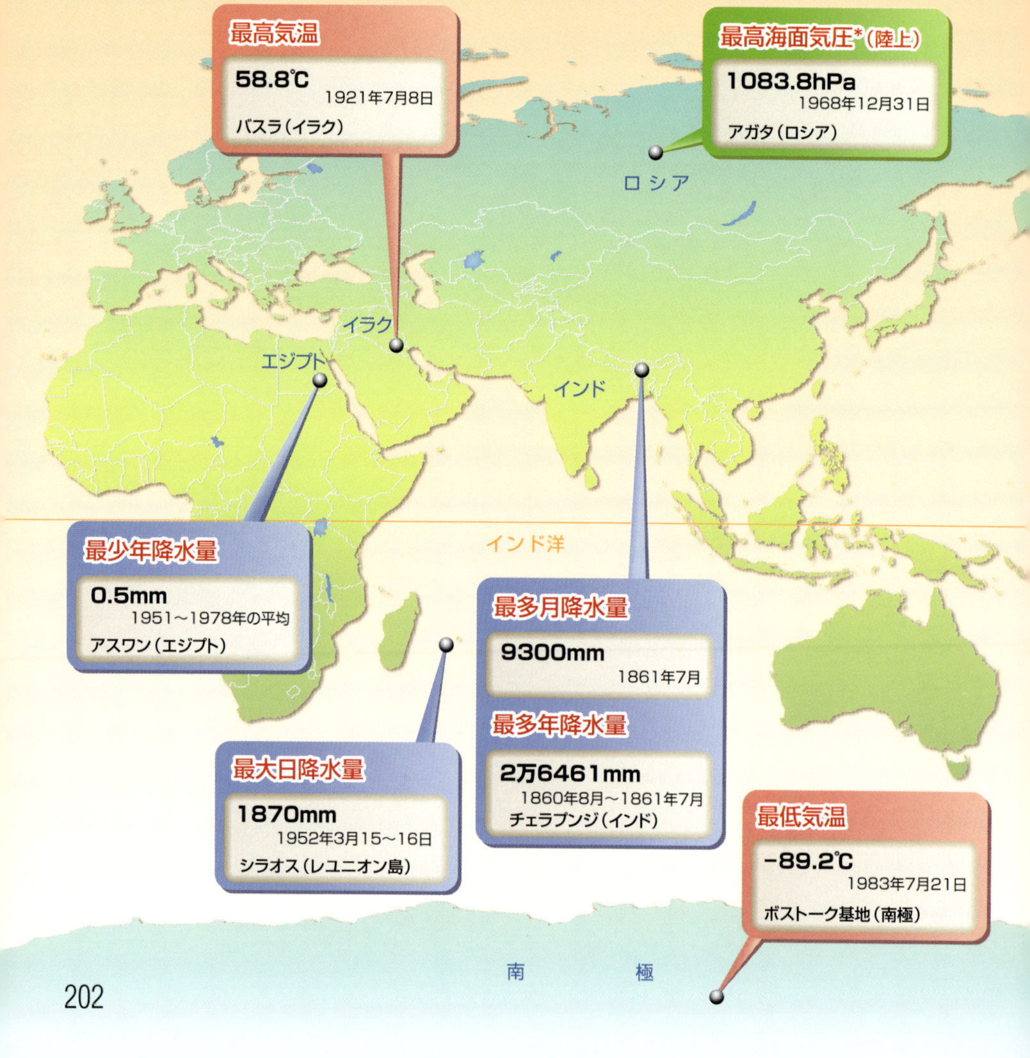

世界で一番の最高気温は、バスラ（イラク）で記録された58.8℃。この一帯は、亜熱帯高気圧におおわれる非常に高温で乾燥した地域である。一方、最低気温は、南極の高地に位置するロシアのボストーク基地で記録された。

最大風速や最低気圧を記録したアメリカ東部からカリブ海一帯は、ハリケーンの常襲地帯であり、最高気圧を記録したアガタ（ロシア）は、ユーラシア大陸内陸部で、大陸性の高気圧が発達する場所である。

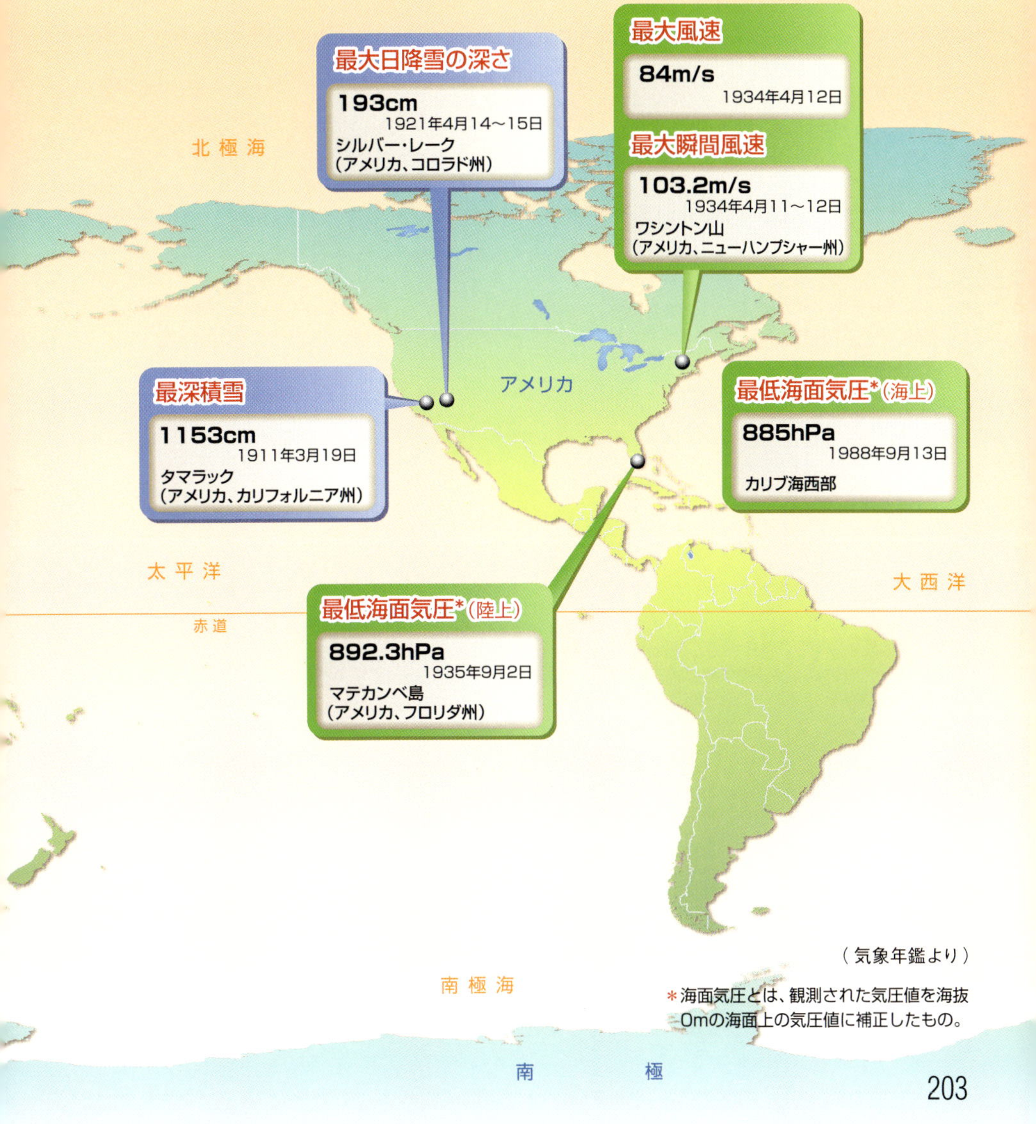

（気象年鑑より）

＊海面気圧とは、観測された気圧値を海抜0mの海面上の気圧値に補正したもの。

世界《せかい》の気象《きしょう》　ヨーロッパ

世界で初めて天気図がつくられた地域

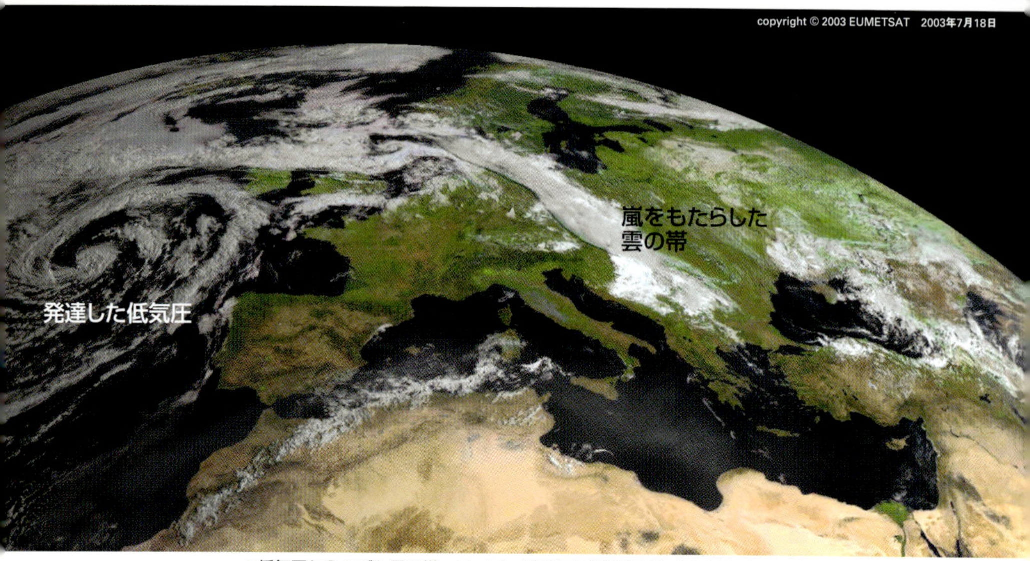

▲**低気圧からのびた雲の帯**　ヨーロッパの気象観測衛星「メテオサット8号（MSG-1）」によって観測されたもの。「ひまわり」衛星などと同様、赤道上の静止軌道衛星で、ヨーロッパとアフリカをカバーする。中央部を縦断する雲の帯は、ドイツに激しい嵐をもたらした。

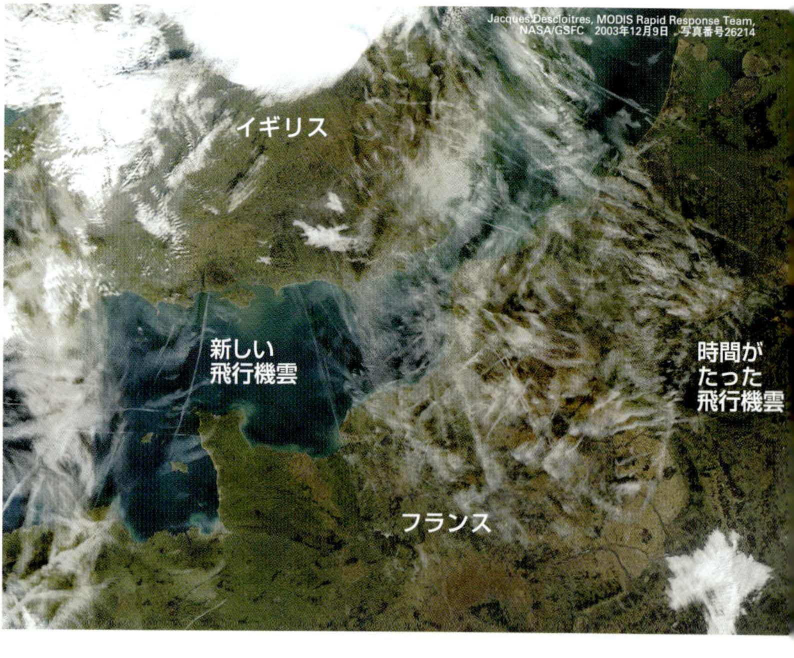

▶**飛行機雲の軌跡**　イギリス（左上）とフランスの間で見られた。飛行機雲は、寒冷な空気の中を飛行機が通過するときなどに発生する（➡P.155）ため、高緯度地域でよくみられる。発着数が多い地域のため、ぼやけていく古い軌跡の中に、新しい細い筋が上書きされ、無数に広がっている。

ヨーロッパは大西洋を北上してくる暖流の影響を受け、高緯度ながら温暖な気候である。それでも、北は北極圏、南にアフリカの亜熱帯高気圧、東はユーラシアの大陸性気団などと接し、厳しい天候となることもある。

Jacques Descloitres, MODIS Rapid Response Team, NASA/GSFC
2003年9月4日　写真番号26276

▶**発達した低気圧がみせる美しい渦**　アイスランド（右手の陸地）の沖、大西洋上。日本周辺では温帯低気圧は、温暖・寒冷前線にともなった雲を持つが、高緯度地域ではすでに前線は閉塞《へいそく》され、上空の空気がこのような渦を形づくることが多い。

◀**早春のイタリア半島**　北部のアルプス山脈は広く雪におおわれ、半島中央部のアペニン山脈にも積雪が見られる。半島の東側沿岸に見られる明るい青の部分は、海に流れ出した融雪水によるもので、土砂で濁ったり、プランクトンが発生し海の透明度が低くなっていることを示す。

▼**北海をおおう海霧**　写真左手にイギリス、右手のスカンディナヴィア半島とデンマークが見え、これらに囲まれたかたちの北海。この北海の上を低くおおうように広がっているのが海霧である。海面近くの気流によって吹き流され、複雑な模様をつくっている。

世界《せかい》の気象《きしょう》　アフリカ

広大なサハラ砂漠が大陸の3割を占める

▶**5月のアフリカ大陸**　アフリカの北半分に広がるサハラ砂漠は、亜熱帯の高圧帯におおわれているため、降水がほとんどない。写真に見られるサハラ砂漠の雲は、はるか上空にかかるもの。この南方（下方）、大西洋上からアフリカにかけて連なる雲の帯が熱帯収束《ねったいしゅうそく》帯《たい》であり、熱帯林に多くの降水をもたらす。

▼**奇妙なパターンをつくり出した雲**　南部大西洋岸、アンゴラとナミビアの沖合い。雲は比較的低いところにできた層積雲《そうせきうん》と考えられる。この海域は寒流（ベンゲラ海流）が北上し、海の温度が低い。海としては海面からの蒸発量が少なく、沿岸の陸地は乾燥している。

Jacques Descloitres, MODIS Land Rapid Response Team, NASA/GSFC
2002年6月18日　写真番号 17621

乾燥した大地と、赤道周辺の熱帯雨林のイメージが色濃いアフリカ大陸。これは赤道をはさんで南北に広がる大陸が、大気の大循環の影響をあらわしているためである。

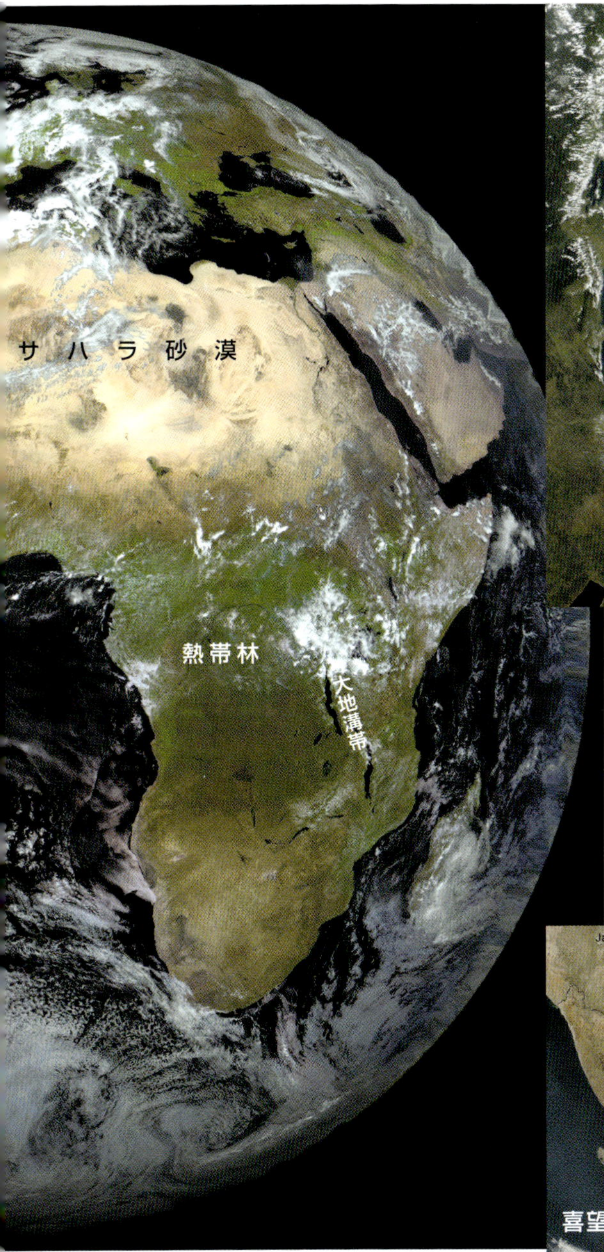
サハラ砂漠
熱帯林
大地溝帯

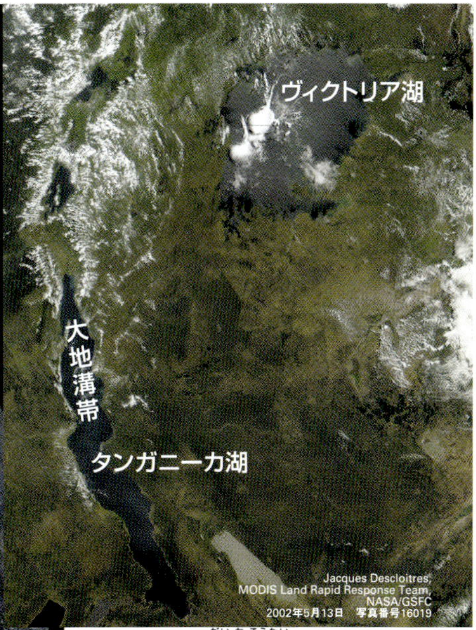
ヴィクトリア湖
大地溝帯
タンガニーカ湖
Jacques Descloitres,
MODIS Land Rapid Response Team,
NASA/GSFC
2002年5月13日　写真番号16019

▲**緑広がる大地溝帯《だいちこうたい》**　ヴィクトリア湖(右上)とタンガニーカ湖(左下)を有する大地溝帯。左上に見られる雲は、大地溝帯にともなう山脈にできたもの。森林とサバンナ草原が広がる。

▼**南アフリカ共和国周辺**　アフリカ大陸南端。内陸は乾燥ぎみの高地となっている。東のインド洋側には暖流が、西の大西洋側には寒流が流れ、それぞれが気候に影響をおよぼしている。円弧《えんこ》を描く雲の端、写真左下に喜望峰《きぼうほう》が見える。

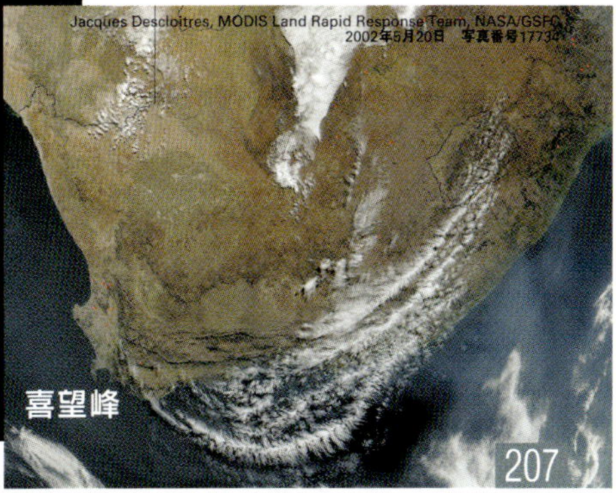
Jacques Descloitres, MODIS Land Rapid Response Team, NASA/GSFC
2002年5月20日　写真番号17734
喜望峰

世界《せかい》の気象《きしょう》　アジア

ヒマラヤ山脈を有する広大な大陸で発生する雲のさまざま

▶バングラデシュ周辺の洪水　夏季モンスーンの湿《しつ》潤《じゅん》な南西からの気流が、写真上方にのぞくヒマラヤ山脈、チベット高原にぶつかり、大量の降水をもたらす。右手から流れ下るのはブラマプトラ川、左からガンジス川が合する。チェラプンジは最多年間降水量の世界記録をもつ。写真は雨季が終わった10月。

▼4重連の熱帯低気圧　インド洋南部に生じたもの。それぞれは発達段階がことなるが、写真上方の赤道付近で発生し、南東(写真右下)方向に進んでいる。左端にマダガスカル島がのぞく。

最大の大陸、ユーラシア大陸とその周囲の海洋との間では、大規模な気団の季節変化が生じる。アジアモンスーンとよばれ、夏には降水を、冬には寒《かん》気《き》を縁辺の各地にもたらす。

▲**ヒマラヤ山脈**　国際宇宙ステーションからとらえたすがた。中国側チベット高原の360km上空から撮影。中央にエベレスト山(8848m)、左奥にマカルー山(8463m)、最奥にはネパール、インドの平原が雲海におおわれる。この世界の屋根は対流《たいりゅう》圏《けん》上部に達し、特に8000mを超える高峰には、強風となっている偏西風《へんせいふう》が直接吹きつける。

◀**中国南東部の洪水《こうずい》**　左上にのぞく厚い雲が降雨の中心で、薄い雲がかかりよく見えないが、東へ流れるホワイ河(淮河)とホンツォー湖(洪沢湖)で激しい洪水が起こっている。この地域が洪水に見舞われる時期は6～9月の間。写真中央を屈曲して流れるのは揚子江《ようすこう》(長江《ちょうこう》)。

世界《せかい》の気象《きしょう》　オセアニア

太平洋は安定した熱源、日本の気象もその影響下にある

▶**オーストラリア北西岸に上陸するサイクロン**　砂漠など乾燥地域が広がるこの地域に、めずらしい降雨をもたらした。南半球で発生する低気圧は、コリオリの力（➡P.19）が北半球と逆向きにはたらくため、時計回りの渦となる。太平洋南西部で発生するものを、トロピカルサイクロンという。

▶**熱帯収束帯《ねったいしゅうそくたい》の雲の帯**　写真中ほどを横にのびる雲の連なり。太平洋東部で見られた。赤道付近では、高温多湿なため熱対流による空気の上昇が盛んに起こっている。ここに、北半球と南半球それぞれの亜熱帯高圧帯から吹き出す、東よりの風（偏東風《へんとうふう》、貿易風）が合流。上昇気流をさらに強め、活発な積乱雲《せきらんうん》を生み出している。これが熱帯収束帯である。両半球の季節変化によって、南よりまたは北よりに位置を変え、熱帯地域の降雨を左右する。

◀**冬のニュージーランド**　南半球の8月は真冬。海洋に囲まれたニュージーランドでは、より寒冷な南島の脊梁《せきりょう》山脈に大量の降雪がもたらされる。特に山脈西側で多く、たくさんの氷河が発達する。

太平洋は、エルニーニョ・ラニーニャ現象（➡P.221）を起こし、周辺の気象現象に大きな影響をおよぼすと考えられている。地球レベルの熱循環において、重要な役割を担《にな》っているのである。

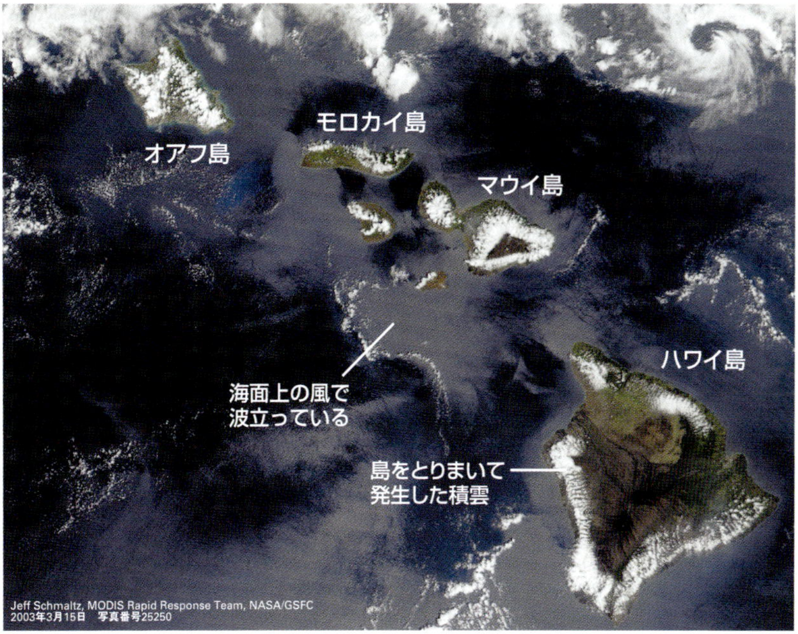

▶ **島の上に生じる雲**
北太平洋の真ん中にある火山列島、ハワイ諸島。島々の上だけに小さな積雲《せきうん》が発達している。海面に吹く風によって波立っているところが、太陽光を反射し灰色がかった模様をつくっている。

世界《せかい》の気象《きしょう》　北《きた》アメリカ

シンプルな地形配列が大スケールの気象現象を生む

▲**夏の北アメリカ大陸**　北アメリカでは、ロッキー山脈から西側が太平洋を渡ってくる偏西風《へんせいふう》の影響を受けている。山脈の東側は、冬季には大陸北部に発達する寒冷高気圧からの、夏季には大西洋からの季節風の影響下にある地域といわれる。写真は8月。

◀**西海岸に積もる雪**　大陸西岸の冬（2月）。太平洋からの気流は、まず海岸沿いの山脈に多くの積雪をもたらすが、内陸にそびえる、標高の高いロッキー山脈（写真右半部）にぶつかり、再び雪をもたらす。

▼**大陸中央部を横切る白い帯**（12月）　低気圧が雪を降らせながら移動したためにできた。

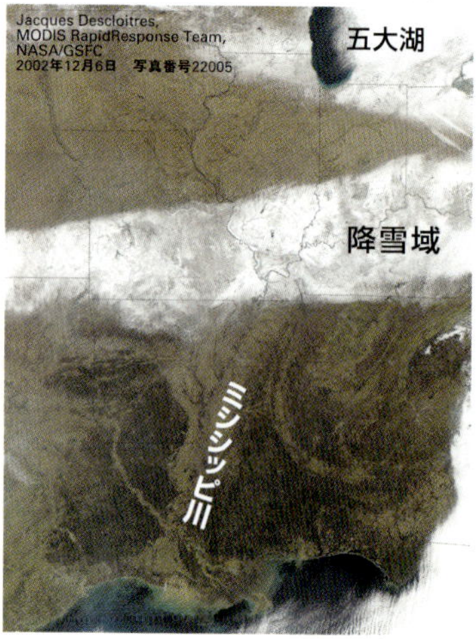

太平洋と大西洋にはさまれ、沿岸ではそれぞれの海の影響を受ける。やや北にかたよった大陸が、冬の大陸性高気圧を発達させる。広大な平原ではトルネード（竜巻《たつまき》）をはじめ、ダイナミックな気象現象が引き起こされる。

▶**東海岸を襲うハリケーン**　超大型のハリケーン「イザベル」が、アメリカ東岸を北上。2003年9月18日に上陸したときの衛星画像。このハリケーンは、少なくとも死者40人、500万戸以上に停電をもたらすなど、甚大《じんだい》な被害をもたらした。

◀**大陸から吹き出す寒気《かんき》**　内陸の寒冷な高気圧からの寒気の吹き出しが、五大湖付近から東部のアパラチア山脈まで積雪をもたらしている（2月）。さらに吹き出した季節風は、メキシコ湾流（暖流）の流れる大西洋上で、冬の日本海に見られるような筋状の雲をつくっている。

世界《せかい》の気象《きしょう》　南《みなみ》アメリカ

広さが日本の12倍以上のアマゾン盆地は、水蒸気の巨大な発生源

◀**冬の南アメリカ大陸**　大陸を特徴づける、北部の広大な熱帯雨林では盛んに雲が生じ、偏東風《へんとうふう》により西へ移動した湿った空気は、アンデス山脈でひときわ厚い雲をつくっている。熱帯収束帯《ねったいしゅうそくたい》の北側では、熱帯低気圧が発生している。衛星画像は北アメリカと同日のもの（8月）。

▶**南大西洋に発生した熱帯低気圧**　大西洋の赤道以南では、海面水温が低く、気流が強いため、熱帯低気圧は発生しないとされている。ここに写る熱帯低気圧は極めてめずらしく、赤道以南で発生し、ブラジル沖を南下するもの（3月。南半球は秋）。

熱帯雨林が大陸の北半分を占め、南部は太平洋と大西洋上の海洋性高気圧の影響を受ける。西岸は、大陸に沿って北上する寒流の影響を受け、アンデス山脈では熱帯から亜寒帯に続く高山気候が特徴である。

▲**アマゾン川流域の蒸散雲《じょうさんうん》**　熱帯雨林の上空にわき立つ蒸散雲《じょうさんうん》。乾季の始まる6月、森林の植物から放出された水蒸気が、一面に広がる積雲《せきうん》を生み出している。雲は偏東風《へんとうふう》に流され、蒸散の少ない川の部分を強調するような模様をつくっている。

▶**南アメリカの南端フエゴ島**
6月の初冬のようす。この南は、荒れ狂うことの多いドレーク海峡をはさんで南極大陸となる。写真中央のマゼラン海峡には雲がかかって、はっきりと見えない。

世界《せかい》の気象《きしょう》　南極《なんきょく》・北極《ほっきょく》

太陽放射の少ない極地は雪氷におおわれる

極寒《ごっかん》の氷に閉ざされた世界。北極には大陸はないが、越年する海氷におおわれる。南極も北極も、地球温暖化（➡P.218）の温度上昇によって、雪氷が融《と》け出し海面上昇を引き起こすのではと懸念されている。

▲**グリーンランドの夏（7月）**　最大の島とされるグリーンランドの南部。北極海に面するこの島は、南極大陸と同様に厚い氷床《ひょうしょう》におおわれている。それでも、夏季には沿岸部の雪氷が融けだし、わずかに地表があらわれる。

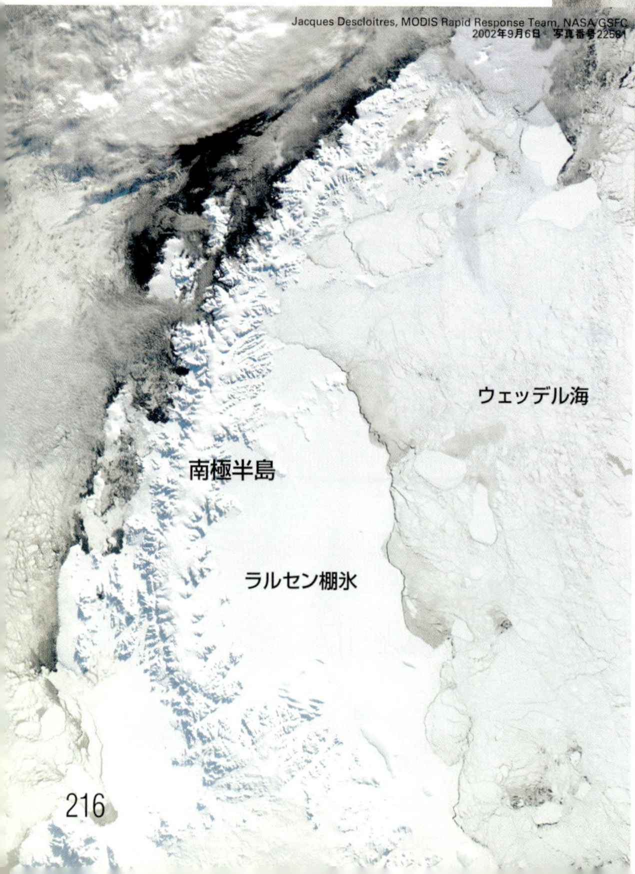

◀**南極半島周辺の雪氷（冬9月）**
半島をつくっている山脈（写真では青い影をともなって上下にのびている）は、大陸の中でも数少ない、氷床から突き出している地形。写真右手はウェッデル海をおおう海氷で、半島から右手に広がった白く筋目のない氷をラルセン棚《たなごおり》氷といい、浮動していない部分である。

環境問題の章

オセアニアのソロモン諸島、ラバウル火山の噴火。
高さ18kmの成層圏まで吹き上げられた噴出ガスは、偏東風に流され西へ扇状に広がる雲をつくった。

Image courtesy of Earth Sciences and Image Analysis Laboratory, NASA Johnson Space Center. 1994年9月　写真番号STS064-040-010

地《ち》球《きゅう》温《おん》暖《だん》化《か》

世界の平均気温は上昇している

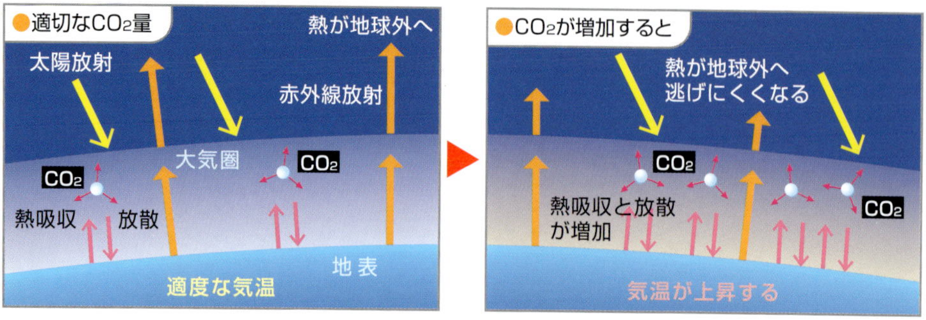

●熱が逃げない「温《おん》室《しつ》効《こう》果《か》」

地球は太陽からの熱エネルギーを常に受け取っている。地表は大気の層でおおわれ、地球全体としてみれば適度な気温に保たれてる。これは、受け取る熱の量と地球外に逃げていく熱の量が釣り合い、さらに保温の役目（温室効果）をしている二酸化炭素CO_2などの温室効果ガスが適量で、バランスがとれているためだ。

しかし人間活動による温室効果ガスが増加すると、熱が地球外へ逃げにくくなり、地球の気温は上昇してしまうとされている。

●平均気温は上昇し続けている

左下のグラフは過去の年輪やサンゴの成長、南極などの氷床《ひょうしょう》中の空気を分析したデータを元に推測した、過去1000年の気温変化。右下のグラフは1880年以降の観測を詳細にしたもの。いずれも20世紀に入ってから上昇傾向が続いている。

これは、産業革命以降の化石燃料消費によるCO_2の急速な増加と結びつけられている。世界平均気温の観測値は、1998年の+0.64℃をはじめ、上昇傾向が続いている。

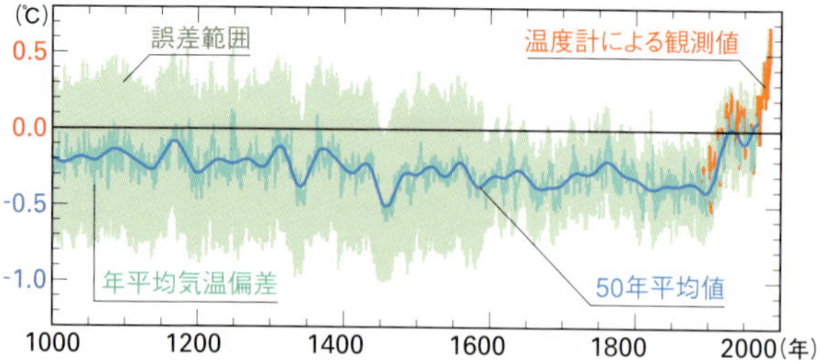

●過去1000年間の地上温度の変化

1961〜1990年の平均気温を基準とした偏差。年輪とサンゴの成長度、氷床中の空気成分などから推定したもの。気候変動に関する政府間パネルIPCCが試算したもの。

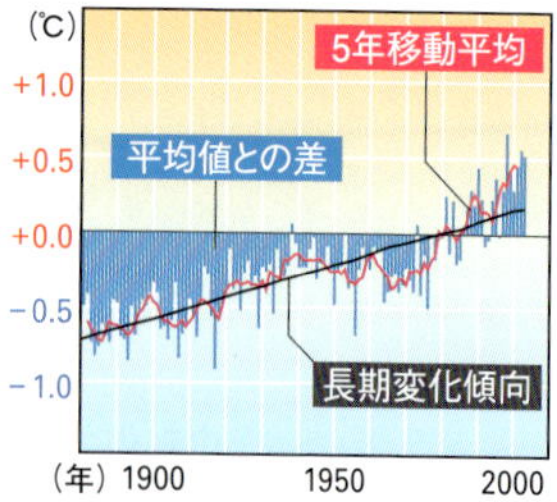

●世界の年平均気温の変化（平均値との比較）

5年移動平均とは、その年をはさんで5年間の平均値を折線にしたもの。

気象現象は人間生活を大きく左右する。これまで一方的にそう考えられていたが、今日では人間の関与が、気象ひいては地球環境に影響をおよぼすことが問われている。地球規模での問題が「温暖化」現象である。

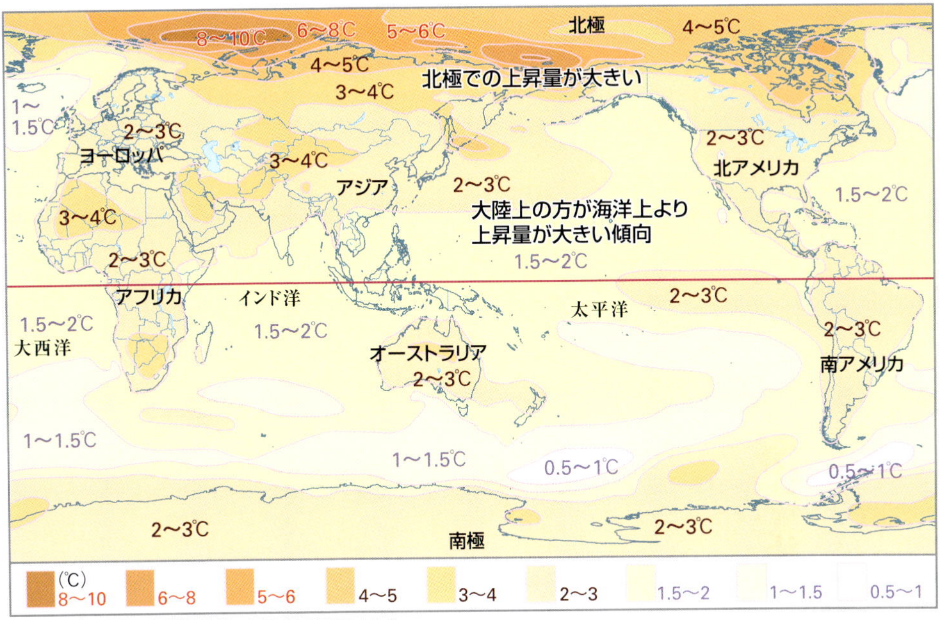

●気温上昇量の予測図（気象研究所資料より）
下のグラフに示したCO_2の増加予測に基づき、シミュレーションした上昇量予測。2071〜2100年間に起こる上昇の平均値を予測している。北極周辺での上昇量が大きい。

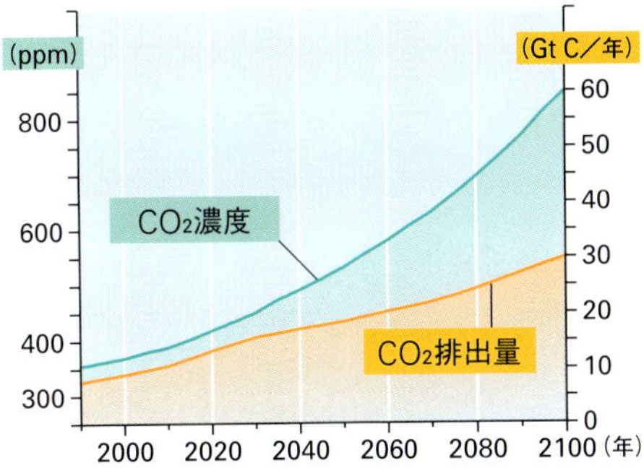

●CO_2の排出量と濃度変化の予測
気候変動に関する政府間パネルIPCCが試算したもの。
排出量予測は高めに設定されている。
（GtC＝ギガトン炭素換算量。二酸化炭素排出量を炭素に換算し、ギガトン[10億t]単位であらわしたもの）
（ppm＝濃度をあらわす。1ppm＝100万分の1）

●温暖化の影響

地球の気温が上昇することによって生じる影響はさまざまな現象におよぶと考えられている。

- 氷河、海氷が融《と》け出す
- 海面上昇
- 動植物の生息分布の変化
- 洪水《こうずい》や干《かん》ばつ、台風などの増加

これらの現象のうち、すでに温暖化との関連性が示唆されている報告も出はじめている。

1997年、温室効果ガスの排出削減に関する国際的な取り決め「京都議定書」が定められ、各国は具体的な対策を講じはじめた。

異《い》常《じょう》気《き》象《しょう》

世界各地で頻《ひん》発《ぱつ》する異常高温・異常低温

●観測された異常気象（気象庁資料より）

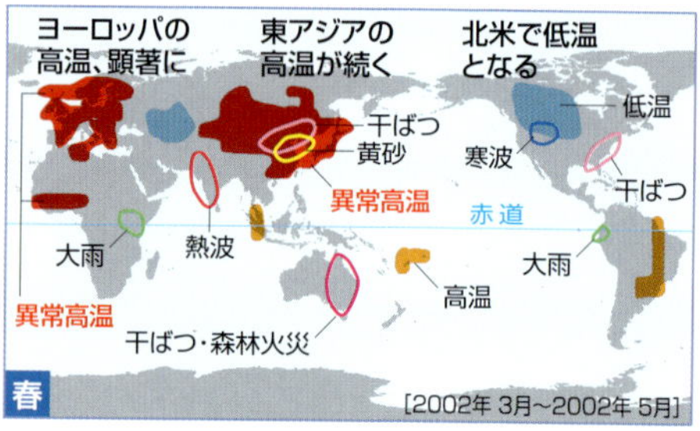

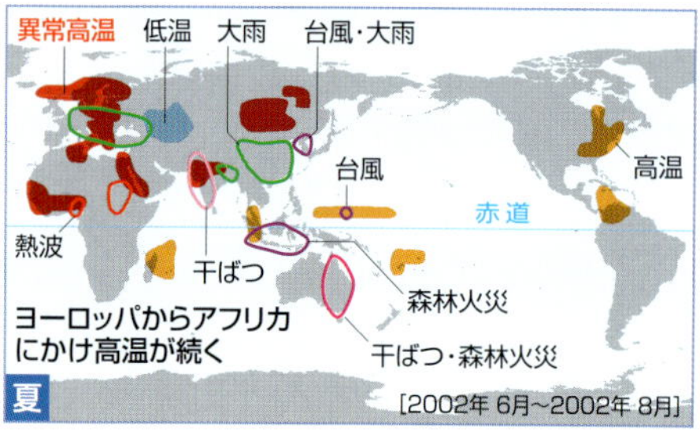

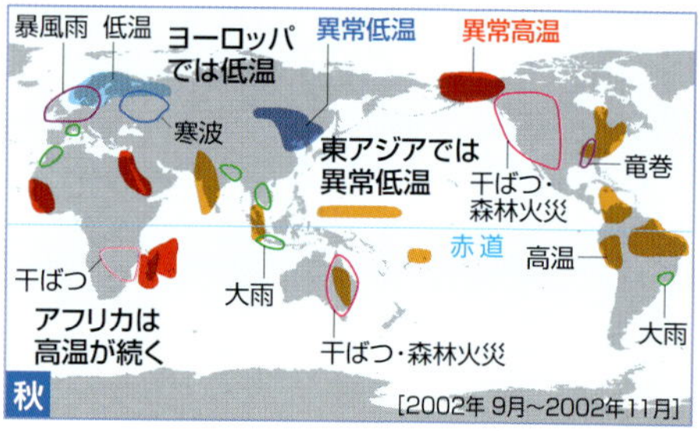

●30年に1度の特異現象

気象庁は世界から集まる観測データや情報を元に、異常気象や気象災害をまとめ「世界の天候」という報告書を出している。年ごと、月ごとなどにまとめたもので、上図は季節ごとの異常気象を地図に示したもの。

異常高温・低温とは、過去30年（1971～2000年）の平年値と標準偏差で比較し、そのとき（季節、月）の値が標準偏差の2倍以上となった場合と定めている。異常多雨・少雨も同様に、過去30年と比べ同じとき（季節、月）のどの年の降水量よりも多かった、もしくは少なかった場合としている。

しかし、上図に示した1年間だけでも、各地で異常気象が発生している。

●エルニーニョ・ラニーニャ現象

太平洋赤道付近では海面温度が、通年では西側（インドネシア近海）が東側より高温になるのだが、1年程度の間、東側まで高温の海域が広がることがある。これをエルニーニョ（スペイン語で「神の子キリスト」）現象という。これと逆に、インドネシア近海がさらに高温になる現象をラニーニャ（同「女の子」）現象とよぶ（右ページ参照）。

この現象は不定期に起こるが、直接的な影響はおおむね赤道周辺に限られるとされている。しかし、広域にわたる温度の変動が世界各地の気象に影響をもたらすとも考えられ、気象庁では太平洋東部海域の温度変化について監視を続けている。

いつもの年より暑い日が続く、雨が多いなどという感想をもらすことがある。気象用語としては、何十年に一度の気象現象が起こった場合、これらを「異常気象」という。災害となることもあり、その予測が切望されている。

●エルニーニョ・ラニーニャ現象のしくみ（気象庁HPより）

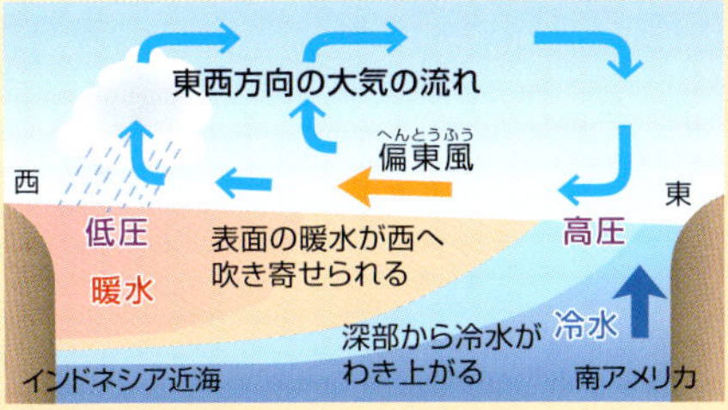

●**通常の年（東西方向でみた断面図）**
東側の高圧部では海面は押し下げられ、西側ではもち上がる傾向となる。

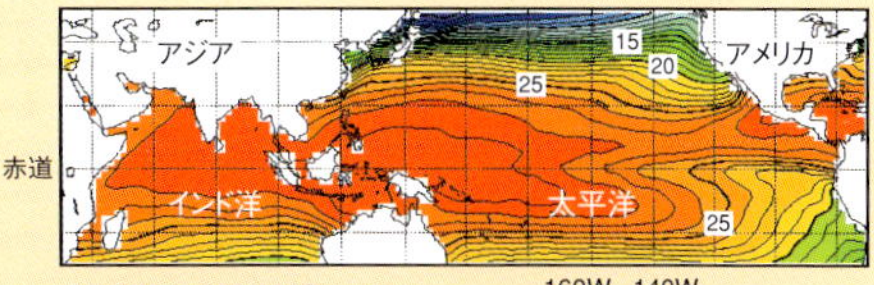

太平洋の海面温度　通年
高温域が赤色。西経150°より東で水温が低い。

赤道付近の低緯度では、偏東風が1年を通して吹いているため、海水が西側に吹き寄せられる。大気も暖水域で上昇、降雨をもたらし、東側で下降する東西方向の緩やかな循環を作り出している。

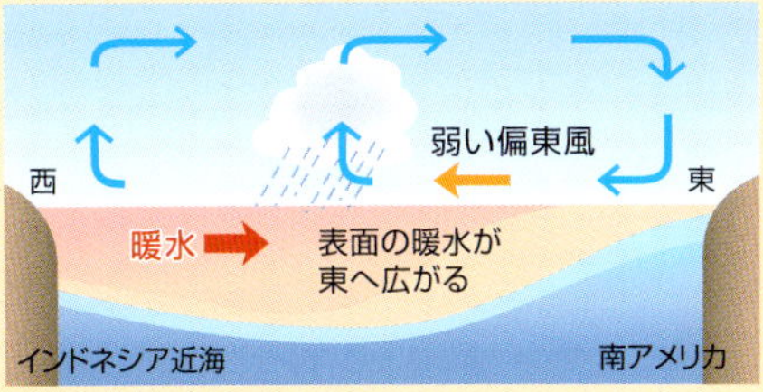

●**エルニーニョ現象のとき**
東側まで高温の海水が広がる現象がおこっているときは、偏東風も弱くなっている。西側では通年に比べ温度が低く、降水も少ない。

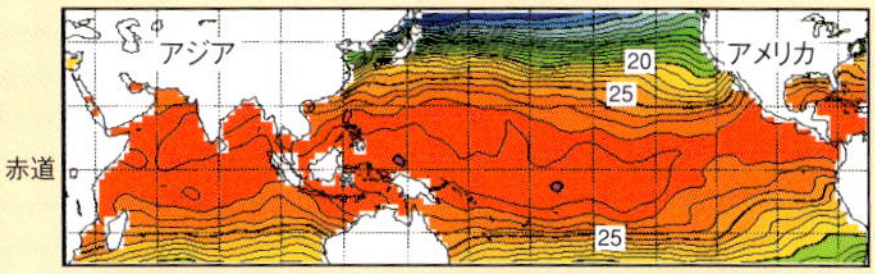

海面温度　東側まで高温域が広がる。

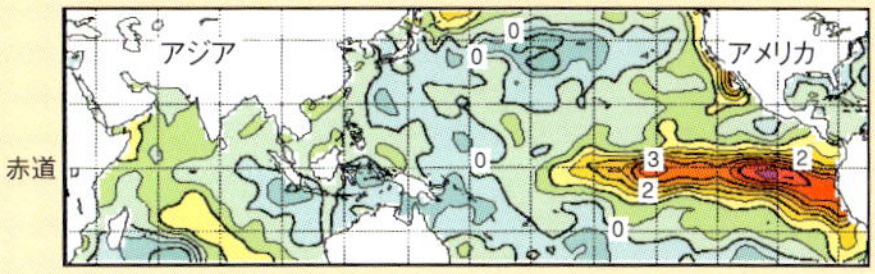

通年との温度差　赤い部分が通年より高温になっている海域。

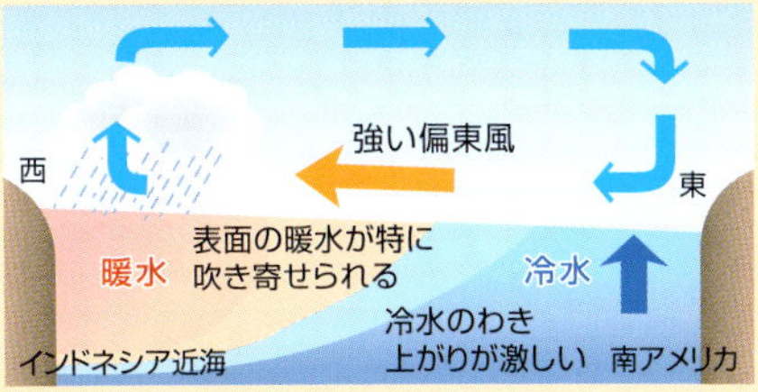

●**ラニーニャ現象のとき**
通年の現象が強化されるかたちで、高温の海水が西側に集まり、偏東風も強く吹いている。特に西側で上昇流が活発となり、多くの降水をもたらす。

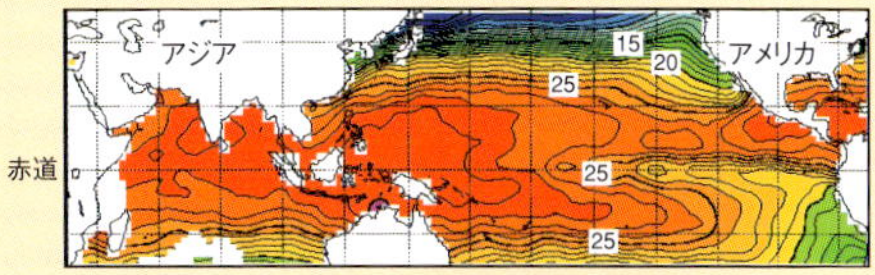

海面温度　西側に赤い高温域が集まっている。

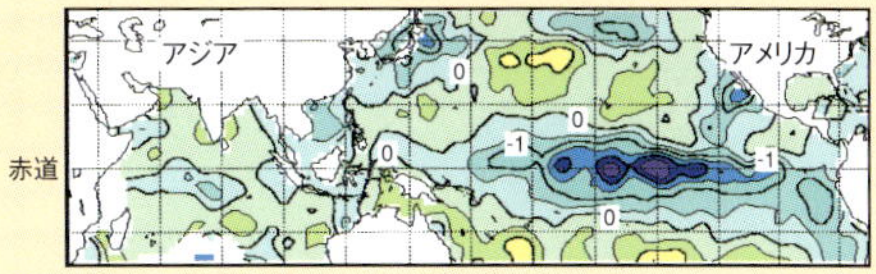

通年との温度差　濃い青の部分が通年より低温になっている海域。

酸《さん》性《せい》雨《う》

経済発展とともに各地に広がる被害

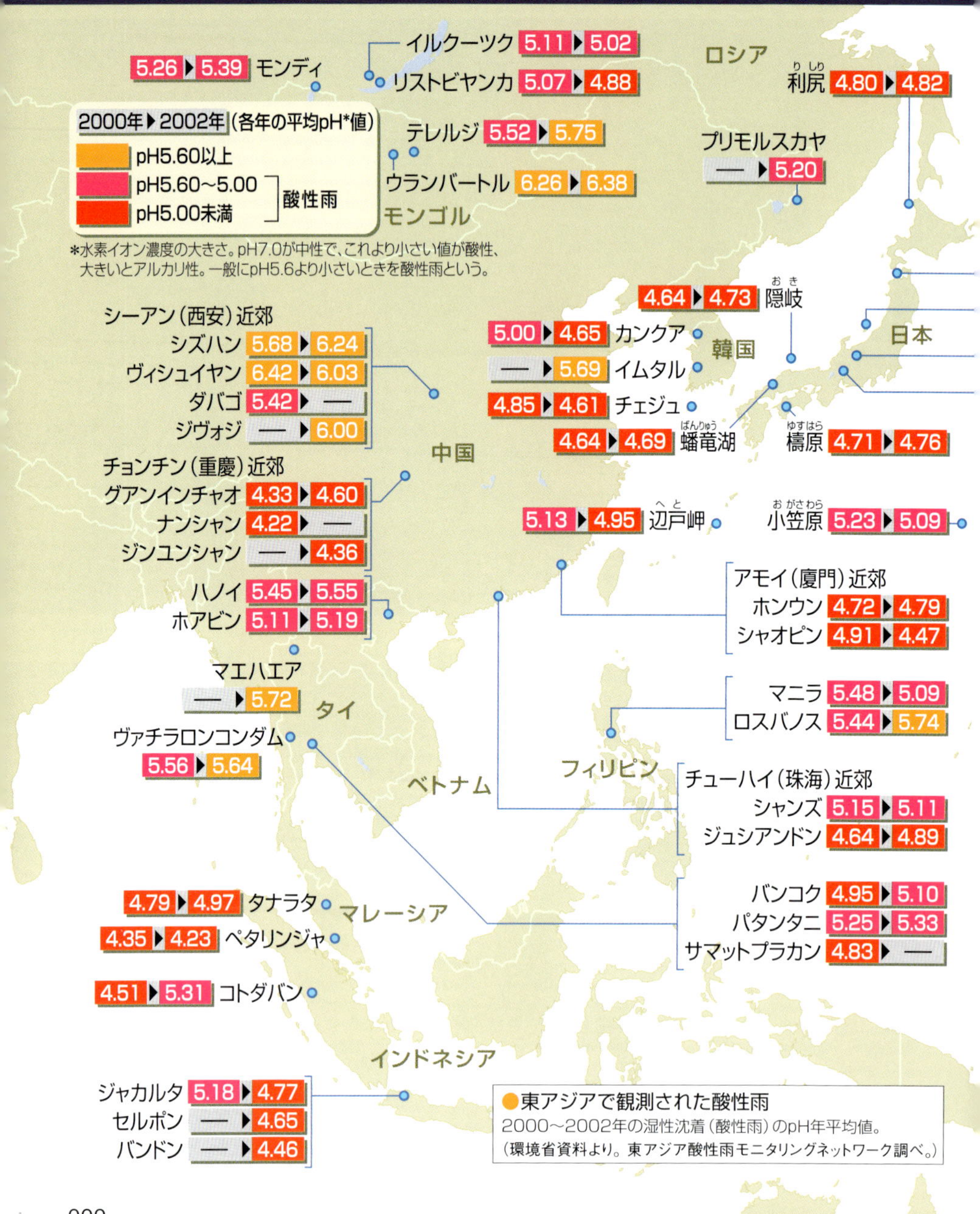

*水素イオン濃度の大きさ。pH7.0が中性で、これより小さい値が酸性、大きいとアルカリ性。一般にpH5.6より小さいときを酸性雨という。

●東アジアで観測された酸性雨
2000〜2002年の湿性沈着（酸性雨）のpH年平均値。
（環境省資料より。東アジア酸性雨モニタリングネットワーク調べ。）

「酸性雨」はヨーロッパやアメリカ、日本など先進国での問題と考えられてきた。しかし、近年、アジアにみられる経済発展によって、酸性雨の心配される地域が広がっている。

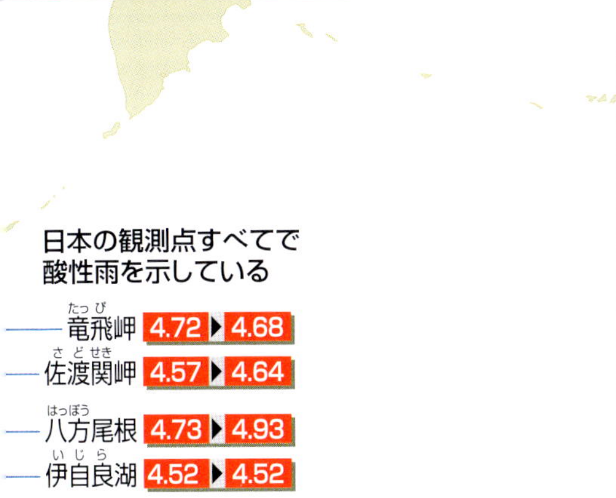

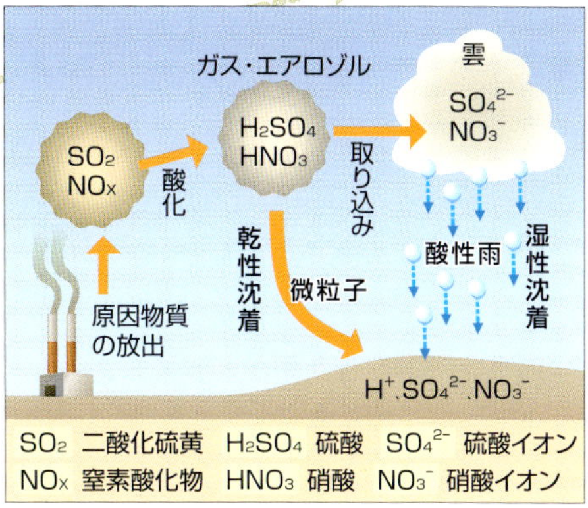

●「酸性雨」の降るしくみ

●酸性雨のもと

酸性雨の原因物質は、二酸化硫黄《にさんかいおう》SO_2や窒《ちっ》素酸化物《そさんかぶつ》NO_xである。これらは工場の排出煙、自動車の排気ガスなど、石油などの化石燃料を燃やしたときに空気中に放出される。これらの化学物質は、硫酸《りゅうさん》や硝酸《しょうさん》に変化し空気中を漂う。

酸性雨とは、これら硫酸や硝酸の微粒子(エーロゾル)が雲粒などに取り込まれ、雨水となって降ってくるもの。pH《ペーハー》5.6より酸性を示す雨を「酸性雨」とよんでいた。近年、空気中の硫酸や硝酸の微粒子が、直接地表や生物に付着し害をおよぼすことがわかり、これを「乾性沈着《かんせいちんちゃく》」、酸性雨を「湿性沈着《しつせいちんちゃく》」とよぶようになった。

また、酸性度もさることながら、微弱な酸性雨でも大量に降れば、これも生物体などに影響をおよぼすことが指摘されている。

●酸性雨の観測

酸性雨は狭いエリアで降ることもあれば、国や海を渡って広域に降ることもあり、現象の解明が難しかった。これに加え、観測方法もまちまちで、観測値を単純に比較できなかった。

ヨーロッパでは早くから観測方法の確立、原因物質の排出規制などの対策が講じられ、酸性雨は減少が始まっている。

中国をはじめとした、近年の経済成長が著《いちじる》しい東アジアの各地では、酸性雨が報告されはじめ、被害の広がりが懸念《けねん》されてきた。これをふまえ、日本を含む12か国の政府が中心となって、「東アジア酸性雨モニタリングネットワーク(EANET)」を、2001年に発足させた。まずは東アジア各地の観測を統一化し、実態をとらえることからはじめ、今後の対策を立てようとする多国間の試みである。

オゾンホール

オゾン層の破壊とホールの成因は、十分に解明されていない

●南極上空、10月の月平均オゾン全量（1997〜2002年、気象庁資料より）

人工衛星の観測などをまとめ、南極上空のオゾン量を調べたもの。南極が図の中心になっている。オゾンホールは通常10月頃に観測される。数字は上空の大気中に含まれるオゾン量をあらわす（単位については➡P.243オゾン層の項）。

グレーの部分がオゾンの少ないオゾンホール

オゾンホールの周辺部にドーナッツ状にオゾンの多いところがあらわれる

オゾンホールがとても小さくなった

多　460　400　310　220　130　100　少　(m atm/cm)

OLMO/JMA

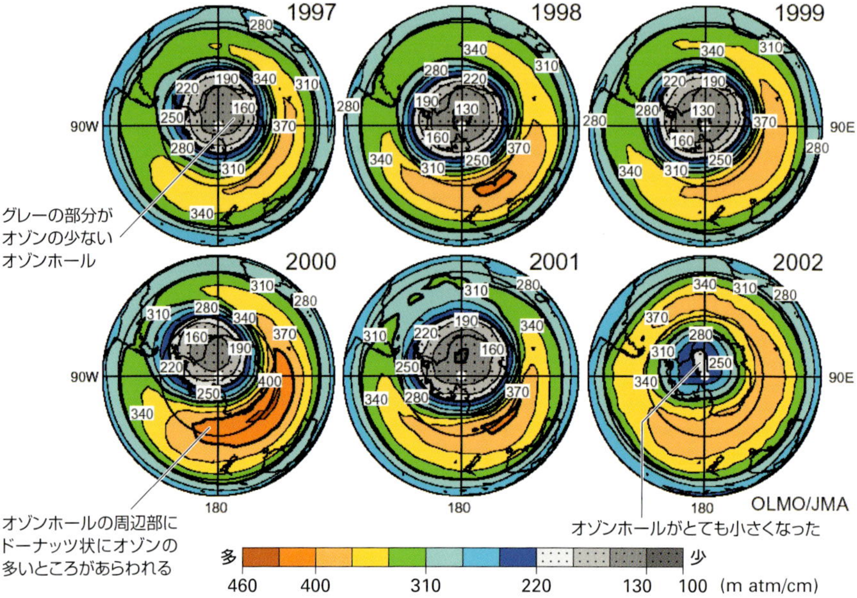

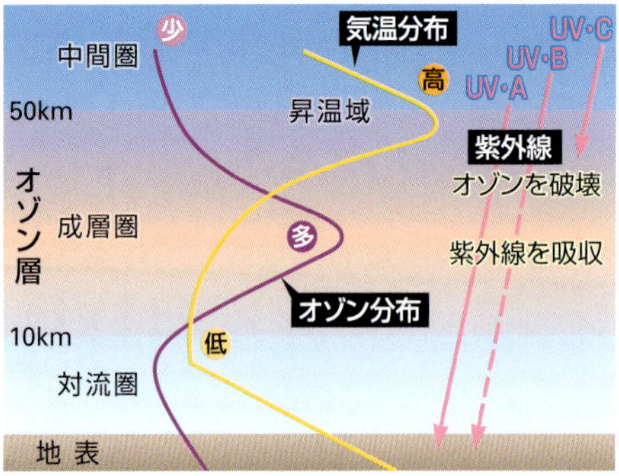

●オゾン分布と紫外線の吸収

オゾンは大気中に存在する物質だが、特に成層圏に多く、これをオゾン層とよぶ。成層圏上部で紫外線によって破壊され、結果的に紫外線が弱められる。このとき発熱し、この熱が成層圏を昇温させている（紫外線➡P.246）。

●オゾンホールの観測

南極の春、極点上空に観測されるオゾンホール。成層圏のオゾン層に、穴があいたような減少域ができる現象。1979年以降、その観測が続いている。

上図は近年観測されたようす。2002年のものは、灰色で示されているホールがもっとも小さくなった。これは上空の気流に変化があったためと考えられ、翌年には、再び大きなホールが観測された。

中緯度帯上空では減少が続いているといわれるが、フロンガスなど破壊物質との複雑な化学反応過程は、いまだ十分解明されていない。

観測と予報の章

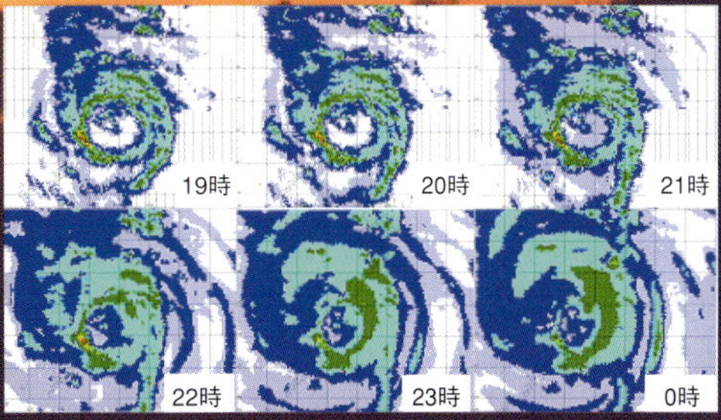

レーダー・アメダス解析雨量をもとにした降水短時間予報
(➡P.231)

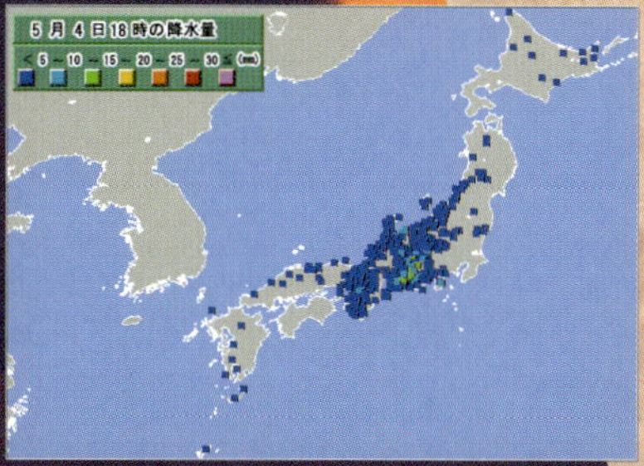

アメダスのデータから作成された全国の降水量
(➡P.231)

気《き》象《しょう》観《かん》測《そく》の要《よう》素《そ》

気温・気圧・風・湿度・雲・降水・日射・日照・視程・大気現象など

大気の状態を知るには、多くの地点で気象観測を行い、情報を集約する必要がある。このとき、どのような要素を観測するかを定めておき、観測方法や観測結果の表し方の標準をつくっておくことが大切だ。

通常の気象観測の対象となるのは、気温・気圧・風（風向・風速）・湿度・雲（雲量・雲形）・降水・日射量・日照時間・視程・大気現象などの要素である。

●気温

気温は、日本では地表面から約1.5mの高さに温度計を設置して測定すると定められている（国際的には1.25～2m）。このとき、日射や地表面からの熱放射が直接温度計にあたると、温度計が過熱されて正確な気温が測れないので、風通しのよい百葉箱《ひゃくようばこ》の中に設置するなどする。

気象庁の観測では、「通風筒《つうふうとう》」という器機の中に「電気式温度計」を設置し、常時ファンを回転させて中に風を送りながら測定している。「電気式温度計」とは、温度によって金属などの電気抵抗が変化することを利用して温度を測定するものである。

温度は「℃」（摂氏《せっし》、Celsius《セルシウス》）の単位で表す。

●湿度

最大限度まで水蒸気を含んだ空気は、「飽《ほう》和《わ》」しているという。また、空気が水蒸気で飽和しているとき、その空気が一定体積中に含んでいる水蒸気の量を「飽和水蒸気量」という。飽和水蒸気量は温度によって変化する。空気中の水蒸気が飽和水蒸気量を超えると、水蒸気は水滴となって現れるようになる。

湿度（相対湿度）とは、飽和水蒸気量に対して、実際の空気が含んでいる水蒸気量が何%であるかで表したもの（下図参照）。

気象庁では、「電気式湿度計」（高分子フィルムが吸湿したときの電気的性質の変化を利用して湿度を測定する装置）を通風筒の中に設置して、湿度を測定している。

●飽和水蒸気量と相対湿度

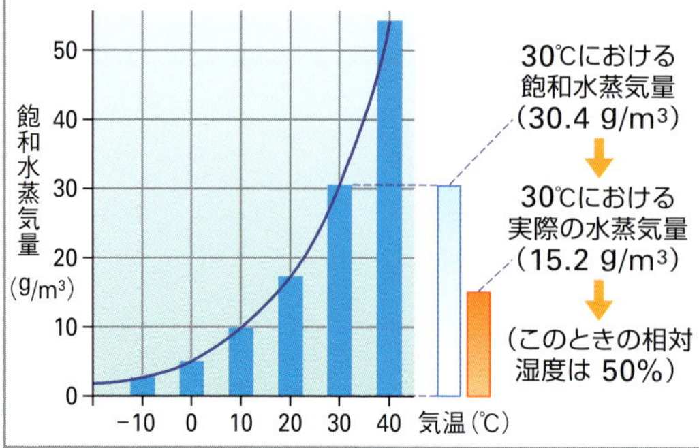

$$\text{相対湿度} = \frac{\text{実際の水蒸気量}^{*}}{\text{飽和水蒸気量}} \times 100\%$$

飽和水蒸気量は、温度が低いと小さくなる。このため、ある空気に含まれる水蒸気量が変わらなくても、温度が下がると相対湿度は上昇する。

＊相対湿度の計算は、普通「水蒸気圧」を用いるが、ここでは理解しやすくするため、かわりに「水蒸気量」を用いた。

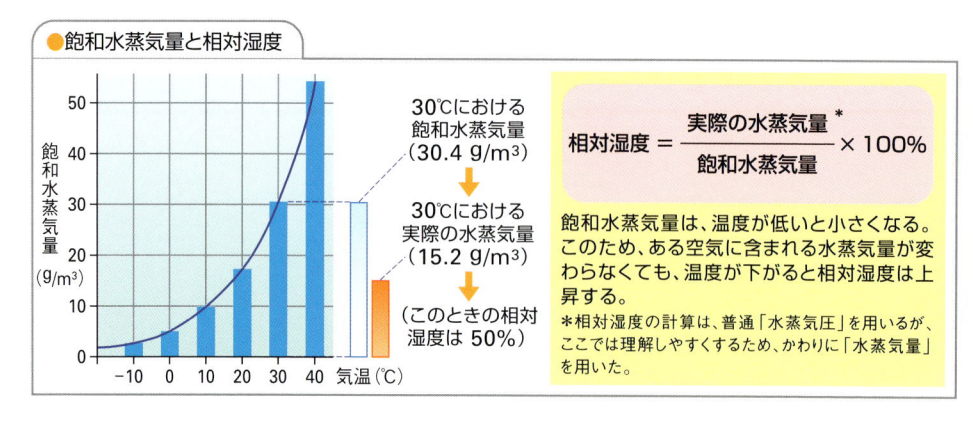

●気圧

上空に積み重なった大気の重さのため、大気中では大気圧（単に気圧ともいう）が生じる。気圧の大きさは、hPa《ヘクトパスカル》の単位で表す。気圧は観測地の高度によって変化するので、気象情報では、海面の高さ（海抜0m）における値に更正されている（海面更正）。

●風向・風速

風には常に微少な変動があるため、風向や風速は10分間の平均値を用いる（瞬間的な風速は瞬間風速という）。また、風向は風が吹いてくる方向を16方位（北、北北東、北東など）で表し、風速はm/sの単位で表す。気象庁では、「風車型風向風速計」を用いている。

●降水・積雪

降水量は、ある時間内に降った雨が何mmの深さに溜《た》まったかで表す。気象庁では、「転倒ます型雨量計」を使用している。これは、雨水が一定容積の「ます」に溜まって転倒した数を数えることによって降水量を知る装置である。雪の場合は、融《と》かしてから降水量として測定するしくみになっている。

ある時間内に積もった雪の量を示す「降雪量」は、一定時間「雪板《ゆきいた》」と呼ばれる器具を地面に置いて、降り積もった深さをcmの単位で表す。

一方、地面に降り積もっている雪の深さを表すときは「積雪量」という。気象庁は、降雪の多い地域では、「積雪計」（超音波で積雪量の変化を測定する装置）を設置している。

●風の強さとそのときの状況

（気象庁HPより。平成14年1月一部改正）

平均風速（m/s）	おおよその時速	風圧（kg重/㎡）	予報用語	速さのめやす	人への影響	屋外・樹木の様子	車に乗っていて	建造物の被害
10以上〜15未満	〜 50km	〜11.3	やや強い風	一般道路の自動車	風に向かって歩きにくくなる。傘がさせない	樹木全体が揺れる。電線が鳴る	道路の吹き流しの角度、水平（10m/s）。高速道路で乗用車が横風に流される感覚を受ける	取り付けの不完全な看板やトタン板が飛び始める
15以上〜20未満	〜 70km	〜20.0	強い風	高速道路の自動車	風に向かって歩けない。転倒する人もでる	小枝が折れる	高速道路では、横風に流される感覚が大きくなり、通常の速度で運転するのが困難となる	ビニールハウスが壊れ始める
20以上〜25未満	〜 90km	〜31.3	非常に強い風（暴風）		しっかりと体を確保しないと転倒する		車の運転を続けるのは危険な状態となる	鋼製シャッターが壊れ始める。風で飛ばされた物で窓ガラスが割れる
25以上〜30未満	〜110km	〜45.0			立っていられない。屋外での行動は危険	樹木が根こそぎ倒れ始める		ブロック塀が壊れ、取り付けの不完全な屋外外装材がはがれ、飛び始める
30以上〜	110km〜	45.0〜	猛烈な風	特急列車				屋根が飛ばされたり、木造住宅の全壊が始まる

●雨の強さとそのときの状況

（気象庁HPより。平成14年1月一部改正）

1時間雨量（mm）	予報用語	人の受けるイメージ	人への影響	屋内（木造住宅を想定）	屋外の様子	車に乗っていて	災害発生状況
10以上〜20未満	やや強い雨	ザーザーと降る	地面からの跳ね返りで足元がぬれる	雨の音で話し声がよく聞き取れない	地面一面に水たまりができる		この程度の雨でも長く続く時は注意が必要
20以上〜30未満	強い雨	どしゃ降り	傘をさしていてもぬれる	寝ている人の半数くらいが雨に気がつく		ワイパーを速くしても見づらい	側溝や下水、小さな川があふれ、小規模の崖崩れが始まる
30以上〜50未満	激しい雨	バケツをひっくり返したように降る			道路が川のようになる	高速走行時、車輪と路面の間に水膜が生じブレーキが効かなくなる（ハイドロプレーニング現象）	山崩れ・崖崩れが起きやすくなり、危険地帯では避難の準備が必要。都市で下水管から雨水があふれる
50以上〜80未満	非常に激しい雨	滝のように降る（ゴーゴーと降り続く）	傘はまったく役に立たなくなる		水しぶきであたり一面が白っぽくなり、視界が悪くなる	車の運転は危険	都市部では地下室や地下街に雨水が流れ込む場合がある マンホールから水が噴出する 土石流が起こりやすい 多くの災害が発生する
80以上〜	猛烈な雨	息苦しくなるような圧迫感がある。恐怖を感ずる					雨による大規模な災害の発生するおそれが強く、厳重な警戒が必要

気《き》象《しょう》観《かん》測《そく》の手《しゅ》段《だん》

格段に進歩した気象観測の技術

気象観測といえば白い「百葉箱《ひゃくようばこ》」であったが、今では学校の校庭で見られるくらい。現在気象庁が行っている気象観測は、地上での自動化された気象観測のほか、気象衛星や気象レーダーによる観測、アメダスによる無人気象観測のネットワーク、ラジオゾンデやウィンドプロファイラによる高層気象観測などによって、格段に進歩している。

●地上気象観測

全国約150か所の気象台などでは気圧、気温などさまざまな地上気象観測を行っている。以前は百葉箱の観測機器をのぞき、観測塔に登って風向風速計を読みとるという観測作業であったが、現在では観測のほとんどが自動化されている。

●地上気象観測の観測要素

気温、降水量、日照時間、風向、風速、積雪・降雪の深さ、気圧、湿度（相対湿度）、日射量、視程、
大気現象（雷・霧など）、天気、雲の形や量

●観測機器

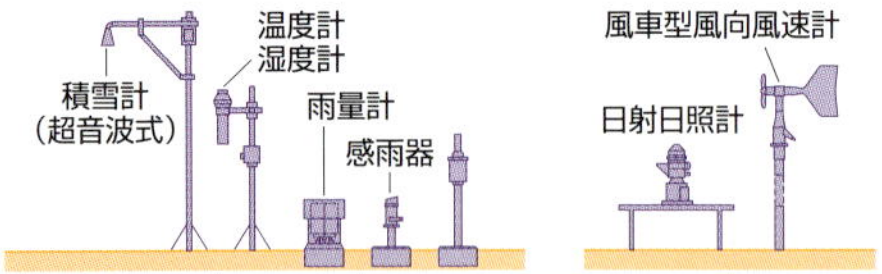

●アメダス

雨や風などの状況をきめ細かく監視するため、1974年（昭和49）から「地域気象観測システム（アメダス：AMeDAS）」とよばれる無人の観測所が運用されている。くわしくは（➡P.230）。

●海上気象観測

気象庁は5隻《せき》の気象観測船と4機の海洋気象観測ブイロボットによって、海上での気象観測を行っている。また、国際的な取り決めにより、無線機を備えた一定規模以上の船舶は、気象観測を行って通報する義務があり、これらの情報も気象予報業務に重要な寄与をしている。

●高層気象観測

「ラジオゾンデ」は、気圧計、温度計、湿度計を積載した観測装置であり、水素ガス入りゴム気球に取り付けて飛ばされ、地上から高度約30km までの測定データを電波で送信する。また同時に、風船の位置の変化から、上空の風向・風速を観測する。これをレーウィン観測という。

「ウィンドプロファイラ」は、地上から上空に向けて電波を発射し、上空の風の乱れや降水粒子によって散乱されて戻ってきた電波を測定する装置である。これによって、上空約3～9kmの風向・風速を観測できる。

これらの観測で得られたデータは、大気の立体的な構造を推測するための基本データとなる。「ラジオゾンデ」の観測は全国で18か所、「ウィンドプロファイラ」の観測は31か所で行われている。

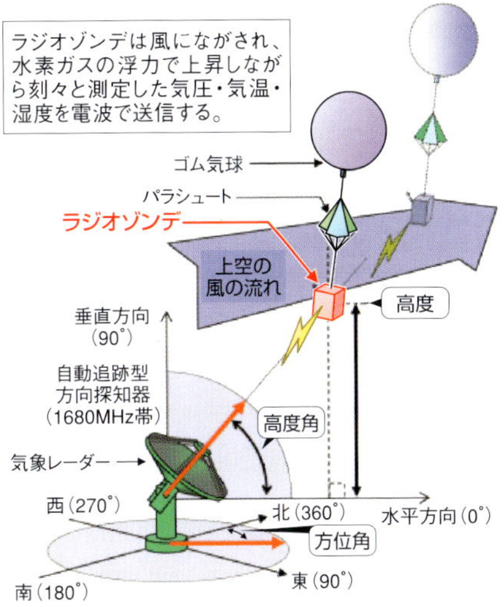

●ラジオゾンデ
（稚内《わっかない》、つくば、父島《ちちじま》、石垣島《いしがきじま》など全国18か所に設置）

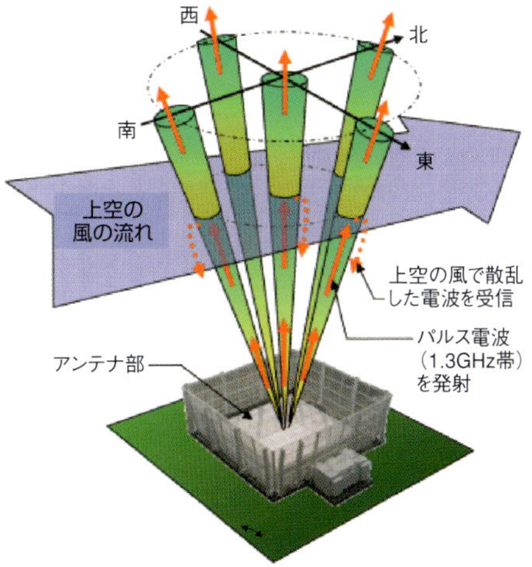

●ウィンドプロファイラ
（帯広《おびひろ》、河口湖《かわぐちこ》、与那国島《よなぐにじま》など全国31か所に設置）

●レーダー気象観測

気象レーダーは、電波を使って降雨・降雪の強さやその分布を広い範囲で連続的に観測する装置であり、全国20か所に設置されている。さらに、アメダスで観測した雨量を組み合わせて、よりきめ細かな雨量の分布を作成しており、これをレーダー・アメダス解析雨量という。

●気象レーダーのしくみ

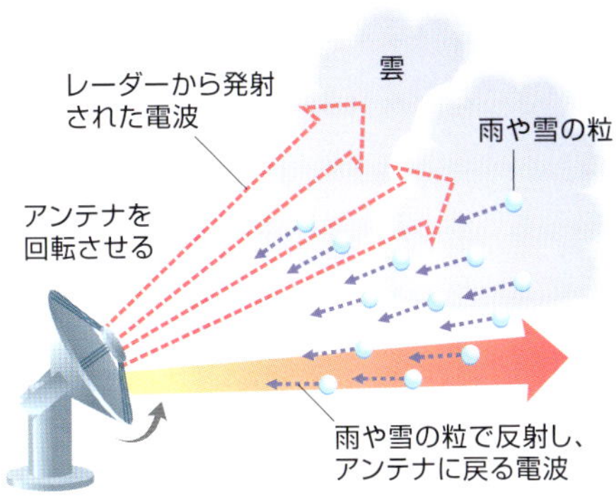

●航空気象観測・気象衛星

民間航空機は、風向き・風速・気温・高度などを測定して自動的に航空管制機関に送信している。このデータは、他の航空機の安全な飛行のために利用されるだけでなく、気象庁の数値予報などにも利用されている。

赤道の上空に浮かぶ静止気象衛星は、常に日本の南方上空にあって、雲画像を地上に送信している（➡P.232）。

●レーダー・アメダス解析雨量の画像

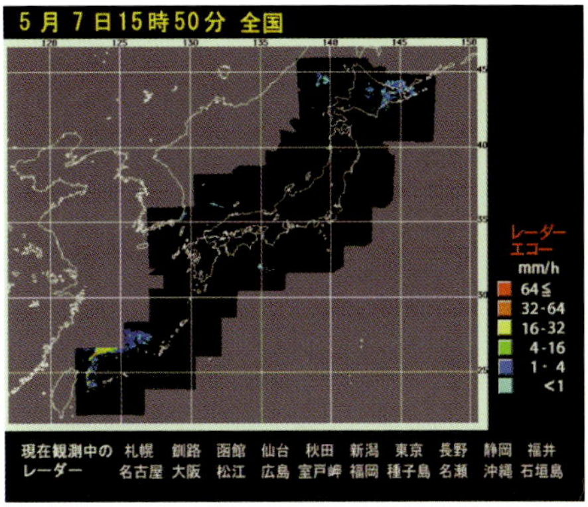

アメダス

無人気象観測所のネットワークがリアルタイムに天気を伝える

天気予報でよく耳にする「アメダス」は、その呼び名の印象どおり、全国の降水の状況を伝えている。その実体は、全国に細かく張り巡らされた無人気象観測所のネットワークであり、降水以外にも、気温や日照時間などをほぼリアルタイムで測定している。

アメダスは、全国の降雨状況を監視するうえで、気象レーダーとともに、今や天気予報に欠かせない観測網を形づくっている。

●地域気象観測システム

アメダスとは、地域気象観測システム(AMeDAS: Automated Meteorological Data Acquisition System)の略である。

このシステムの運用が始まったのは、1974年（昭和49）であり、集中豪雨による災害を防ぐため、降雨の状況をリアルタイムにつかむことが最大の目的であった。

全国約1300か所の無人観測所では、10分ごとに降水の観測を行い、そのデータはリアルタイムに東京（気象庁）に集められる。降水以外にも気温・風向・風速・日照時間などの観測を行っている地点もある。

アメダスの無人観測所は、17km四方に1か所の割合で設置されており、全国に数十か所しかない気象台の間を、きめ細かく埋めている。

観測データは、気象庁から全国各地の気象台等に配信され、大雨・大雪などの警報・注意報の発表等に利用されるほか、地方公共団体、報道機関等へも提供されている。

●アメダスの無人観測所の数

全国の総数 ………………約1300か所
（17km四方に1か所の割合）
降水の観測を行う地点 …約1300か所
気温・風向・風速・日照時間の
観測を行う地点 ……………約840か所
積雪の観測を行う地点 ……約200か所

●アメダスの一例（北海道 美唄《びばい》地域気象観測所）

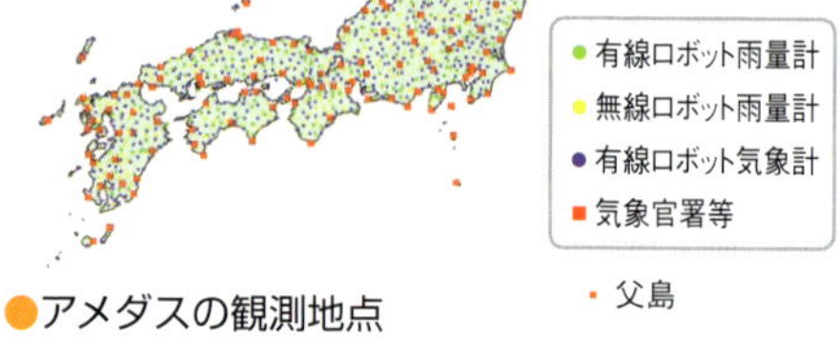

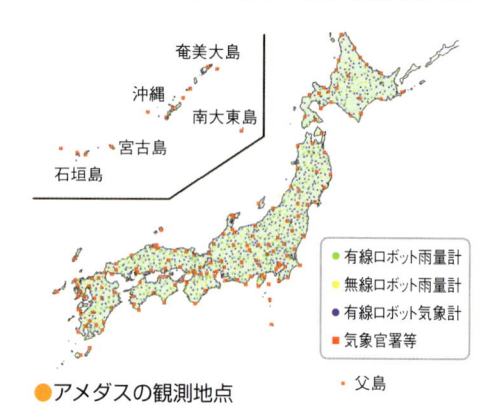

●アメダスの観測地点

●アメダスのデータから作成された全国の降水量、および同日の天気図

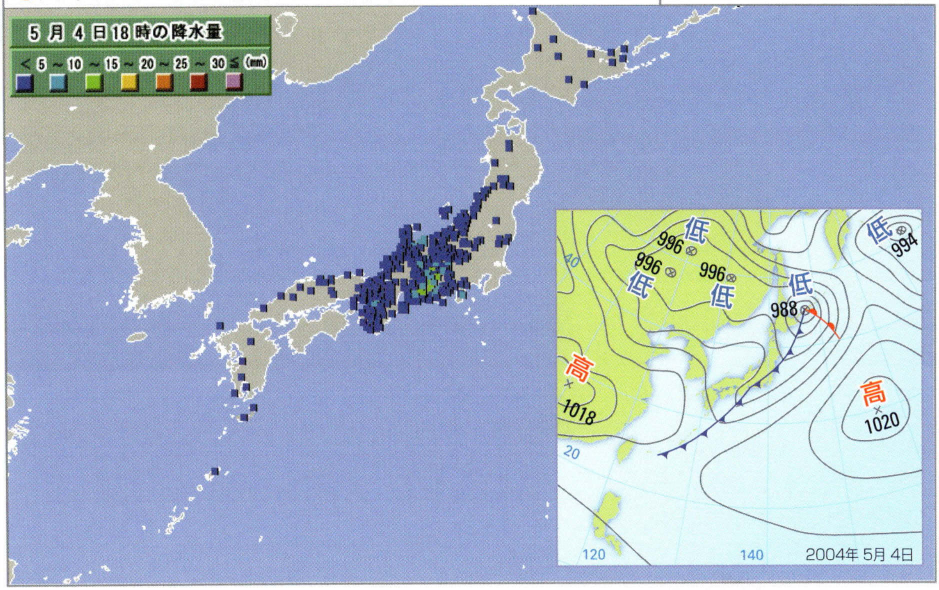

発達しながら通過する低気圧からのびた寒冷前線。雨域が日本列島を横断しているときの状況をよく表している。

●レーダー・アメダス解析雨量

「レーダー・アメダス解析雨量」とは、気象レーダーとアメダスのデータから作成される2.5kmメッシュの降水量分布である。また、これをもとに現在の降水量分布から6時間先までの降水量を5kmメッシュで予想する「降水短時間予報」も出されている。

集中豪雨では、雨域や雨量が急激に変化する。これに対応するため、どちらも30分毎というきめ細かさで作成・配信されており、洪水災害や土砂災害の軽減に役立てられている。

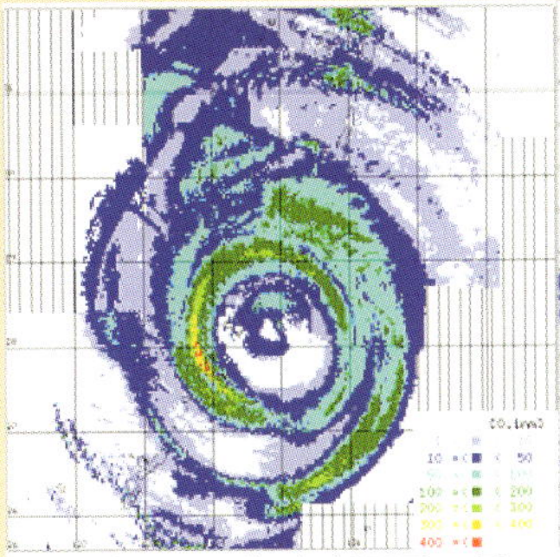

レーダーアメダス解析雨量の例
台風の降水量分布をあらわしている

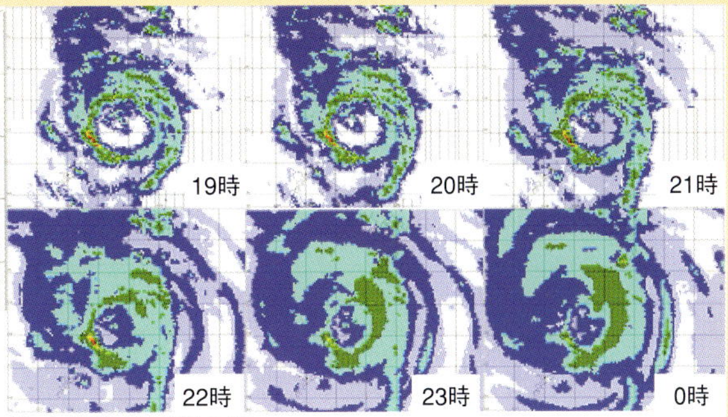

降水短時間予報の例
台風の降水量分布の変化を1時間ごとに予想したもの

気《き》象《しょう》衛《えい》星《せい》

「ひまわり」から「運輸多目的衛星新1号」へ

日本では打ち上げた人工衛星が無事軌道に乗ると、その人工衛星に「ゆり」「もも」など花の名前の愛称をつけるのが慣例となっている。日本の気象衛星の1号機が打ち上げられたのは7月だったことから、「ひまわり」の愛称が付けられ、この愛称は天気番組などを通じて、一般の人々にも親しまれてきた。

気象衛星の登場は、気象観測の情報量を格段に増やしたことはもちろんのこと、気象情報を一般に親しみやすくしたことも大きな貢献だった。

●静止気象衛星と極軌道気象衛星

「静止気象衛星」は、赤道上空約3万5800kmにあって、地上から見ると常に空の同じ位置に止まっているように見える。これは、衛星が地球の自転とちょうど同じスピードで地球のまわりを回る軌道上にあるためである。このような軌道は、赤道上空約3万5800kmが唯一なのだ。

この軌道上からは、地球の表面積のほぼ4分の1におよぶ極めて広い範囲を、時間的に途切れなく観測できる。このため、通信衛星や気象衛星は静止衛星である場合が多い。

静止気象衛星は極地方の観測ができないので、北極と南極の上空を回る軌道の「極軌道気象衛星」もあり、両者が互いに補い合って地球全体の気象観測を行っている。

●日本の気象衛星

日本の静止気象衛星「ひまわり」シリーズは、1977年(昭和52)に1号機が打ち上げられたのが始まりだ。その後、1995年(平成7)に打ち上げられた5号機まで活躍した。これらの衛星は、1分間100回転という高速で衛星自体が回転することにより、1回転するごとに地球を細い帯状に撮影していき、約25分かけて全球の画像を送ってくるしくみだ。

「ひまわり」は、雲の画像を地上に送るだけでなく、雲の高さ、上空の風の状況、海面の水温の分布などを観測し、洋上における台風や低気圧などの動きをつかむための重要な手段となった。日本だけでなく、アジア・オセアニアの国々の気象機関などに向けて、観測した画像をリアルタイムに配信してきた。

現在は、アメリカの気象衛星「ゴーズ9号」が日本周辺の雲画像を送っている。今後、運輸多目的衛星新1号(MTSAT-1R)が、「ひまわり」の正式な後継機として打ち上げられることになっている(次ページ参照)。

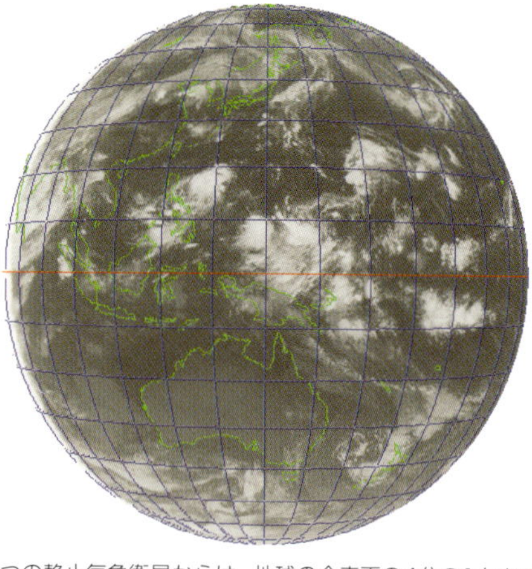

1つの静止気象衛星からは、地球の全表面の4分の1をカバーして撮影することができる。

●世界の静止気象衛星と極軌道気象衛星（気象庁提供）

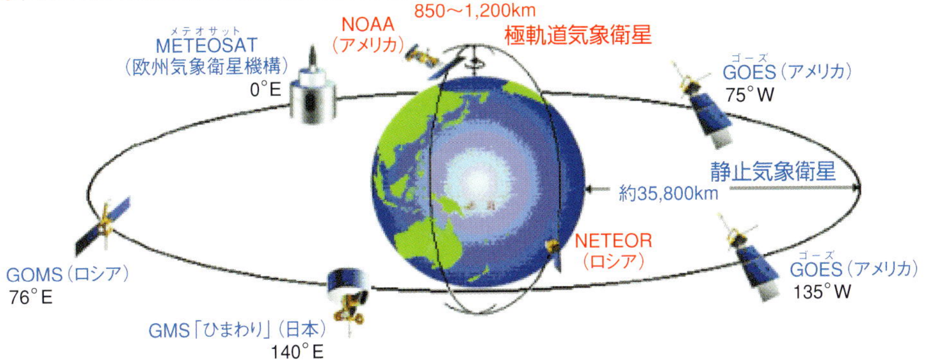

※2003年5月22日現在　雲の観測は、GMS5「ひまわり5号」から
アメリカの静止気象衛星GOES9「ゴーズ9号」に引き継がれている。

●H-IIロケット打ち上げと日本の気象衛星の後継機

1999年11月15日、種子島《たねがしま》宇宙センターからH-IIロケット8号機が打ち上げられた。このロケットには、古くなった「ひまわり5号」の後を継ぐ人工衛星MTSAT-1が積み込まれていたが、打ち上げは失敗。ロケットは積み込まれた気象衛星とともに海に消えた。

その後、ひまわり5号は寿命を過ぎたまま使用されていたが、2003年5月、アメリカからレンタルした「ゴーズ9号(GOES-9)」への引き継ぎが実施。西経105度の赤道上にあったアメリカの静止気象衛星を東経155度まで移動させたのである。

このレンタルは、急場しのぎのもので、本来の後継機である「運輸多目的衛星新1号機(MTSAT-1R)」は、2005年2月、H-IIAロケットによってやっと打ち上げに成功。この多目的衛星は従来の愛称を引き継いで「ひまわり6号」と名付けられた。これまでの観測衛星に比べ精度を上げた気象観測は2005年夏から運用されている。

●地球観測衛星

気象衛星のほかにも、地球上の様子を観測する衛星があり、地球観測衛星という。なかでもNASAが中心となって、気候変動のメカニズムを解明するための観測計画(EOS計画)の一環として打ち上げられた、「Terra」衛星および「Aqua」衛星（ともに極軌道衛星。日本の装置も搭載）は、雲の状態を詳細に観測する装置を搭載しており、本書でもその観測画像を掲載した（P.204など）。

METEOSAT《メテオサット》8号によるヨーロッパの観測画像

天《てん》気《き》予《よ》報《ほう》のしかた

640×320のマス目が40層！ 地球を細分化してシミュレーション

天気予報は、コンピュータを使ったシミュレーション（数値予報）の発達により、飛躍的に精度が向上した。気象観測は、世界標準時を基準にして世界中で一斉に行われ共有されている。この豊富な情報量と、発達した大気解析の理論、スーパーコンピュータがそろってはじめて実用レベルのシミュレーションが可能となり、熟練した予報官の判断のもとに予報が発表される。

●数値予報とは

「数値予報」とは、風や気温などの時間変化をスーパーコンピュータでシミュレーションして将来の大気の状態を予測する方法である。

数値予報を行うためには、まず規則正しく並んだ格子で地球を細かく分ける（右図）。これはコンピュータで取り扱いやすいようにするためだ。格子点の数は数百万個にもなる。次に、1つ1つの格子点の気圧、気温、風などの値を、世界中の観測データから求めていき、現在の地球大気の状態をコンピュータ上に数値で再現する（これを客観解析という）。

さらに、これらの格子点のそれぞれの値が、例えば1時間後にどのように変化するかを、物理法則の方程式を使って、スーパーコンピュータが計算し、大気の運動をシミュレーションするのである。

計算結果は、数値予報天気図や格子点値として出力され、気象庁の予報業務や民間気象会社・報道機関に提供されているだけでなく、外国の気象機関でも利用されている。

●数値予報モデル

コンピュータの数値予報では、「短期」「長期」「台風」など、目的に応じていくつかのプログラムが使い分けられており、これを「数値予報モデル」という。

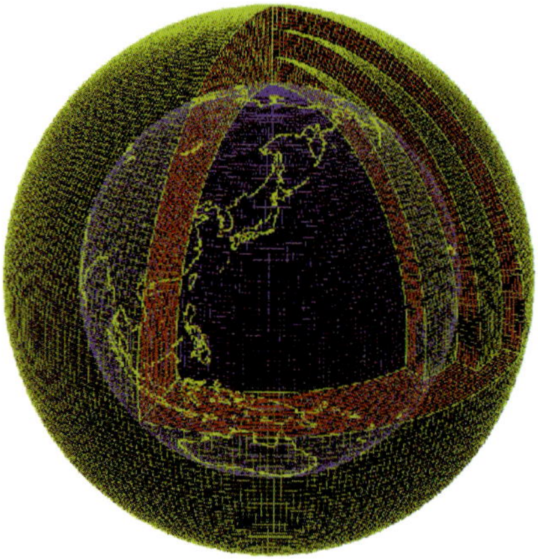

●全球数値モデルに用いられる格子点網

このモデルでは、地球表面が640×320の格子に分けられ、それが40層に重なっているので、格子点の数は約820万個にもなる。これらの格子点のそれぞれでの、気温、気圧、風、水蒸気量などの値が、世界中の観測結果のデータをもとにして、コンピュータによって求められる。

数値予報モデルには、水蒸気の凝結による降雨、日射による地面の加熱や冷却などの現象、地球表面の地形などが考慮されている。

●数値予報の限界

大気現象のシミュレーションでは、最初の状態に含まれていたわずかな差や誤差が、時間が経過するほど大きな差になっていく。

●いろいろな数値予報モデル

名称	水平解像度 水平格子点数	鉛直層数	予報時間	利用目的
メソ数値予報モデル（MSM）	10km 361×289	40層	18時間	防災気象情報、航空予報に利用 降水時間予報の入力データ
領域数値予報モデル（RSM）	20km以上 325×257	40層	51時間	短期予報（量的予報）、 航空予報に利用
台風数値予報モデル（TSM）	24km 271×271	25層	84時間	台風進路、強度予報に利用
全球数値予報モデル（GSM）	緯度経度0.5625° 640×320	40層	約90時間	週間予報、短期予報に利用
週間アンサンブル数値予報モデル	緯度経度1.125° 320×160	40層	216時間	週間予報に利用
1か月アンサンブル数値予報モデル	緯度経度1.125° 320×160	40層	34日	1か月予報に利用
全球数値波浪モデル	緯度経度1.25° 288×121	—	約90時間	短期予報（外洋波浪予報）に利用
沿岸数値波浪モデル	緯度経度0.1° 400×400	—	72時間	短期予報（沿岸波浪予報）に利用

このような、小さな原因が将来の大きな結果の違いをまねくような現象は、「カオス」とよばれる。「ブラジルでチョウがはばたくと、テキサスでトルネードが起きる」と比喩《ひゆ》されるように、未来の予測が難しいのだ。

このため数値予報では、予報できる未来に限界がある。例えば、台風の予報では3日程度、もっと小さな積乱雲《せきらんうん》の集合体による気象変化の予報の場合は1日程度であるといわれる。

上の表中の「アンサンブル数値予報モデル」では、複数の初期値により数値予報を行い、複数の結果を比較することで予報の精度を上げるモデルで、長期の予報に活用されているものである。

●ガイダンス

数値予報の結果は、そのまま実用的な天気予報とはなっていない。なぜなら、数値予報が使う大気現象のモデルでは、小さなスケールの現象や細かい地形などの条件を反映していないが、実際の天気は、これらの影響を受けて決まってくるからだ。

数値予報の結果と実際の天気との間のずれの統計をとっておき、これによって数値予報の結果を補正した資料を作成する。いわば、数値予報を実際の天気に「翻訳」するような作業だ。これを「ガイダンス」という。ガイダンスは、コンピュータにより自動的に行われている。

●天気予報が出されるまで

気象観測のデータは、気象庁の気象資料自動編集中継装置（アデス）に集められ、利用しやすい形に編集されたり、スーパーコンピュータに送られてさまざまな数値予報の（ガイダンスされた）結果を得たりしたのち、気象予報業務を行うさまざまなところへ中継される。

予報官は、アデスによって処理された気象情報を分析したり、数値予報の結果の信頼性を評価したりしながら、発表するためのさまざまな予報を作成する。

つまり、今やコンピュータの力なしに天気予報はあり得ないが、最終的には、人間である予報官がコンピュータの仕事を評価して予報を作成するのだ。

天《てん》気《き》予《よ》報《ほう》の種《しゅ》類《るい》

何種類もある細かな予報、数時間後から1年後まで

新聞の天気欄を見ると、今日これからの天気が3時間ごとに予報され、降水確率・風の強さや向き・最低最高気温などの情報、さらに明日・明後日の予報、1週間の予報などもある。また、インターネットを活用すれば、新聞よりもっと細分化された予報を見ることもできる。このほかにも、長期予報や防災に関する予報などがあり、天気予報の種類は多岐にわたるのだ。

●短時間予報

予報を行う時点から数時間以内の予報を「短時間予報」という。現在は、レーダー・アメダス解析雨量（➡P.231）をもとにして作成した「降水短時間予報」が発表されており、これは、日本全国を5km格子で区切り、その格子ごとに1時間降水量を6時間先まで予報するものだ。

●天気予報（短期予報）

今日・明日・明後日の天気予報として最も頻繁《ひんぱん》に利用されるのは、「短期予報」である。これは、明後日までの天気や風の推移、波浪のほか、最高・最低気温、降水確率を予報するもの。

●新聞に掲載された天気予報の例

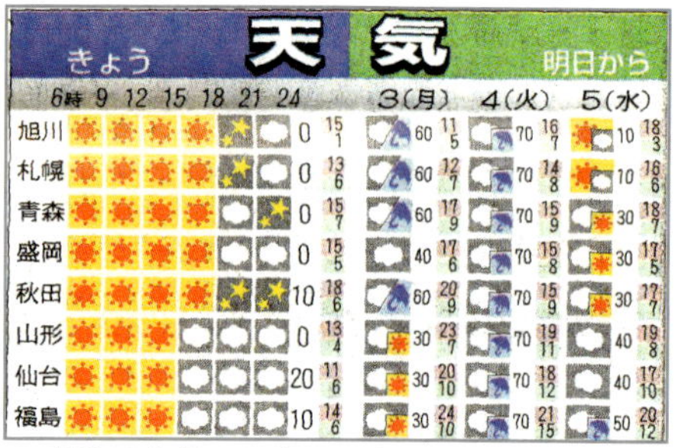

きょう 天気	6時	9	12	15	18	21	24			明日から 3(月)		4(火)		5(水)	
旭川								0	15/1	60	11/5	70	16/7	10	18/3
札幌								0	13/6	60	12/7	70	14/8	10	16/6
青森								0	15/7	60	17/9	70	15/9	30	18/7
盛岡								0	15/5	40	17/6	70	15/8	30	17/5
秋田								10	18/6	60	20/9	70	15/9	30	17/7
山形								0	13/4	30	23/7	70	19/11	40	19/8
仙台								20	11/6	30	20/10	70	18/12	40	17/10
福島								10	14/6	30	24/10	70	21/15	50	20/12

この新聞の天気欄では、今日の天気は3時間ごとの時系列予報、明日・明後日は短期予報、3日後は中期予報の一部を使用。

（朝日新聞2004年5月2日）

各都道府県をいくつかに分け、全国140地域に対して1日3回（5、11、17時）発表される予報は「府県天気予報」と呼ばれる。

天気予報の的中率は、数値予報の進歩により、着実に向上している。

●よりきめ細かな予報

「分布予報」…日本全国を約20km格子で区切った約2000の地域に対し、3時間ごとの天気、降水量、気温、最高・最低気温を、また、北海道、東北、北陸の地域では6時間毎の降雪量を、24時間先（18時発表では30時間先）まで予報している。

●気温分布予報の例（気象庁HP）

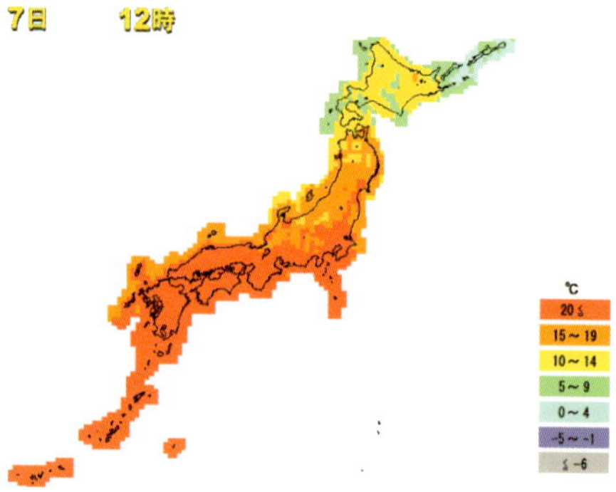

●時系列予報の例（気象庁HP）

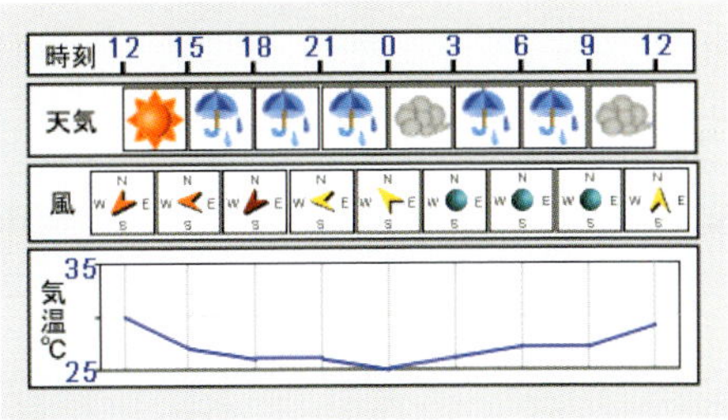

「時系列予報」…各都道府県の代表的な1〜4地域（全国で140地域）に対して、3時間ごとの天気や気温、風向風速の推移を24時間先（18時発表では30時間先）まで予報している。

●中期予報・長期予報

7日先までの天気予報は「中期予報」という。「週間天気予報」として日常的にも新聞などで目にする予報は、翌日から7日間の天気、気温、降水確率などを都道府県別に予報している。

予報を行う時点から8日間先以降も含む予報は「長期予報」という。「季節予報」では、「1か月予報」、「3か月予報」および「暖候期予報」、「寒候期予報」があり、気温、降水量などの概《がい》括的《かつてき》な予報が出されている。また、季節予報よりさらに長く1年程度、またはそれ以上の予報を含む場合は、「気候予報」と呼ばれる。

●台風の予報

台風の予報は、天気予報のなかでも、防災のために最も重要なものの1つである。日本が発信する情報は、東アジアの国々でも利用されている。

台風の予報には特別の数値予報モデルが用いられ、数値予報が行われているが、完全な予報はまだ難しく、過去の台風の統計なども活用されて予報が行われている。

●注意報と警報－気象災害への注意－

天気予報の最も重要な役割といえば、気象災害を防ぐことであろう。気象庁は、気象現象をきっかけとするさまざまな災害への「警報」や「注意報」を出している。警報や注意報が出される基準は、地域によって異なる。例えば雪に弱い都市では、わずか数cmの雪でも交通機関に影響が出たりするので、大雪注意報が出されたりする。基準値は常に見直しが行われている。

●警報と注意報

7種類の警報……暴風警報・暴風雪警報・大雨警報・大雪警報・洪水警報・波浪警報・高潮警報

16種類の注意報……大雨注意報・洪水注意報・浸水注意報・（指定河川の）洪水注意報・大雪注意報・強風注意報・風雪注意報・高潮注意報・波浪注意報・雷注意報・乾燥注意報・低温注意報・着雪着氷注意報・融雪注意報・なだれ注意報・地面現象注意報

●航空機や船舶のための予報

空や海を航行する航空機や船舶では、その安全な運行はもとより、追い風を利用するなどの経済的な運行のためにも、気象情報が重要な役割を果たしている。

気象庁は全国で80を超える空港に空港測候所を配置し、航空気象情報を提供している。

また気象庁は、「全般海上予報」として国際的な責任分担海域である北西太平洋を対象に予報を出し、強風・暴風、台風、濃霧等の予報を知らせている。また、「地方海上予報」として、37の海域に細分された日本近海について、よりきめ細かい予報を出している。

予報《よほう》の言葉《ことば》

天気予報用語と日常語のあいだにある言葉たち

天気予報では、いろいろな気象の言葉が使われている。それらのなかには、低気圧・高気圧・前線など明確な気象用語だけでなく、「一時」「のち」「荒れた天気」など日常語に近い言葉も多く使われている。日常語は意味が曖昧《あいまい》なものであるが、天気予報ではいろいろな人が曖昧な意味で言葉を使うと、混乱が生じるため、気象庁は、よく使われる用語の解説を出して、用法の統一をはかっている。

●「朝のうち」とは何時までのこと？

「朝のうちは雨が残るでしょう」といった予報をよく聞くが、朝のうちとは何時までのことだろうか。

気象庁が決めている基準では、夜明けから9時頃までが「朝」であり、それを過ぎると「昼前」と表現される。そのほか、「宵《よい》のうち」という言葉もよく耳にするが、これは日没から21時頃までをさしている。

●「一時雨」と「時々雨」の違いは？

「一時雨」と表現される場合は、雨が連続して降っている状況をさす。一方「時々雨」は、降ったりやんだりする状況をさしている。

ただし、雨の降っている時間が、前者では4分の1以下、後者では2分の1以下であることが条件だ。それ以上の時間雨が降っていれば、単に「雨」の予報となるのである。

●「曇り」と「薄曇り」の違いは？

雲が多い晴れというものもある。「曇り」と「晴れ」の境目はなんだろうか？　これは、雲量が全天の9割以上あるかどうかで決まる。では、巻雲《けんうん》のような薄い雲が広がっている場合はどうだろうか？　雲量が9以上であっても、上層の雲（巻雲など）が中・下層の雲より多い場合は「薄曇り」となるのだ。

●降水確率100％は大雨？

1mm以上の雨が降る確率を降水確率という。例えば、降水確率30％という予報が100回発表されたとき、およそ30回は1mm以上の雨が降るという意味である。降水確率は、降水量や降水時間の長さの予測を含んでいないので、降水確率100％でも雨量が少ないことがあるのだ。では、降水確率0％はまったく雨が降らない?(右の表を参照)

●天気予報に関わるいろいろな言葉の意味

●月日や時刻に関する用語

平年（値）	平均的な気候状態を表すときの用語で、気象庁では30年間の平均値を用い、西暦年の1位の数字が1になる10年ごとに更新している。
数日	4～5日程度の期間。
しばらく	2～3日以上で1週間以内の期間をさし、状況によって過去の期間をいう場合と未来の期間をいう場合がある。
朝	「夜明け」からおよそ9時頃まで。予報で「明日朝の最低気温」と用いるときは0時から9時。
昼前	正午の前3時間くらい。
昼ごろ	正午の前後それぞれ1時間を合わせた2時間くらい。
昼過ぎ	正午の後3時間くらい。

夕方	15時頃から日没頃まで。
宵のうち	日没頃から21時頃まで。
夜遅く	21時頃から24時頃まで。
日中	午前9時頃から日没前1時間くらいまで。予報で「明日(今日)日中の最高気温」と用いるときは9時から18時。

●時間経過などに関する用語

一時	現象が連続的に起こり、その現象の発現期間が予報期間の1/4未満のとき。
時々	現象が断続的に起こり、その現象の発現期間の合計時間が予報期間の1/2未満のとき。
のち	予報期間内の前と後で現象が異なるとき、その変化を示すときに用いる。
はじめ(のうち)	予報期間の初めの1/4ないし1/3くらい。週間天気予報では予報期間の初めの1/3くらい。

●天気に関する用語

さわやかな天気	原則として夏期や冬期には用いない。秋に、移動性高気圧におおわれるなどして、空気が乾燥し、気温も快適な晴天の場合に用いることが多い。
ぐずついた天気	曇りや雨(雪)が2〜3日以上続く天気。
荒れた天気	雨または雪をともない、注意報基準を超える風が予想される天気。
大荒れ	暴風警報級の強い風が吹き、一般には雨または雪などをともなった状態。
天気が下り坂	晴れから曇り、または曇りから雨(雪)に変わる天気の傾向。
天気が崩れる	雨または雪などの降水をともなう天気になること。
快晴	雲量が1以下の状態。
晴れ	雲量が2以上8以下の状態。
晴れ間が広がる	雲の多い状態のなかで、雲のすき間が多くなってくること。
日が射す	雲量が9以上で青空が見える状態。
曇り	雲量が9以上であって、中・下層の雲が上層の雲より多く、降水現象がない状態。
薄曇り	雲量が9以上であって、上層の雲が中・下層の雲より多く、降水現象がない状態。
乾燥した	湿度がおよそ50%未満の状態をいう。

●風に関する用語

(南の)風	予報期間内および予報区内の平均風向が(南)を中心に45度の範囲にあるとき。
(南よりの)風	風向が(南)を中心に(南東)から(南西)の範囲でばらついている風。
突風	急に吹く強い風で継続時間の短いもの。

●雨に関する用語

降水確率	a)予報区内で一定の時間内に降水量にして1mm以上の雨または雪の降る確率(%)の平均値で、0、10、20、…、100%で表現する(この間は四捨五入する)。b)降水確率30%とは、30%という予報が100回発表されたとき、その内のおよそ30回は1mm以上の降水があるという意味であり、降水量を予報するものではない。
降水確率0%	降水確率が5%未満のこと。降水確率は1mm以上の降水を対象にしているので、1mm未満の降水予想である場合は「降水確率0%」でもよい。ただし、実用上の見地からは雨または雪の降りにくい状態に用いることが好ましい。

●地域を表す用語

北日本	北海道、東北地方。
北日本の日本海側	北海道と東北の日本海側、オホーツク海側の一部。
北日本の太平洋側	北海道と東北の太平洋側、オホーツク海側の一部。
東日本	関東甲信、北陸、東海地方。
東日本の日本海側	北陸地方。
東日本の太平洋側	関東甲信、東海地方。
西日本	近畿、中国、四国、九州北部、九州南部地方。
西日本の日本海側	近畿の日本海側、山陰、九州北部地方。
西日本の太平洋側	近畿の太平洋側、山陽、四国、九州南部地方。
南西諸島	九州南端から台湾の間の弧状列島の総称。

(参考:気象庁ホームページ
「気象庁が天気予報等で用いる予報用語」)

気《き》象《しょう》予《よ》報《ほう》士《し》

高度なデータを活用し、民間で気象予報を行う技術者

天気予報は、社会のさまざまな経済活動に関係している。例えば、レジャー施設で天気に応じて従業員の配置を調整できれば経費節減になる。また、建設業者では工事の計画を役立てることができ、ゴルフ場では雷情報が安全にプレーするために必要だ。

このようなニーズに応じたきめ細かい天気予報のサービスは、ビジネスとして民間気象会社が行っている。そこで活躍するのが気象予報士だ。

●気象予報の自由化と気象予報士

気象予報は、気象庁が提供する情報を元にして、民間でも独自に行うことができる。このような予報は、マスコミを通じて一般の人たちに知らせたり、情報を必要としている企業などに売ることができる（台風情報など防災上重要な予報は行えない）。ただし、信頼性の低い情報が氾濫《はんらん》すると、社会の防災対策に混乱をもたらすことから、予報業務許可が必要である。このような気象予報の自由化は、1995年（平成7）から始まった新しい気象業務法によって定められている。

予報業務許可を取得するための条件の1つは、1994年に創設された国家資格である「気象予報士」が予報を行うことだ。

●気象予報士になるには

予報士試験は、年に2回全国の6会場で行われる。試験の合格率は5%程度という難関であるが、趣味がきっかけで気象に興味を持ち受験する人もいるという。受験に学歴や年齢の制限はないので、誰でも受験できる。

気象予報士は、気象庁が提供する数値予報の資料や、アメダス、レーダー、その他の気象観測の資料を用いて、総合的に気象状況を判断して、さまざまな天気予報を出すことが求められる。予報士試験の内容は、「学科」では気象学の知識や法律が出題されるマークシート方式、「実技」では具体的な資料を用いた気象予測や災害発生の予測が出題される記述式である。

●気象情報の入手方法

さまざまなメディアを通じて多種多様な天気予報が流れているが、情報のおおもとは気象庁の資料である。気象庁ホームページにアクセスすると、これらの気象資料のいくつかに触れることができる。例えば、次のような気象資料が入手可能だ。（気象庁ホームページhttp://www.jma.go.jp/）

天気予報…気象警報・注意報、全般的な気象状況の解説、天気予報、週間天気予報、季節予報。

天気図…実況天気図と予想天気図。広報誌「こんにちは気象庁です」に月ごとの天気図が掲載され、ダウンロード可能。

分布予報…全国を20km格子に分けて、天気や気温、降水などの分布を予想

降水量実況・予想…全国や地方ごとの降水分布とその予想

気象レーダーの画像…全国や地方ごとの気象レーダー観測画像

気象衛星の画像…可視、赤外、水蒸気の気象衛星画像

アメダス…全国のアメダス観測地点ごとの観測結果、分布図、過去のデータも検索可能

気象予報士の業務には、数値予報の資料や高層天気図など、もっと高度な気象資料が必要である。これらは（財）気象業務支援センターが有料で提供している。

●自分で天気図をかく

本格的な天気予報は気象予報士の仕事であるが、アマチュアでも気象に興味を持ち、自分で天気図を書いて天気の変化を予想できる。登山やヨットなどでは、気象の知識なしには安全を確保できないからだ。ラジオの気象通報は天気図の作成に必要な情報を流しており、十分な情報が入ってこない山や海でも、これを聞いて天気図を作成することで、天気の変化を予測するのである。

【ラジオの気象通報から天気図をかく】

おおよそ次のような手順で、天気図を作成することができる。まず、放送で読み上げられる内容から、以下のことを行う。

- 「各地の天気」（風向、風力、天気、気温、気圧）を天気図用紙に記録していく。
- 高気圧、低気圧、前線等を書き込む。
- 基準となる等圧線を記入する。

放送終了後に、記入した等圧線と各地の気象データをもとに、細かい等圧線を書いていく。等圧線の書き方にはある程度の熟練が必要だ。天気図の書き方を解説した本などを参考にして少しずつ慣れるとよい。

●NHK第2放送「気象通報」
（地上天気図）9:10　16:00　22:00

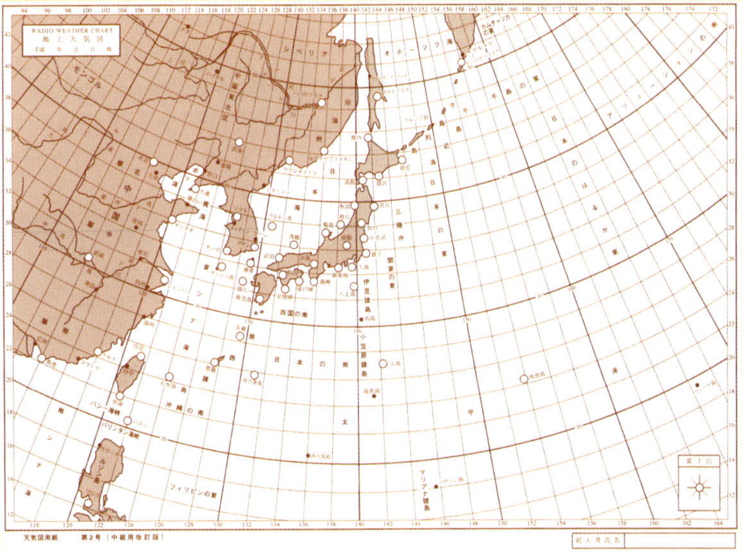

●天気図記録用紙　大きな書店や登山用品店などで購入することができる。

昔《むかし》の天《てん》気《き》予《よ》報《ほう》

最初の天気図は、等圧線が3本だけ

農耕や狩猟が行われ始めたころから、明日の天気がどうなるかは人々の重要な関心事だったろう。空や風、生き物の様子などから天気を予想する経験則「天気のことわざ」は相当古くからあったと考えられる。

しかし、科学的な観測や理論に基づく天気予報が始まったのはつい最近だ。日本の気象業務は、1875年(明治8)に始まり、その9年後の1884年(明治17)に、東京気象台から最初の天気予報が発表された。

●日本で最初の天気予報

日本で最初の天気予報が発表された日の天気図を見ると、観測地点が少なく、等圧線が3本のみの非常に簡単なもの。天気予報の内容は、日本全国を1つの文章で表現した大まかなもので、次の文章である。

「全国一般風ノ向キハ定リナシ天気ハ変リ易シ　但シ雨天勝チ」

現在の言葉にすると、「全国的に風の向きは定まらずさまざまで、天気は変わりやすいでしょう。ただし雨になりやすいでしょう」とでもなるだろうか。現代の詳細な天気予報に比べると、ほとんど具体的な事はわからない。

この天気予報は、東京市内の交番に掲示されて発表されたのみだった。

●世界の天気予報の歴史

科学的な気象観測が始まったのは、16世紀のガリレイによる温度計の発明や、トリチェリーによる水銀気圧計の発明が契機であった。世界最初の天気図(1855年)は、ドイツの物理学者ブランデスによるもので、その後、予報技術が発展し始めた。アメリカでは1869年から天気予報の発表が始まった。

●日本で最初の天気予報が発表された日の天気図

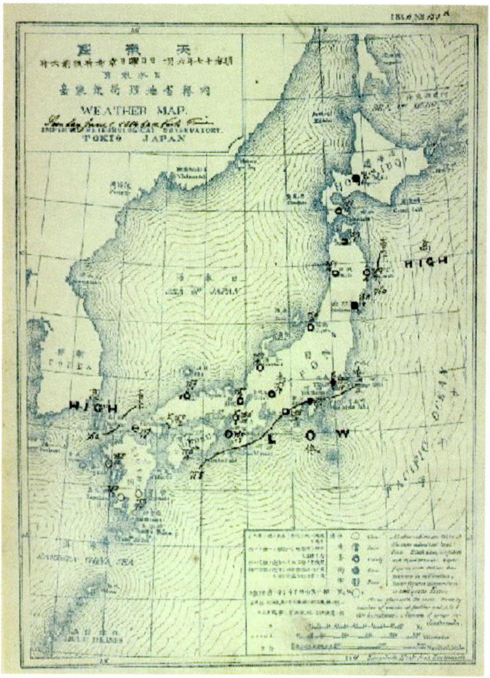

1884年(明治17)6月1日、気象庁の前身の東京気象台から発表されたもの。天気図の発行は、この1年前の1883年3月1日から始まり、はじめは1日1回、1か月後には1日2回発行されていた。

気象の基礎用語

気象・天気に関わる基礎用語を、科学的なとらえかたや情報などを加えて、一歩くわしくまとめた。

●基礎的な科学用語など　● 大気現象の名前など
本文 本文中のおもな掲載ページ　関連 関連する用語（掲載ページ）

ア

アメダス あめだす 本文 230

気象庁が全国に展開している地域気象観測システムAMeDAS(Automated Meteorological Data Acquisition System)の略称。雨量、気温、風、日照などを自動的に観測し、観測値を収集する。

渦 うず 関連 コリオリの力 収束《しゅうそく》

気体や液体が運動しているとき、回転運動をともなっている状態をいう。大気の大循環、低気圧や高気圧、地面近くの小さな空気の渦などさまざまなスケールの渦がみられる。低気圧や台風は地球の自転にともなう空気の回転が強化されたものである。

衛星画像データ えいせいがぞうでーた 本文 22, 232

人工衛星の画像センサ（観測装置）によってとらえられた地表面の画像データ。センサの種類によって、可視《かし》画像や赤外《せきがい》画像などがある。画像データには、色の濃淡を強調したり、擬似《ぎじ》的な着色をほどこすなどの処理を行うことができる。

小笠原気団 おがさわらきだん 関連 気団、太平洋高気圧

夏季、日本の南東海上、小笠原諸島の方向に勢力をもつ高温多湿な海洋性熱帯気団。北太平洋に停滞する亜熱帯高気圧の一端が形成する。

オゾン層 おぞんそう 本文 224 関連 紫外線《しがいせん》

高度10～50kmの大気中に存在するオゾン（O_3）の濃度が高い気層。生命に有害な日光の紫外線を吸収するはたらきがある。オゾンの総量は、0℃、1気圧に集めた場合、その厚さが1mmになるとき、100m atm/cmという。m atm/cm（ミリアトムセンチメートル）は、ドブソン単位ともよばれる。

オホーツク海気団 おほーつくかいきだん 本文 18 関連 気団

梅雨《つゆ》期や秋雨《あきさめ》期に、オホーツク海方面の海上にあらわれる低温多湿な海洋性寒帯気団。南側の太平洋の熱帯気団との境界に前線をつくり、東日本に寒気《かんき》と雨をもたらす。この影響により、東北地方北部では、「やませ」とよばれる寒冷風《かんれいふう》が吹く。

カ

確率予報 かくりつよほう 本文 238 関連 数値予報

予測した気象現象が、実際にどの程度の確率で発生するのかを予報すること。気象庁では、週間天気予報や降水確率予報、台風の進路予報などに取り入れている。

雷 かみなり 本文 98

積乱雲《せきらんうん》内で生じる、雲間、および雲と地表との間で起こる放電現象（稲妻《いなづま》）と、それに雷鳴がともなう現象。積乱雲を発生させる上昇気流の原因により、熱雷《ねつらい》（日射で暖められた地表面からの上昇気流による）、界雷《かいらい》（または前線雷。前線にともなう）、渦雷《うずらい》（低気圧雷。低気圧にともなう）などに分けられる。

Jacques Descloitres, MODIS Rapid Response Team, NASA/GSFC　2002年12月12日　写真番号22143

低気圧の渦　冬の北太平洋で発達した低気圧の渦。日本付近を通過した低気圧の多くは、発達しきった後、この北太平洋で終焉《しゅうえん》をむかえる。

寒気 かんき　本文 78　関連 気団、気団の変質
周囲の空気に比べて低温の空気。また、発源地から暖かい地方に移動した気団を、寒気団という。シベリア気団など。

乾燥断熱減率 かんそうだんねつげんりつ　本文 33　関連 湿潤断熱減率《しつじゅんだんねつげんりつ》、断熱
乾燥した(不飽和《ふほうわ》である)空気塊《くうきかい》が上昇または下降したとき、周囲から熱が断たれた状態で、膨《ぼう》張《ちょう》(圧縮《あっしゅく》)したときの気温変化の割合。温度の変化は100mにつき、約1.0℃。

寒冷渦 かんれいか　関連 気圧の谷、トラフ（179）
大気上層で、北から張り出したトラフ(気圧の谷)の一部が、偏西風帯《へんせいふうたい》から切り離されて形成される低温の低気圧性の渦《うず》。上層寒冷渦、また切離《せつり》低気圧ともよばれる。高層天気図にあらわれる。

気圧 きあつ　本文 16
大気の圧力。単位はPa(パスカル)。Paの100倍がhPa(ヘクトパスカル)で、「1気圧」は、地球の海面における平均気圧、1013hPaに等しい。

気圧傾度力 きあつけいどりょく　本文 16　関連 傾度風、コリオリの力
気圧の高いところから低いほうに向かってはたらく力。2点間の気圧の差を、距離で割ることによって示されるベクトル量。天気図の等圧線から推定でき、等圧線の間隔がせまいところでは風が強く吹く。

気圧の谷 きあつのたに　本文 21
低気圧または低圧部から、V字状・U字状に細長くのびる低圧部。トラフともよばれる。南北方向にのびることが多い。一般に気圧の谷の東側は、低気圧があるため天気が悪い。また、高気圧から細長くのびる高圧部は、「気圧の尾根《おね》(または気圧の峰《みね》)」とよばれる。

気温 きおん　本文 226　関連 温度、気圧
空気の温度。地上気温とは地上1.2〜1.5mの高さで観測した外気《がいき》の温度をさす。通常、気温をあらわす単位には、セ氏温度を示す℃が使用されるが、絶対温度を示すK(ケルビン)が用いられることもある。0℃は273.15Kである。

気温減率 きおんげんりつ　関連 乾燥断熱減率、湿潤断熱減率、断熱
高度によって、気温が変化する割合。対流圏《たいりゅうけん》では平均して、高度が100m高くなるにつれて、気温が0.65℃下がる気温分布になっている。空気塊《くうきかい》が上昇、下降する場合の温度変化は、空気塊が含む水蒸気量に影響される。

ナノハナと鯉のぼり　いちめんのナノハナが黄色く染まり、春の強い風に鯉《こい》のぼりが力強く泳ぐ

気候変動に関する政府間パネル きこうへんどうにかんするせいふかんぱねる 本文 218

略称IPCC。世界気象機関と世界環境計画が1988年に共同で設立した組織。気候変動についての科学的知見《ちけん》と、気候変動が環境や社会・経済におよぼす影響について評価・報告をおこなう。これまで1990年、1995年、2001年と3次にわたる報告書を公表、地球温暖化などについての予測もおこなってきた。

気象庁 きしょうちょう

気象業務をおこなうことを任務として設置された、国土交通省の外局。気象衛星をはじめ、気象・地震・火山・海洋など広範囲な自然現象の観測・予報業務をおこなっている。略称JMA。

気団 きだん 本文 18

おおよそ水平スケール1000km以上の、ほぼ一様な性質をもつ空気のまとまり。気団が形成されるためには、ほぼ均一な性質をもつ大陸か海洋上に、空気塊《くうきかい》が長時間とどまらなければならない。これを気団の発源地という。気団は寒帯（極）気団と熱帯気団に分けられ、また大陸性気団と海洋性気団に分けられる。以上の組み合わせにより気団は、海洋性極気団、大陸性極気団、海洋性熱帯気団、大陸性熱帯気団の4つに大別できる。

気団変質 きだんへんしつ 関連 日本海側の雪（174）

気団がその発生源から他の地域に移動すると、その領域の影響で気団の性質が変化する。これを気団変質という。気団の中層や下層が下降気流になっていると気団の性質は比較的安定しているが、上昇気流になっていると、急速に下層の変化した空気が上空に運ばれ、気団の性質は変わりやすくなる。

逆転層 ぎゃくてんそう 本文 151 関連 大気の安定度

大気は通常、上空へ行くにしたがい温度が低下する。しかし、何らかの原因で上部のほうが高くなる層が形成されることがある。これを逆転層という。夜間の放射冷却《ほうしゃれいきゃく》によって地表面から冷えていくときなどにつくられる。逆転層では熱対流が起こりにくく、安定した状態である。

凝結 ぎょうけつ 本文 75

水蒸気《すいじょうき》（水の気相《きそう》）が水（液相《えきそう》）に変化すること。このとき、高いエネルギーをもつ気体が、より低いエネルギー状態の液体に変化することで、その差分《さぶん》エネルギーを凝結熱《ぎょうけつねつ》として放出する。逆に水が水蒸気に変化する場合には、この熱エネルギーを必要とする。氷（固相《こそう》）が液相に変化するときに吸収する熱は融解熱《ゆうかいねつ》という。

凝結核 ぎょうけつかく 本文 55, 155

大気中の水蒸気が飽和《ほうわ》に達すると、空気中に含まれるエーロゾルとよばれる微粒子《びりゅうし》のまわりで凝結がおこる。この微粒子を凝結核という。おもなものは土壌《どじょう》粒子、海塩《かいえん》粒子（海塩核）、人工的汚染《おせん》物質などである。

空間スケール くうかんすけーる 関連 時間スケール、メソスケール

ある大気現象の空間的な規模。温帯低気圧の空間スケール（隣り合う低気圧間の間隔）は約数千km、積雲《せきうん》対流の空間スケールは数km、などがその例である。それぞれの現象には固有の空間スケールや時間スケールが存在している。

傾度風 けいどふう 関連 気圧傾度力《きあつけいどりょく》、地衡風《ちこうふう》

気圧傾度力、コリオリの力、遠心力の3つが釣り合って平衡《へいこう》状態にある風。地表との摩擦《まさつ》の影響を受けない上層の気流や、台風などの中心付近で吹く風の説明として使用される。台風などの

東京湾の花火　夏の風物詩、大輪の花火にひととき都会の蒸《む》し暑い熱帯夜を忘れる

実際の風速は、傾度風《けいどふう》が近似値《きんじち》として示されることが多い。等圧線が曲率《きょくりつ》をもつ場合の理論上の風で、直線の場合を地衡風《ちこうふう》という。

圏界面 けんかいめん　本文 37

高度約11kmまでの、雲や降水などの対流が発生しうる対流圏《たいりゅうけん》と、それより上空の成層圏《せいそうけん》の境界。正式には対流圏界面という。地球全体の圏界面は平均すれば約11kmであるが、低緯度で高く、高緯度で低い。また季節や日時によっても大きく変化する。

コリオリの力 こりおりのちから　本文 19　関連 気圧傾度力《きあつけいどりょく》、傾度風《けいどふう》、地衡風《ちこうふう》

回転運動をしている座標系で、見かけ上発生する力。地球も自転という回転運動をしており、地球上で起こる運動にはコリオリの力が発生する。反時計回りに回転する座標系で、物体が直進する力を受け運動し始めると、進行方向の左側から右向きに力を受けたように進路が曲がる。このときの見かけ上の力をコリオリの力(転向力《てんこうりょく》)とよぶ。気象現象では大気の運動などを説明するときに使われる。気圧差によって生まれる気圧傾度力《きあつけいどりょく》によって空気塊が動くとき、コリオリの力がはたらき進行方向を曲げられ、最終的には等圧線と平行の向きになってつり合う。これを傾度風または地衡風《ちこうふう》という。地表面付近ではこれに摩擦力《まさつりょく》が加わるため、等圧線に対し斜めの向きの風となる。これによって低気圧の渦は北半球で左巻き、南半球で右巻きとなる。

サ

ジェット気流 じぇっときりゅう　本文 70,199　関連 地衡風《ちこうふう》、偏西風《へんせいふう》

地球を取り囲む大気の流れのうち、とくに強い帯状《おびじょう》の大気の流れ。偏西風ジェット気流、亜熱帯ジェット気流、極《きょく》ジェット気流、下層《かそう》ジェット気流などがあるが、単にジェット気流といった場合は、偏西風ジェット気流をさす。

紫外線 しがいせん　本文 159, 224　関連 オゾン層

可視《かし》光線に続いて波長が短い電磁波《でんじは》。波長の長いほうからA、B、Cの3種類があり、波長が短いほど人体に害がある。1801年、ドイツの化学者リッターによって発見された。

時間スケール じかんすけーる　関連 空間スケール、メソスケール

大気中で起こる現象の存続《そんぞく》時間のこと。大気現象や擾乱《じょうらん》には、それぞれ固有のしくみがあり存続時間も変わる。温帯低気圧の場合は数日、積雲《せきうん》は数10分程度など。

湿潤断熱減率 しつじゅんだんねつげんりつ　本文 33　関連 乾燥断熱減率、断熱

水蒸気《すいじょうき》で飽和《ほうわ》している空気塊《くうきかい》が上昇するときの、温度の下がる割合。100mにつき0.5℃程度。気温が低下していくと水蒸気の一部が凝結《ぎょうけつ》し、凝結熱を放出するので、不飽和状態の空気塊に比べて温度が下がりにくい。

湿舌 しつぜつ 本文 76,135
天気図上で、暖かい湿った大気が舌状にのびている部分。湿った気流が流れ込んだり、上昇気流によって水蒸気が上空に運ばれたりして形成される。前線などと結びついて豪《ごう》雨を降らせることがある。

湿度 しつど 本文 226 関連 温度、飽和水蒸気量
空気中に含まれている水蒸気の量や割合。絶対湿度と相対湿度がある。絶対湿度は、単位体積の空気中に含まれている水蒸気の量のこと。空気中に含むことのできる水蒸気量の限度（飽和水蒸気量）は空気の温度によってちがうので、絶対湿度を飽和水蒸気量で割り、百分率であらわしたものを相対湿度という。一般に湿度というと相対湿度をさす。

シベリア気団 しべりあきだん 本文 18 関連 寒気団《かんきだん》、気団、気団の変質
冬季、シベリアに発生する寒冷で乾燥した気団。上方に強い逆転層《ぎゃくてんそう》をもち、安定している。日本海や東シナ海では、海水面の温度が高いため、熱と水蒸気が大量に供給され不安定になり、積《せき》雲《うん》や積乱雲《せきらんうん》が発達する。

収束 しゅうそく 関連 高気圧・低気圧（18）
1点に向けて気流が流入している状況。気流が流出している状況は発散《はっさん》という。低気圧には風が吹き込んでおり（収束流）、高気圧からは風が吹き出している（発散流）。地上付近で収束が起これば上昇気流が生じ、発散が起これば下降気流が生じる。

収束帯 しゅうそくたい 関連 熱帯収束帯《ねったいしゅうそくたい》（210）
水平方向で収束が見られる帯状の領域。赤道付近では南北両半球の偏東風《へんとうふう》（貿易風）が収束するため、東西にのびた収束帯が存在する。これを熱帯収束帯という。一般に北半球の夏には北半球に、南半球の夏には南半球に移動する。

自由大気 じゆうたいき 関連 大気
地表面との摩擦《まさつ》など、地表面の影響を受けない上空の大気。地表から高度1～2kmの範囲は大気境界層といい、この範囲の大気の温度や運動は、地表の影響を強く受ける。自由大気は、大気境界層より上の大気層である。

水蒸気 すいじょうき 本文 75, 226 関連 湿度、飽和《ほうわ》水蒸気量
気体状態の水。空気中に存在する水蒸気量は、水蒸気圧や絶対湿度などでもあらわされる。一定温度では、一定体積の空間が含むことのできる水蒸気の量には限度があり、最大限度の水蒸気量は飽和水蒸気量とよばれる。水蒸気圧であらわす場合、1気圧100℃の空気では飽和水蒸気圧は1気圧となる。

数値予報 すうちよほう 本文 234 関連 確率予報
大気の状態変化を支配する流体力学《りゅうたいりきがく》や熱力学の方程式をコンピュータで数値的に解き、将来の状態を予測する方法。予報期間の長い週間予報などの場合、初期値の微小な誤差《ごさ》が時間とともに拡大して大きな差になるので、初期値にあらかじめ何通りかの差を与え、それらの計算結果の集まり（アンサンブル）の平均で予報するアンサンブル予報が用いられる。

世界気象機関 せかいきしょうきかん 関連 気象庁
World Meteorological Organization 略称WMO。国連の専門機関で、1950年に設置された。世界の気象の観測と研究を、国際的な協力体制でおこなう。2003年現在、185の国と地域が加盟しており、日本は1953年に加盟。スイスのジュネーブに事務局がある。

赤外線放射 せきがいせんほうしゃ　本文 51, 218　関連 地球放射、長波

物体は表面から赤外線として熱エネルギーを放出(放射)している。この放射を赤外線放射(赤外放射)または長波放射という。太陽からの放射により地球の大気と地表に吸収された熱エネルギーが、赤外線放射となって程よく宇宙空間に放出され、地球の熱収支はバランスがとれている。

赤道気団 せきどうきだん　本文 18　関連 気団、熱帯低気圧

赤道付近で形成される海洋性の熱帯気団。高温多湿で、積乱雲《せきらんうん》が発達し豪雨《ごうう》を降らせる。梅雨《つゆ》や台風にともない、日本近くにあらわれて強風と大雨をもたらす。

切離高気圧 せつりこうきあつ　関連 寒冷渦《かんれいか》、ブロッキング高気圧、偏西風《へんせいふう》

上空の偏西風《へんせいふう》が南北に大きく蛇行《だこう》して、高緯度側にのびて切り離されてできた高気圧。周囲より高温の、いわゆる背の高い高気圧で、ブロッキング高気圧のひとつ。これとは逆に、低緯度側にのびて切り離されてできる寒冷な低気圧を切離低気圧という。

背の高い高気圧 せのたかいこうきあつ　本文 19

温暖な高気圧で、対流圏《たいりゅうけん》中層より上空でもはっきりと高気圧の形をとるものをさす。太平洋高気圧、チベット高気圧など。逆に、対流圏下層では高気圧だが、それより上空へ行くと高気圧の形をとらなくなり低気圧や気圧の谷になってしまう寒冷な高気圧を「背の低い高気圧」とよぶ。シベリア高気圧が代表例。

前線 ぜんせん　本文 20

寒気《かんき》と暖気《だんき》の境界が、地表面などと交わってできる線。前線域では、気温、気圧、湿度、風速などの変化が大きい。温暖前線、寒冷前線、停滞《ていたい》前線、閉塞《へいそく》前線に分類される。ことなる性質の2つの気団の境界を、前線面といい、数百kmの幅をもつ前線領域を前線帯という。

タ

大気 たいき　本文 37　関連 自由大気

地球をとりまく気体の層。平均的なモデルを「標準大気」といって、気圧、気温、大気の鉛直《えんちょく》分布などを定めている。ICAO(国際民間航空機構)が採用したものが国際的に慣用《かんよう》されている。それによると、平均海面(地上)気圧1013.2hPa、同気温15℃、高さ11kmまでは1kmにつき6.5℃の減率《げんりつ》で、11 kmから20kmまで(成層圏《せいそうけん》)は−56.5℃の等温となっている。

大気の安定度 たいきのあんていど　本文 99　関連 気温減率《きおんげんりつ》

大気中に上昇気流が生じるなど何らかの乱れが加えられたとき、大気がもとの状態を維持《いじ》もしくは回復できる度合をいう。ひとつの指標として、その大気がもつ気温減率があげられる。

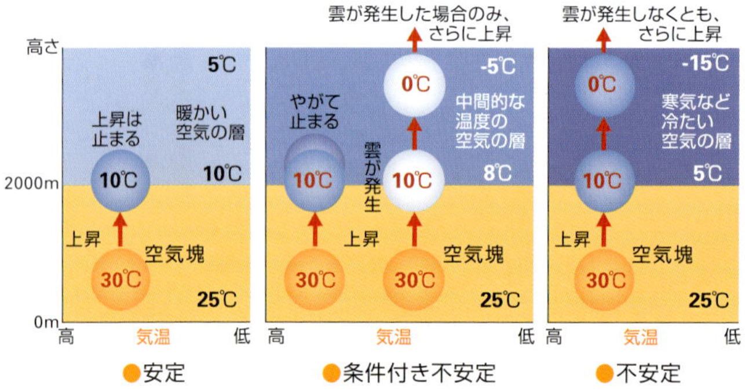

例えば、ある空気塊《くうきかい》が上昇をはじめたとき、この空気塊は断熱膨張《だんねつぼうちょう》によって温度が下がるが、上空でも周囲の気温が低ければその空気塊は上昇し続ける。大気の気温減率が大きく、上空がより寒冷となっているような状態を「大気が不安定」であるという(P.248下図)。逆に大気の気温減率が小さく気温低下が小さい場合、空気塊は上昇しにくく、これを「大気が安定」しているという。空気塊に多くの水蒸気が含まれ、雲を発生させながら上昇する場合、温度の下がりかたは小さい(100mで0.5℃低下)ので、相対的に周囲より暖かくなり空気塊の上昇は続く。飽和した空気塊だけが上昇できるような大気の気温減率(100mで1〜0.5℃の低下率)を「条件付き不安定」という。

太平洋高気圧 たいへいようこうきあつ 本文 90 関連 ハドレー循環《じゅんかん》(199)

夏季を中心に北太平洋で発達する亜熱帯《あねったい》高気圧。小笠原《おがさわら》高気圧はその一部。対流圏《たいりゅうけん》の下層から上層まで高温である。ハドレー循環のはたらきで維持されている。

太陽定数 たいようていすう

大気圏外において、太陽光線に対する垂直面に放射されるエネルギー量のことで、1m^2あたり1.37kW(キロワット)となる。大気中の吸収などがあり地表面でうけとるエネルギー量は1m^2あたり約700Wとなり、太陽定数の約半分。

太陽放射 たいようほうしゃ 関連 日射、赤外線放射《せきがいせんほうしゃ》

太陽から放射される電磁波《でんじは》のエネルギーのこと。紫外線《しがいせん》、赤外線、可視《かし》光線などが含まれる。地球に届く太陽放射の内、約30%が反射して宇宙空間に出ていき、約20%が大気に吸収され、約50%が地表に吸収される。

断熱 だんねつ 関連 乾燥断熱減率、湿潤断熱減率

空気塊《くうきかい》と外部との間で熱エネルギーが出入りしないこと、またはその状態。周囲と熱の出入りがなく変化することを断熱変化という。断熱膨張(温度は低下)と断熱圧縮(温度は上昇)がある。

地球の公転 ちきゅうのこうてん 本文 37

地球が、太陽を焦点とする楕円《だえん》上の軌道《きどう》を周回していること。公転周期は1年(365.34日)。公転運動は、月や他の惑星の影響を受けて複雑である。地球上の気候・気象の変化は、地球の自転・公転と関係が深い。

地球放射 ちきゅうほうしゃ 関連 赤外線放射、長波《ちょうは》

地球表面からの放射。大気などから出る大気放射と地表から出る地面放射からなる。ほとんどが赤外線放射(長波放射)である。

コスモスと日本家屋　高く澄んだ秋の空を見上げるようにコスモスが花をつける

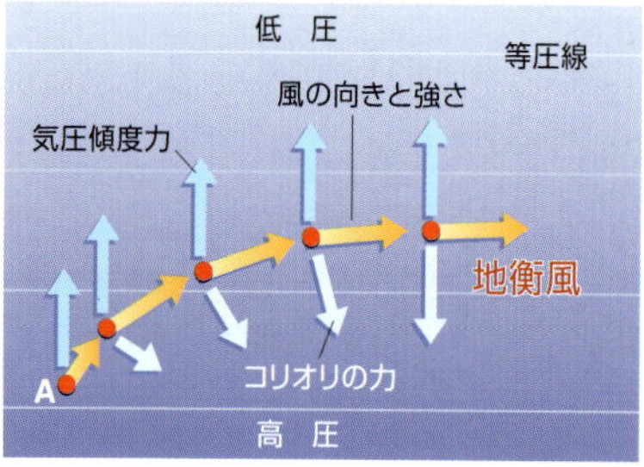

●地衡風《ちこうふう》
空気塊《くうきかい》が動きはじめると、コリオリの力がしだいにはたらき、気圧傾度力とつり合うようになる。こうして等圧線（等高線）に平行に吹くようになった風を地衡風という。

地形効果 ちけいこうか 　関連 フェーン現象（33）、山雪型（175）

地形が気象におよぼすさまざまな影響の総称。例えば山の斜面に沿って空気が上昇して雲や雨が生じたり、山脈の風下に低気圧ができたり、山の高さや形によって雨の降りかたが変わることなど。

地衡風 ちこうふう 　関連 気圧傾度力《きあつけいどりょく》、コリオリの力、傾度風《けいどふう》

大気上層などで、空気塊にはたらく気圧傾度力とコリオリの力がつり合っているとき、直線状に近い等圧線（等高線）に対して平行に吹く風。北半球では気圧の低いほうが左手に、南半球では気圧の低いほうが右手になるように吹く。等高線の幅が狭いほど気圧傾度力が大きくなり、また緯度が高い地点ほどコリオリの力が大きくなるので、地衡風の風速も大きくなる。

チベット高気圧 ちべっとこうきあつ 　本文 18 　関連 梅雨前線《ばいうぜんせん》（70）

夏にチベット高原上空にできる、高温の高気圧。チベット・ヒマラヤ山塊《さんかい》が熱源となって、対流圏《たいりゅうけん》上層に出現する。日本の梅雨《つゆ》をはじめ、東南・南アジアのモンスーン気候に大きな影響を与える。

長波 ちょうは 　関連 赤外線放射、偏西風《へんせいふう》

中緯度偏西風《へんせいふう》が蛇行《だこう》して吹く際にあらわれる、波数4～6、波長6000km程度の波動《はどう》。これより波長の長い(1万km程度)波動を超長波、あるいはプラネタリー波といい、両者をロスビー波ともよぶ。長波より波長が短い（3000km程度）波動は、短波という。長波は電波の分類のひとつでもあり、また太陽放射によって暖められた地表から発せられる赤外線のことも、長波という。

等圧線 とうあつせん 　本文 16 　関連 気圧

地上天気図において、海面気圧の等しい地点を結んだ線のこと。一般的には4hPaの間隔で引かれ、必ず閉じた曲線になる。850hPa、700hPaなど気圧が等しい面を等圧面という。等圧面の高さを等圧面高度といい、ある等圧面において高さが等しい点をつないだ線を等高線という。高層の気象図では、等圧線高度の分布が等高線で示される。

トリチェリの原理 とりちぇりのげんり 　関連 気圧

イタリアの物理学者トリチェリが実証した「地上にあるものにはすべて大気の圧力（気圧）がかかっている」という原理。片方の端を閉じた高さ1mのガラス管に水銀《すいぎん》をつめて、水銀が入った別の皿に倒立《とうりつ》させると、ガラス管内部の水銀柱は約76cmの高さで静止する。管の外の水銀面にかかる大気圧と、水銀柱の重さがつりあっていることから、地上では1㎠あたり約1kg（1気圧=約1013hPa）の大気圧がかかっているということがわかった。

ナ

南岸低気圧 なんがんていきあつ 　本文 38

東シナ海付近で発生し、日本の南岸を北東方向に進む低気圧。1年を通じてあらわれるが、春先に発達しながら陸近くを通ると、冬型で晴天が続いていた太平洋側で雪や雨が降る。台湾付近で発生するため、台湾低気圧あるいは東シナ海低気圧ともよばれる。

南方振動 なんぽうしんどう　関連 エルニーニョ・ラニーニャ現象（220）

赤道付近の西部太平洋と東部太平洋における海面気圧が、ある周期でシーソーのように変動する現象。エルニーニョ現象と連動して起こる。

26か月周期振動 にじゅうろっかげつしゅうきしんどう

準《じゅん》2年周期振動ともいう。成層圏《せいそうけん》でも風の流れが観測されているが、赤道付近（南北緯度12度以内）の成層圏に吹く風が、約2年（24～30か月）の周期で、西向きの風と東向きの風に大きく交替すること。

日射 にっしゃ　関連 太陽放射

太陽から放射される熱エネルギーで、太陽放射ともよぶ。地表のある面に達した日射のうち、空気分子やちりなどによって散乱《さんらん》されないで直接到達したものを直達《ちょくたつ》日射、散乱して到達したもの（曇《くも》りの日など）が散乱日射、この2つを合わせた到達総量を全天《ぜんてん》日射という。

日照 にっしょう

太陽の直射光が地表の物体を照らすこと。薄い雲などがあっても、影ができる程度であれば日照があるとされる。

日本海低気圧 にほんかいていきあつ　本文 30　関連 フェーン現象（33）

日本海上を発達しながら北東に進む低気圧。1年を通じてみられるが、春先が特に典型的。暖かく強い南風が吹き込むため、日本海側ではフェーン現象が起きたり、全国で「春一番」が吹いたりする。

熱帯低気圧 ねったいていきあつ　本文 19,116,121

熱帯の海洋上で発生・発達する低気圧の総称。日本では風力8（最大風速約17m/s）以上の熱帯低気圧を台風とよぶ。温帯低気圧と比べると、中心部で特に風が強く、「目」があること、前線をともなわないことなどの特徴がある。

ハ

バタフライ効果 ばたふらいこうか　本文 235　関連 数値予報

大気が、初期条件に敏感《びんかん》に反応して変動することを象徴《しょうちょう》することば。ごく小さな気流の変化がその後の気象現象に影響をおよぼす可能性をもつことをいう。気象学者エドワード・ローレンツがおこなった講演の題名「ブラジルで蝶《ちょう》（バタフライ）が羽ばたくと、テキサスで竜巻《たつまき》が起こるか」がきっかけでできたともいわれる。

東シナ海低気圧 ひがししなかいていきあつ

東シナ海で発生する温帯低気圧のこと。特に、冬から春にかけて発生した低気圧で、日本の南の近海を発達しながら北東進するものをさして使われることが多い。

氷期 ひょうき　関連 地球温暖化（218）、異常気象（220）

氷河時代（約200万年前～約1万年前）において、特に寒冷であった時期。この時期は、中緯度地域にまで氷床《ひょうしょう》や氷《ひょう》河《が》が大規模に存在していた。これに対し、相対的に暖かい時期を間氷《かんぴょう》期《き》という。最後に起こった氷期を最終氷期といい、約2～1.8万年前に最盛期があったとされる。

風向 ふうこう　本文 17, 227

風が吹いてくる向きのこと。例えば北風というのは、北から南に向かって吹く風のことである。一般に使用する風向は16方位であるが、さらに詳しく示す場合は、北から東回りに360度までの角度であらわす。方位を示す際、南北を基準とし、例えば「北東の風」「南西の風」と表現し、「東北の風」「西南の風」とはいわない。

風速 ふうそく　本文 17, 227

風の吹く速さのこと。1秒間に空気が移動する距離で、日本ではm/sの単位であらわされ、世界的には長い間の習慣からマイルやノットが使われることも多い。地表を吹く風の風速、風向はつねに変化している。風速といえば通常平均風速をさし、地上10mにおける10分間の平均値などをとる。

ブロッキング高気圧 ぶろっきんぐこうきあつ　本文 105　関連 切離《せつり》高気圧

日本付近では移動性の高気圧や低気圧は西から東へ移動するが、偏西風《へんせいふう》の蛇行《だこう》により広い範囲にわたって、停滞《ていたい》または逆行することがある。この現象をブロッキングといい、このときにできる停滞性の高気圧をブロッキング高気圧という。オホーツク海高気圧など。

平年値 へいねんち　本文 238

気温や降水量など気象に関する数値の過去30年間の平均値。10年ごとに更新《こうしん》される。現在使用されているのは、1971年から2000年までの観測値の平均値。

ヘクトパスカル へくとぱすかる　本文 16　関連 気圧

国際単位系（SI）における圧力の単位。記号hPa。100パスカル＝1ヘクトパスカルで、1ミリバール（記号mb）に等しい。日本では1992年から気圧の単位として使用されている。

偏西風 へんせいふう　本文 199　関連 ジェット気流

中緯度地方上空（対流圏《たいりゅうけん》中・上層）で吹く西風。南北両半球でみられ、極を中心に中緯度帯を1周する。冬は低緯度側に広がり、夏は縮小する傾向がある。高緯度と低緯度の温度差による気圧差および地球の自転の影響により生じる。西風ではあるが南北に蛇行《だこう》する波動性をもち、これを偏西風波動という。

偏東風 へんとうふう　本文 199, 221　関連 熱帯低気圧

極地方の下層と低緯度地方で恒常的に吹く東風。それぞれ極偏東風、熱帯偏東風（貿易風）とよばれる。熱帯偏東風は南北に蛇行する波動性をもち、これを偏東風波動という。雲域を発生させ、これが発達すると熱帯低気圧のもとになると考えられている。

飽和水蒸気量 ほうわすいじょうきりょう　本文 75, 226　関連 水蒸気

大気に含まれうる最大の水蒸気量のこと。一定温度においては一定の空間が含むことのできる水蒸気量に限度があり、飽和水蒸気量に達するとそれ以上は存在できなくなる。水蒸気の圧力（空気中の分圧）であらわすこともあり、1気圧のもとで100℃の空気の飽和水蒸気圧は1気圧となる。

北極前線 ほっきょくぜんせん　本文 198　関連 気団

北極気団と、相対的に暖かい高緯度の寒帯《かんたい》気団との間につくられる前線。

マ

メソスケール めそすけーる　関連 空間スケール、時間スケール

気象現象における約2～2000kmの中規模な水平スケール。気象現象のスケールは、マクロ（大規模）、ミクロ（小規模）とあわせて3つに分けられることが多い。メソスケール現象としては前線、熱帯低気圧、雷雨などがある。

ヤ

揚子江気団 ようすこうきだん　本文 18　関連 気団

中国南東部、揚子江（長江《ちょうこう》）流域にあらわれる気団。大陸性の亜熱帯気団であるが規模が小さい。移動性高気圧となって日本付近に達し、温暖で乾いた天候をもたらす。

索《さく》引《いん》

サ

タ

ナ

●参考資料

『気象年鑑』日本気象協会編/大蔵省印刷局発行
『気象の基礎知識』オーム社　『最新気象の辞典』東京堂出版
『最新気象予報の技術』東京堂出版
『新教養の気象学』朝倉書店　『理科年表』丸善
『気象の教室2 ローカル気象学』東京大学出版会
『ラジオ用天気図用紙No.1』クライム
『こんにちは！気象庁です！』『気象業務はいま』『気象庁キャンペーン資料』『気象庁ホームページ』気象庁
『花粉症保健指導マニュアル』環境省
『図説：東北の稲作と冷害』東北農業研究センター
『新編日本古典文学全集』小学館　『季語事典』東京堂出版
『第三版俳句歳時記』角川書店　『入門歳時記』角川書店

●監修／**木村 龍治**（きむら りゅうじ）
1941年東京生まれ。1967年東京大学大学院理学系研究科修士課程修了。東京大学海洋研究所教授を経て、現在、放送大学教授。東京大学名誉教授。気象予報士。初代気象予報士会会長。著書に『流れの科学』（東海大学出版会）、『地球流体力学入門』（東京堂出版）、『自然をつかむ7話』（岩波書店）、共著書に『雲と降水を伴う大気』（東大出版会）、『日本の気候』（岩波書店）、『海洋のしくみ』（日本実業出版社）などがある。

●装丁／菊谷美緒（スーパーシステム）

●編集・執筆／表現研究所　高橋俊浩、泉田賢吾、井原宏臣、高橋雅子、古谷久子、堀川浩通、松澤隆／大木勇人／インフォ・マップ　河原智子、深澤雅子

●写真・資料協力／気象庁、（財）気象業務支援センター、武田康男／NASAホームページ/The Gateway to Astronaut Photography、MODIS Web／古川義純（北海道大学低温科学研究所・雪氷相転移ダイナミクス研究グループ）、環境省（環境管理局大気生活環境室）、東京都建設局（河川部計画課）、PANA通信社、朝日新聞社、東京大学出版会、（財）資源・環境観測解析センター、東北農業研究センター、クライム／阿賀野市役所商工観光課、網走市役所観光課、石川県金沢城・兼六園管理事務所、魚津市商工観光課、角館町役場商工観光課、蔵王温泉観光協会、佐川町役場産業振興課、幸手市役所秘書課、静内観光協会、社団法人山口県観光連盟、不知火町役場産業課、大子町役場観光商工課、千代田区観光協会、十和村役場企画調整課、長浜町役場経済課、名護市役所商工観光課、白馬村観光連盟、弘前市役所商工観光部公園緑地課、松尾村商工観光課

気象・天気図の読み方・楽しみ方

監　修　木《き》村《むら》　龍《りゅう》治《じ》
発行者　深見　悦司
印刷所　大日本印刷株式会社

発行所
成美堂出版
〒162-8445　東京都新宿区新小川町1-7
電話(03)5206-8151　FAX(03)5206-8159

ISBN4-415-02683-4